Charles Baltet

L'Art de greffer

Techniques

ISBN : 978-1542571319

10 9 8 7 6 5 4 3 2 1

Charles Baltet

L'Art de greffer

Techniques

Table de Matières

PRÉFACE

Le succès de l'ART DE GREFFER s'accentue, c'est une dette de reconnaissance qui s'impose à l'auteur.

Le texte de la 5ᵉ édition a été revu minutieusement ; de nouvelles gravures aussi correctes que les précédentes sont venues le compléter.

Un honorable rapporteur de la Société nationale d'horticulture de France a déclaré que cet ouvrage était en quelque sorte le « Code du greffeur ». Nous voulons qu'il reste digne d'une aussi bienveillante appréciation.

La pratique du greffage, loin de rester le secret de la pépinière ou de la serre marchande, a pénétré dans le jardin de l'amateur qui veut écussonner ses rosiers ou hâter la fructification de ses poiriers ; elle a franchi l'enclos de la ferme et remplacé les broussailles stériles ou les sauvageons encombrants par des plantations de rapport et de commerce pour la consommation, pour le pressoir ou pour le marché.

Avec la greffe, le botaniste rapproche sur le même sujet les sexes des plantes dioïques, et le sylviculteur étudie l'avenir forestier des résineux ou des feuillus étrangers, comme nos pères ont apprécié, il y a cinquante ans, le rôle du Pin noir et du Pin Laricio, devenus si populaires aujourd'hui sur nos friches de Sologne ou de Champagne.

Le semeur d'arbres et d'arbustes, à la recherche de l'inconnu, désire-t-il hâter l'expansion de ses joies — ou de ses déceptions — paternelles, il a recoure à la greffe ; l'arboriculteur veut-il rectifier l'ossature défectueuse de ses espaliers, un peu de chirurgie végétale lui donnera satisfaction ; et n'est-ce pas à la greffe que le fleuriste devra la majeure partie des charmants arbrisseaux floribonds ou dressés sur tige, qui décorent nos appartements et nos parterres ?

Les générations qui nous ont précédés auraient-elles jamais supposé que le greffage viendrait offrir une planche de salut à la viticulture défaillante ?

Cependant l'Europe tient tête à l'invasion phylloxérique avec cette arme victorieuse : *la greffe sur plant résistant*.

Charles Baltet

Le premier peut-être, nous l'avons proclamé : les faits nous ont donné raison. En présence des résultais qui permettent d'espérer la reconstitution du vignoble à bref délai, les hésitants se sont ralliés sans arrière-pensée, devenant eux-mêmes les champions de la greffe en fente ou de la greffe anglaise, si habilement mises en œuvre dès à présent par le vigneron et sa famille.

Mais le progrès marche, la greffe ligneuse ne suffit plus ; le cultivateur demande au jardinier d'autres systèmes encore, évitant surtout le *buttage* obligatoire de la greffe d'hiver.

Voici venir l'écussonnage et la greffe herbacée ; ils quittent la coupole vitrée des vineries destinées aux raisins de table et s'installent au vignoble de grande culture.

Notre cinquième édition leur en facilitera l'entrée par un supplément de paragraphes et de dessins inédits.

Désormais, la Greffe a ses institutions : écoles, cours publics, moniteurs, champs d'expériences et de démonstrations… Aucune force humaine ne saurait en arrêter l'essor.

Et le surgreffage si important dans son rôle effacé, équilibrant ou fusionnant les adaptations et les affinités indécises ou inégales, rapprochant jusqu'aux antipathies, viendra-t-il, à son tour, avec son précieux intermédiaire assurer le succès final ? Nous l'espérons !

Depuis notre dernière édition, vigoureusement encouragée par la Direction des colonies, nos investigations se sont portées une seconde fois au cœur même de nos possessions lointaines, actionnées par la nature exceptionnelle du climat, du sol et par les conditions de travail. Combien de richesses latentes chez les végétaux économiques d'outre-mer le greffage peut aider à faire surgir au profit de la métropole et des exploitants, nos rivaux en politique coloniale l'ont déjà compris !…

Merci aux administrations et aux amis qui ont pris L'ART DE GREFFER sous leur patronage. L'État le répand dans ses Écoles et dans ses Bibliothèques ; des Sociétés, des Comices l'honorent de hautes récompenses et le décernent en prix ; des Établissements d'horticulture ou de viticulture le distribuent à leur personnel. N'oublions pas, enfin, que la traduction dans les Deux-Mondes en a consacré les débuts.

N'est-ce pas le plus beau succès qu'un auteur puisse espérer ?

PRÉFACE

I. — DÉFINITION ET BUT DU GREFFAGE

DÉFINITION DU GREFFAGE

Le greffage est une opération qui consiste à souder un végétal ou une portion de végétal à un autre qui deviendra son support, et lui fournira une partie de l'aliment nécessaire à sa croissance.

L'opérateur se nomme *greffeur* ; l'opération, dans son ensemble, *greffage*, et le travail terminé constitue la *greffe*. Le végétal qui reçoit la greffe est généralement complet et doit puiser la nourriture dans le sol pour la transmettre à la partie greffée ; on l'appelle *sujet*. Quelquefois cependant, le sujet est un simple fragment de branche, de rameau ou de racine, en un mot une bouture ; mais il est de nature à développer lui-même des racines aussitôt le greffage accompli, aussitôt sa plantation en pépinière ou en place.

L'autre végétal ou le fragment de l'autre végétal, que l'on greffe sur le sujet, devra posséder au moins un bourgeon ou un œil, et se trouver en bon état, c'est-à-dire ni desséché, ni moisi, ni pourri, ni pénétré d'humidité étrangère. On lui a donné le nom de *greffon* ; on l'appelle vulgairement *greffe*.

Tout en unifiant leur existence, le sujet et le greffon conservent chacun une constitution propre, leurs couches ligneuses et corticales continuent à se développer sans que les fibres et les vaisseaux de l'un viennent s'entremêler avec les fibres et les vaisseaux de l'autre. C'est en quelque sorte l'unité fédérative laissant aux intéressés leur autonomie. Il y a contact intime, soudure, vie commune ; il n'y a ni fusion ni alliage. Aussi n'est-il pas rare — mais exceptionnellement — que la juxtaposition des deux parties greffées entraîne une rupture nette au point de contact, par suite du volume des branches, de la violence des vents ou de tout autre accident.

Pour compléter cette définition, ajoutons que le végétal, ou plutôt le fragment du végétal soudé à un autre, conserve ses qualités originaires, ses propriétés caractéristiques. Il produira soit un branchage pyramidal, buissonneux ou retombant, soit un feuillage vert, pourpre, argenté ou panaché ; la fleur viendra blanche, rose,

Charles Baltet

lilas ou pourpre, simple ou double, rare ou abondante ; le fruit, gros ou petit, vert, jaune ou rouge, bon ou médiocre en qualité, mûrira promptement ou se gardera jusqu'à l'année suivante, exactement comme son type, et sans être influencé par le voisinage ni par le contact de plusieurs sortes dissemblables groupées sur le même sujet.

On pourrait dire : le greffon commande, le sujet obéit ; celui-ci plonge ses racines dans le sol et apporte à celui-là plus ou moins de vigueur en respectant, chez lui, ses principes essentiels. Il est donc permis d'affirmer ici qu'un simple bourgeon rudimentaire, un œil, porte en lui les qualités typiques de son espèce et ne les modifie pas même dans les milieux que lui procure le greffage.

Presque tous les végétaux dicotylédonés peuvent être soumis au greffage. Jusqu'ici les plantes monocotylédones ont été essayées sans succès. Serait-ce parce que leur structure, où manquent la couche cambiale et le parenchyme cellulaire, n'offre pas la moindre prise à l'agglutination de fragments ainsi rapprochés ? Or, sans cette liaison intime, le greffage est impossible.

BUT DU GREFFAGE

Le greffage a pour but :

1° De changer la nature d'un végétal en modifiant le bois, le feuillage, la floraison ou la fructification qu'il était appelé à donner ;

2° De provoquer l'évolution de branches, de fleurs ou de fruits sur les parties de l'arbuste qui en étaient privées ;

3° De restaurer un arbre défectueux ou épuisé, par la transfusion de la sève nouvelle d'un arbre sain et vigoureux :

4° De rapprocher sur la même souche les deux sexes des végétaux dioïques, afin de faciliter la fécondité de l'espèce, ou de transformer complètement le sexe de la plante ;

5° De conserver, de propager un grand nombre de variétés d'arbres d'utilité ou d'agrément qui ne peuvent être reproduites par aucun autre procédé de multiplication.

Sans le greffage, nos vergers ne posséderaient pas d'aussi riches collections de fruits pour chaque saison, nos forêts seraient privées

I. — DÉFINITION ET BUT DU GREFFAGE

de certaines essences importantes, le vignoble périrait miné par un ennemi souterrain, et nous n'éprouverions pas le plaisir de rencontrer dans nos parcs une aussi brillante série d'arbrisseaux indigènes ou exotiques, et leurs variétés si nombreuses.

Nous pourrions même citer l'exemple de végétaux qui, étant greffés, sont plus vigoureux qu'à l'état franc de pied, c'est-à-dire non greffés : le Pavier, le Ragouminier, le Sorbier, le Libocedrus, quelques Sapins, Pins et Thuias, des Dacrydiums, Podocarpus, Dammaras, etc. ; la majorité de nos arbres fruitiers sont dans ce cas. D'autres y acquièrent plus de rusticité, tels sont le Bibacier, l'Osmanthe, le Photinia ; d'autres encore y modifient leurs formes naturelles ou primitives.

Une plus grande floribondité devient, avec le Camellia ou l'Azalée, une conséquence de la greffe. À son tour, l'acclimatement profite de ses bienfaits. Combien de cépages jusqu'alors réfractaires ont pu, grâce au greffage, fournir leur jus et apporter un bouquet inconnu à la cuvée ?

N'avons-nous pas enfin des végétaux comme le Mélèze de Kæmpfer, l'Exochorda, rebelles au bouturage, qui se reproduisent par la greffe sur leurs propres racines ?

Si maintenant on considère que le greffage est facile à pratiquer, qu'il n'implique qu'une légère fatigue corporelle et développe la passion du jardinage, on conviendra que c'est là une opération utile et agréable.

II. — CONDITIONS DE SUCCÈS DU GREFFAGE

L'habileté de l'opérateur compte pour beaucoup dans le succès de la greffe. Mais il est d'autres conditions essentielles à la réussite, et qui sont en quelque sorte les règles du greffage. Telles sont l'affinité entre espèces, la vigueur des deux parties mises en contact, leur état de sève, leur rapprochement intime, la saison, la température. Si la science ne peut formuler ces conditions d'une manière précise, le tact du greffeur doit savoir y suppléer.

Affinité entre espèces. — Les lois d'affinité spécifique sont presque inconnues. Les faits acquis ne peuvent être que l'objet d'une constatation ; aucune théorie ne saurait encore en être déduite. Il

Charles Baltet

est cependant admis que ces lois d'affinité ont une corrélation avec les familles naturelles ; les genres qui peuvent être rapprochés par la greffe doivent appartenir à la même famille botanique. Il ne s'ensuit pas cependant que tous les genres, toutes les espèces d'une même famille, puissent être greffés l'un sur l'autre ; mais, répétons-le, les espèces à rapprocher par la greffe doivent être de la même famille.

L'explication des sympathies et des antipathies dans le greffage d'espèces différentes manque encore ; on n'explique pas davantage pourquoi certains genres peuvent être greffés, celui-ci sur celui-là, sans que la réciproque soit possible. Exemples : le Poirier réussit sur Cognassier ; l'Alisier, le Néflier, le Cognassier sur Aubépine ; le Cerisier sur Mahaleb ; le Lilas sur le Troène, etc. Transposons les rôles, le succès est incertain.

Et combien de personnes qui ne jugent de la parenté que par les apparences, hésitent à croire que le Châtaignier est greffable sur le Chêne et non sur le Marronnier d'Inde, et ne se doutent guère que la Bignone est sympathique au Catalpa, le Clianthus au Baguenaudier, la Pervenche au Nerium dit Laurier-Rose... ?

La greffe des arbres à feuillage persistant sur les espèces à feuilles caduques présente plus d'une bizarrerie. Le Photinia, voisin de l'Alisier, le Bibacier, voisin du Néflier, se greffent sur le Cognassier, mieux que sur l'Aubépine, contrairement à l'Alisier et au Néflier qui prennent mieux sur Aubépine que sur Cognassier. Avec ce dernier sujet réussissent le Cotonéaster le Raphiolépis, le Buisson ardent. Le Mahonia vit sur l'Épine-vinette ; le Laurier-amande sur le Merisier à grappes et même sur le Cerisier-merisier, dont l'aspect est si différent. L'Osmanthe greffé sur le Troène commun est plus vigoureux que s'il est élevé de bouture. Le Fusain toujours vert forme une boule de verdure perpétuelle sur la tige nue du Fusain des bois.

Le greffage des arbres à feuilles caduques sur ceux à feuillage persistant a presque toujours résisté aux expériences qui en ont été faites.

Vigueur réciproque des parties. — En principe, il est préférable de rapprocher par le greffage des sujets ayant entre eux quelque analogie de vigueur, d'entrée en végétation, de robusticité.

II. — CONDITIONS DE SUCCÈS DU GREFF

S'il y avait discordance, il vaudrait mieux que le greffon eût une végétation moins précoce que le sujet ; dans le cas contraire, privé de la nourriture *du sol*, il s'affamerait vite.

D'autre part, quand on vise à la floraison ou à la fructification, il serait à désirer que le greffon fût d'une espèce plus vigoureuse que celle du sujet ; celui-là se tempérerait forcément devant l'action modérée de son support et se mettrait plus vite à fruit, comme le Poirier greffé sur Cognassier. Moins d'eau dans les vaisseaux nourriciers, plus de carbone dans le liber.

Les espèces ou variétés qui sont habituellement d'une végétation modérée s'accommodent volontiers d'un sujet de vigueur moyenne.

Avec un sujet faible, le greffage d'une espèce délicate produirait un arbre chétif. Si, au contraire, le sujet était fougueux en sève, le résultat pourrait être le même, la greffe étant dans l'impossibilité d'absorber toute la nourriture fournie par les racines ; l'équilibre de végétation, si nécessaire à l'existence normale de la plante, serait rompu.

Lorsqu'il s'agit de vigueur, les inégalités trop saillantes peuvent être amorties au moyen d'un double greffage ou surgreffage. On greffe d'abord sur le sujet une variété de vigueur intermédiaire ; plus tard, c'est elle qui supportera le greffage de la variété que l'on désire propager.

Toutefois, le sujet doit être assez fort pour recevoir la greffe. S'il est chétif, le greffon se soudera, mais l'arbre futur restera délicat. À son tour, le greffon doit sortir de race pure. Sain, le végétal qui le fournit lui transmettra la santé, la rusticité. Dans l'éducation des végétaux, il est toujours plus facile de prévenir que de guérir le mal. La dégénérescence, plus apparente que celle des espèces et des variétés, a surtout pour cause le mauvais choix des éléments de multiplication. Il est donc préférable que le végétal, dit étalon, qui fournit les greffons, soit d'une nature robuste. Ici, le mot étalon est pris dans le sens de type ou point de repère.

Pour toute sorte de greffage, il est indispensable que les deux parties greffées aient en communication intime, non pas leur épiderme ni la moelle, mais leur zone génératrice, c'est-à-dire les couches nouvelles et vives du liber ou de l'aubier, dans le tissu desquelles circule la sève. La liaison ne s'accomplit bien qu'à cette

Charles Baltet

condition.

La multiplicité des points de contact favorise une soudure plus complète, qui gagnera encore par la similitude de contexture entre le greffon et le sujet, principalement en ce qui regarde la nature herbacée ou ligneuse de leurs tissus.

Une précaution à prendre, et qui a sa raison d'être, consiste à ménager un œil au sujet et un œil au greffon à leur point de jonction. Il en résultera des bourgeons d'appel qui hâteront la soudure des cellules et des fibres juxtaposées.

Enfin la prompte agglutination des parties est une conséquence de l'habileté de l'opérateur, qui saura éviter les plaies ou les aviver et les soustraire à l'action des agents atmosphériques.

Saison du greffage. — En principe, le greffage doit être pratiqué pendant que la sève est en mouvement. Lorsqu'on opère au printemps, on a soin de choisir le moment où la sève se réveille ; à l'automne, c'est avant qu'elle entre en léthargie. Pendant l'été, on évitera la phase où le liquide séveux est trop actif. Pour toute sorte de greffage, avons-nous dit, il est bon que le sujet et le greffon soient dans un état de sève à peu près analogue, la formation du tissu cicatriciel ou de soudure en sera mieux assurée.

La saison du greffage en plein air est depuis le mois de mars jusqu'en septembre. Nous parlons en général ; dans les pays chauds, la végétation commence un mois plus tôt. Ailleurs, certains végétaux conservent leur sève jusqu'en octobre et en novembre, ce qui permet de retarder quelque peu le greffage d'automne.

Une atmosphère calme, sans hâles desséchants, plutôt chaude que pluvieuse ou froide, est avantageuse au succès de l'opération. La chaleur, dans certaines limites, excite le fluide nourricier ; le froid l'engourdit.

Pendant les gelées d'hiver, la greffe — nous entendons la greffe avec soudure immédiate — n'est possible qu'à l'abri d'un verre protecteur. La chaleur factice et les combinaisons de l'horticulteur y excitent et entretiennent la végétation au degré voulu. Le greffage sous verre, pratiqué dans la serre à multiplication, ou sous cloche, ou dans une bâche, se fait habituellement de janvier en mars et de juillet en septembre.

Sous les tropiques, où la végétation est pour ainsi dire permanente, le greffeur devra éviter la période des grandes pluies et, si possible, la pleine saison des chaleurs excessives.

III. — MATÉRIEL DU GREFFAGE

OUTILS

Des outils simples, commodes, tenus en bon état de propreté, pourvus de lames bien acérées, seront préférés aux instruments compliqués, à plusieurs lames, ou hérissés de parties saillantes qui peuvent blesser l'arbuste et l'opérateur.

L'outil à lame fixe présente plus de fermeté dans le manche ; mais un instrument à lame fermante est plus facile à transporter.

Fig. 1. — Sécateur.

Sécateur (*fig.* 1). — Le sécateur est un instrument à deux branches de fer ou d'acier, l'une terminée par une lame tranchante, l'autre par un croissant émoussé en biseau, formant point d'appui contre la branche que l'on coupe.

Charles Baltet

Les manches élargis et évidés en coquille (*fig.* 1) sont moins lourds, plus faciles à tenir et fatiguent moins la main.

On emploie le sécateur lorsqu'il s'agit de pratiquer les opérations suivantes :

1° Étêter les sujets pour le greffage en tête ;

2° Couper les rameaux-greffons ;

3° Tronquer les sujets au-dessus de la greffe ;

4° *Désongletter* les greffes de côté ;

5° Sevrer les greffes *en approche* ;

6° Tailler les végétaux épineux.

En général, la coupe du sécateur a besoin d'être avivée immédiatement avec la serpette.

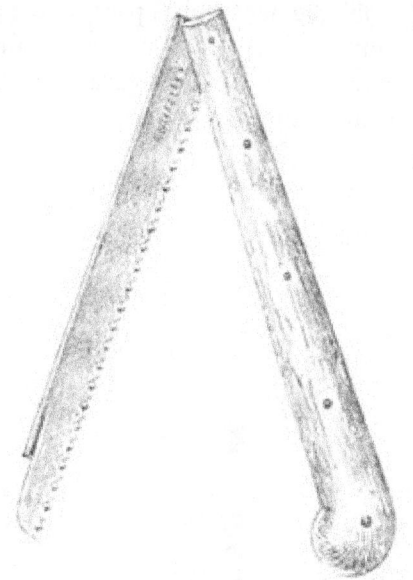

Fig. 2. — Scie à main.

Scie (*fig.* 2). — Les scies à main, dites scies égohines, anglaises, à lame fixe, à lame fermante, sont employées pour tronquer les fortes branches et les gros sujets destinés au greffage en tête, à haute tige ou à basse tige, et pour désongletter les greffes pratiquées sur le côté du sujet, quand le chicot est sec ou trop gros pour la serpette

III. — MATÉRIEL DU GREFFAGE

ou le sécateur.

Lorsqu'il s'agit de scier une forte branche, on commence par en abattre la ramure ; alors le trait de scie se donnera plus aisément, et l'écorce du tronc subira moins le risque de se déchirer. D'ailleurs, l'opérateur modère le mouvement du bras, au moment d'achever le sciage de la branche ; souvent même, il est prudent d'arrêter le coup de scie aux neuf dixièmes de l'amputation et de l'achever avec la serpette. On maintient avec l'autre main le tronçon qui va se trouver abattu par l'opération, sans forcer le mouvement, pour éviter l'éclatement de la partie sciée.

Les couteliers construisent la scie avec une denture simple ou une denture double, le dos de la lame étant plus aminci que le côté de la denture. Les greffeurs emploient d'excellentes scies fabriquées avec des lames de faux ; les dents sont placées sur un seul rang, et la pointe dirigée obliquement en bas par rapport au manche. On ne doit jamais employer la scie sur un arbre vivant, sans aviver le trait de scie et parer ou polir la plaie avec la serpette. Les mâchures du sciage retiennent l'humidité sur la plaie et font obstacle à sa cicatrisation.

Fig. 3. — Serpette.

Charles Baltet

Serpette (*fig.* 3). — La serpette est composée d'un manche en bois ou en corne, droit ou légèrement courbé, et d'une lame crochue au sommet. Le bec de la lame est plus ou moins ouvert ou saillant ; le travailleur se familiarise avec sa forme, à ce point qu'il préfère souvent ses vieux outils tout usés aux instruments plus neufs ou de tournure plus régulière.

La serpette est nécessaire pour *rafraîchir* la plaie occasionnée par la scie ou le sécateur, pour aviver les tissus mâchés ou déchirés, et aplanir la coupe de façon que l'aire en soit unie, sans inégalités, meurtrissures ni esquilles. Pour bien aplanir, la main qui tient le manche de l'outil aura le pouce arc-bouté contre le tronc, tandis que l'autre main dirigera la lame.

Fig. 4. — Serpette à désongletter.

Sur un sujet de moyenne grosseur, on pratique l'ablation du tronc avec la serpette, sans avoir besoin de la scie.

La serpette est également employée pour fractionner les rameaux-greffons. Si l'on préfère se servir de la serpette pour les tailler, les préparer définitivement, il sera prudent alors d'avoir une seconde serpette, plus fine, tenue en réserve, la première étant destinée aux élagages, recepages et autres gros travaux.

III. — MATÉRIEL DU GREFFAGE

Les greffeurs qui emploient la serpette pour tout le travail du greffage choisiront une lame peu crochue, bien commode lorsqu'il s'agit de fendre le sujet.

On se sert encore de la serpette pour étêter, après le greffage, les sujets qui n'ont pas subi un tronçonnement préalable, et pour enlever le chicot de la greffe après une année de végétation.

Pour cette dernière opération, et lorsqu'il s'agit de sujets greffés à basse tige, nous recommandons la *serpette à désongletter* (*fig.* 4). On tient le manche avec les deux mains, et l'on coupe l'onglet plus facilement. Cet outil a encore son utilité dans les élagages d'arbres épineux.

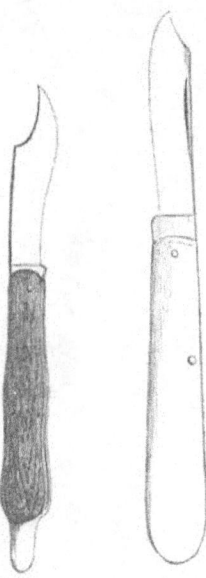

Fig. 5. — Greffoir et Fig. 6. — Greffoir anglais

Greffoir (*fig.* 5). — Le greffoir est un outil à lame étroite, ventrue vers le sommet et à pointe recourbée en arrière. Le manche est terminé par une spatule dont l'emploi consiste à soulever les écorces ; la spatule soudée ou faisant corps avec le manche est en ivoire, le métal ayant l'inconvénient de rouiller le liber en sève.

Le greffoir est indispensable pour les greffages par bourgeon, en écusson, pour tailler le greffon des greffes par rameau, pour le soulèvement des écorces, pour les greffages sous verre, la section des ligatures qui étranglent la greffe, etc.

Le *greffoir anglais* (*fig.* 6) a la spatule et le manche du même morceau, os ou ivoire ; la lame en acier fin peu crochue. Il a son usage dans les opérations délicates, greffes sous verre, etc. Nous verrons, au *Rétablissement de la Vigne par la greffe*, une variante dans la lame du greffoir.

Fig. 7. — Couteau à greffer.

Couteau à greffer (*fig.* 7). — Le manche de cet instrument est légèrement arqué pour faciliter le greffage rez-terre ; la lame, en forme de virgule, de larme, sert à fendre les sujets destinés au greffage en fente. Avec un couteau à greffer, on peut fendre le sujet partiellement.

Une fente de part en part s'obtient avec un couteau à lame droite, en forme de couteau de table. L'emmanchure et le dos de la lame seront assez solides pour résister aux efforts de l'opérateur contraint parfois de frapper à coups de maillet pour fendre les sujets trop gros.

III. — MATÉRIEL DU GREFFAGE

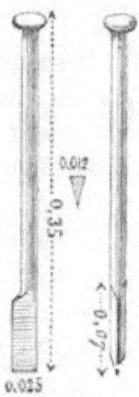

Fig. 8. Ciseau à greffer.

Ciseau à greffer (*fig.* 8). — La lame et le manche sont d'une seule pièce, fer et acier. Le ciseau offre toute garantie de solidité et de résistance lorsqu'il s'agit de fendre les fortes tiges, avec ou sans le concours du maillet.

La fente étant ouverte, on peut, en retirant le ciseau à demi, s'en servir comme d'un levier ou d'un coin, afin de maintenir la fente entr'ouverte et de faciliter l'introduction du greffon.

Le manche du maillet terminé en bec de cane pourrait avoir ce même emploi.

Le ciseau (*fig.* 8) employé par les vignerons du Midi mesure $0^m,35$ d'une extrémité à l'autre. Le tranchant a $0^m,07$ de long sur $0^m,025$ de large, avec un dos épais de $0^m,012$.

Gouge à greffer (*fig.* 9). — La gouge à greffer, représentée ci-contre, comprend un manche long de $0^m,11$ et une tige en fer de $0^m,15$; la partie supérieure, longue de $0^m,04$ à 0^m05, est courbée en dedans et se termine par une gouge curviligne avec laquelle on ouvre sur le sujet la rainure destinée à recevoir le greffon.

Cet instrument est utile dans les greffages en approche, particulièrement appliqués à la Vigne.

En rendant la gouge angulaire, on en faciliterait l'emploi dans les greffages de précision, par incrustation ; mais on en compliquerait inutilement les soins d'entretien.

Charles Baltet

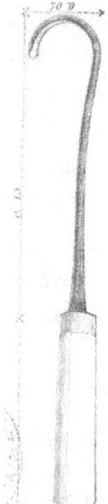

Fig. 9. — Gouge à greffer.

Métrogreffe (*fig.* 10). — Cet outil se compose d'une double spatule adaptée au manche du greffoir ordinaire. Son but est de rendre exacte la coïncidence du rameau-greffon avec le sujet, dans les modes de greffage où les deux parties seront juxtaposées par un simple placage.

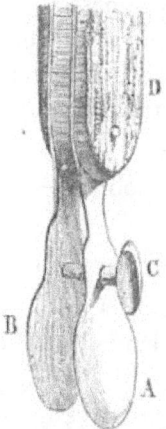

Fig. 10. — Métrogreffe.

III. — MATÉRIEL DU GREFFAGE

Le manche (D) porte deux pièces ; d'abord la lame du greffoir (*fig.* 5 et 6) qui taille le greffon, puis la double spatule dont les deux parties (A et B, *fig.* 10) sont réunies par une vis (C). Le métrogreffe joue le rôle de compas d'épaisseur pour mesurer le dos du biseau de la greffe, et tracer sur le sujet les limites de son logement.

Tous ces outils ne sont pas indispensables dans la pratique du greffage, mais ils ont chacun un but spécial.

Depuis que le greffage a pénétré dans le vignoble phylloxéré, on a inventé des *machines à greffer*, assez ingénieuses, mais d'un emploi déterminé et d'un entretien difficile. L'usage des outils ordinaires est désormais préféré.

Entretien des outils. — Les outils doivent être entretenus avec soin, en bon état de service et de propreté.

Dans les opérations réitérées, ou faites pendant la sève, la crasse s'accumule sur la lame ; on l'enlève au fur et à mesure avec de l'eau ou de la terre humide. La saleté nuit au maniement de l'outil et gâte les couches intérieures de l'arbre. Il est des végétaux dont la sève, chargée d'acides, de tannin ou d'autres substances corrosives, noircit la lame, de manière à en nécessiter l'essuyage après chaque opération.

Il ne faut pas négliger d'affiler souvent les lames tranchantes ; les coupes vives et saines favorisent la cicatrisation des plaies. Quand le taillant est émoussé, on repasse la lame sur la meule de grès, puis on l'adoucit sur une pierre plus tendre pour lui enlever le fil. Le simple repassage à la pierre se répète plusieurs fois pendant la journée, lorsqu'il s'agit de travaux continus.

La *pierre* dite *de Lorraine*, et mieux encore la *pierre du Levant*, dont le grain est plus fin, sont excellentes pour le repassage des serpettes.

La *pierre d'ardoise* convient pour le greffoir et pour le sécateur.

Il y a encore la pierre douce à rasoir et à canif ; avec une goutte d'huile, on repasse les lames fines destinées aux opérations délicates.

Fort souvent, dans les pépinières, après avoir donné un coup de pierre au greffoir, on l'adoucit sur le cuir des chaussures, ou « à la main ».

Charles Baltet

La manière de donner le coup de pierre tient à l'habileté et à l'habitude. Le but est d'affiler les parties tranchantes sans les affaiblir ; sinon, dans les gros travaux, le tranchant s'émousserait vite et s'ébrécherait facilement.

La scie simple, à un rang de dents, est entretenue en bon état avec la lime dite *tiers-point*.

Pour la scie anglaise ou à double denture, on emploie la *lime à pignon* ; la côte centrale a 0^m,004 d'épaisseur, tandis que les deux bords extérieurs, destinés à limer les dents de la scie, n'ont qu'un demi-millimètre d'épaisseur.

Les outils de précision, et même le sécateur, seront confiés au coutelier.

LIGATURES

Presque tous les systèmes de greffage exigent une ligature qui rapproche les tissus écartés et les écorces soulevées, qui resserre les parties fendues et fixe le greffon sur le sujet.

Si on laissait un intervalle prolongé entre le moment du greffage et l'application de la ligature, l'action des agents atmosphériques ne manquerait pas de se faire sentir défavorablement sur la greffe.

Les meilleures ligatures sont celles qui ne peuvent s'allonger ni se retirer sous les influences hygrométriques, et qui sont douées d'une certaine élasticité leur permettant de se prêter à l'accroissement en diamètre du sujet.

Plus le sujet sera gros, plus solide devra être le lien ; la cicatrisation y est naturellement plus lente, et l'on doit tout faire pour l'accélérer.

Dans les greffages où l'écorce seule a été soulevée, il suffit de rapprocher les couches corticales et de brider le greffon sans le comprimer.

L'application du lien se fait avec les deux mains. On le roule en spirale autour de la partie greffée, en serrant le lien à chaque tour, surtout au premier et au dernier, plus disposés à se relâcher. Les spires sont plus ou moins rapprochées ; l'essentiel est qu'elles maintiennent ferme la greffe. La force de tension s'accroît avec des spires rapprochées et diminue si l'on superpose plusieurs tours de

III. — MATÉRIEL DU GREFFAGE

ligature.

Le lien qui vacille quand on passe le doigt dessus n'est pas suffisamment tendu ; alors on le serre à nouveau.

La *laine filée* réunit les qualités voulues pour former une bonne ligature ; elle se prête au grossissement de l'arbre, et elle échappe à l'action de l'humidité parce qu'elle a été passée à l'huile lors de sa fabrication. La laine est très employée pour l'écussonnage des branches petites ou moyennes d'arbres fruitiers et d'arbustes, pour les Conifères et les Rosiers, pour les petits sujets greffés dehors, ou en serre ou sous verre.

On réunit deux ou trois brins de laine, sans les cordeler, et d'une longueur calculée sur la grosseur du sujet et l'étendue de la fente ou de la plaie à couvrir. Pour de gros sujets, la laine ne serait pas assez forte.

Le *coton filé* est insensible aux variations hygrométriques, mais il n'a pas l'élasticité de la laine ; nous le recommandons pour l'écussonnage des tiges fortes ou lentes à grossir et pour les greffages sous verre. Il convient de l'appliquer sur le sujet et de le nouer par une boucle de façon qu'on puisse le délier facilement, quand la strangulation commence, le coton étant difficile à couper en travers. Le même lien peut alors servir à une autre opération.

La dépense occasionnée par l'achat de la laine et du coton, dans les pépinières importantes, a fait rechercher des ligatures plus économiques. On s'est arrêté à deux plantes aquatiques qui croissent abondamment sur le bord des rivières et des fossés, dans les étangs et les marécages : 1° la *Spargaine rameuse*, Rubanier d'eau (*Sparganium ramosum*, fig. 11), plus commune que la *Spargaine simple* (*S. simplex*) ; 2° la *Massette à large feuille* (*Typha latifolia*, fig. 12), plus répandue et plus ferme que la *Massette à feuille étroite* (*T. angustifolia*). Ces deux espèces sont monoïques, de la famille botanique des Typhacées.

Notre dessin en reproduit les organes de floraison et de fructification.

Spargaine (*fig.* 11). — D, fleur mâle ; E, fleur femelle ; F, fruit.

Massette (*fig.* 12). — A, fleur mâle ; B, fleur femelle ; C, fruit.

On récolte la plante à son entier développement, dans le cours de

Charles Baltet

l'été, pour l'utiliser aux greffages de l'année suivante. Étant coupée le plus près possible de la souche, on en sépare les feuilles qui se trouvent agglomérées à leur base, et on les met sécher à l'ombre ou au grenier, en les accrochant par paquets liés au sommet du feuillage. Lorsqu'arrive le moment de s'en servir, on coupe les feuilles de la longueur voulue, en moyenne de 0^m,30 à 0^m,50.

Fig. 11. — Spargaine rameuse (*Sarganium ramosum*).	Fig. 12. — Massette des marais (*Typha latifolia*).

Un peu avant le greffage, on plonge dans l'eau la ligature réunie en paquet ; puis on la fait égoutter en pressant avec la main, par une légère torsion, comme s'il s'agissait de tordre du linge. Assez souvent, on se contente de descendre la ligature à la cave pour l'entretenir fraîche, ou de l'exposer à la rosée toute une nuit, et dans les champs où l'on manque d'eau, on la met en terre.

Il faut, à cette ligature végétale, un juste milieu de sécheresse et d'humidité. Trop sèche, la feuille des Typhacées manque de résistance et casse ; trop humide, elle se brise également et pourrait nuire à la soudure de la greffe.

III. — MATÉRIEL DU GREFFAGE

La feuille est généralement assez large pour être fendue dans le sens de sa longueur. Elle serre mieux lorsqu'elle est placée sur son épaisseur — non sur sa largeur — et quand on la tord modérément en l'appliquant sur la greffe.

À l'exception des greffes qui nécessitent la fente des tissus ligneux du sujet, et pour lesquelles la feuille de Spargaine ou de Massette n'aurait pas une ténacité suffisante, nous recommandons cette ligature pour la majorité des procédés de greffage. Elle présente une solidité convenable, et cède au grossissement de la greffe.

De ces deux plantes à utiliser également, la préférence pourrait être accordée à la Spargaine. Cet avantage résulte de la structure anatomique des feuilles, et particulièrement des lacunes et des intersections du tissu cellulaire étoilé qui existe dans leur intérieur.

Le *Raphia* s'emploie en longues lanières, tirées probablement des pennules des Palmiers Raphia (*Sagus vinifera* et *tædigera*). C'est une bonne ligature pour les greffages par rameau de printemps ou d'été en plein air ou sous verre ; ses inconvénients sont de se desserrer assez facilement par suite de sa surface lisse et de ne pas se prêter au grossissement du sujet, comme la Spargaine. Sur une écorce tendre, le raphia pourrait produire un étranglement ; il est alors prudent de le mouiller avant de l'employer et de terminer la ligature par une boucle, de façon que le lien ne glisse pas et qu'on puisse le desserrer et le retirer, une fois son action terminée.

La feuille du *Tritoma*, jolie plante d'ornement, cueillie verte, séchée à l'ombre et mouillée au moment de son emploi, est une bonne ligature.

L'*écorce* ou plutôt le *liber de tilleul*, vulgairement *tille*, préparée pour la fabrication des cordes à puits, fournit un bon lien pour les greffages par rameau, et toutes les fois qu'il faut opposer une certaine force de résistance aux gros sujets ou aux tissus éclatés. Trempée, puis séchée et fendue en long, la tille offre une élasticité convenable et n'étrangle pas le sujet.

La *natte d'emballage* des denrées coloniales, utilisée dans les pépinières, est le produit des végétaux sus-indiqués ou analogues ; le liber de Tilleul étant la base des nattes de Russie, et les lanières de Raphia entrant dans les emballages et sparteries du Brésil et de Madagascar.

Charles Baltet

Les petites bandelettes de caoutchouc conviennent aux greffages de parties herbacées.

La *ficelle simple* ou dédoublée, la *ficelle de marine*, la *filasse* de vieille *corde effilochée* sont assez souvent employées, parce qu'on se les procure facilement. On les choisit non cordelées, et on les surveille lors du grossissement du sujet.

La ficelle et la natte, rendues *imputrescibles* par un sulfatage, par un goudronnage ou un enduit spécial, sans perdre toutefois leur souplesse, conviennent aux greffes sous terre.

En général, les textiles, Chanvre, Lin, Aloès, Abutilon, Asclépiade, Mélilot, Houblon, Phormium, etc., manquent d'élasticité.

L'*osier fendu* n'est guère utilisé qu'à la campagne, dans le greffage des vieux arbres et des souches souterraines de Vigne.

Les *écorces d'Orme* et *de Saule*, séchées puis trempées, ont, comme l'osier fendu, le défaut de se rétrécir trop vite, sauf quand elles ont été préparées une année à l'avance ; alors on peut les utiliser. L'*écorce de Mûrier*, qui sert aux greffeurs d'Oliviers, présente les mêmes caractères.

À Toulouse, on emploie la *balle* (glume) de maïs ; si la feuille est trop large, on la divise dans le sens de sa longueur ; si elle est trop courte, on la « répond ».

Au Japon, la paille de riz battue est une bonne ligature de greffes.

Dans le greffage, le rôle de la ligature est provisoire ; il cesse quand la soudure est suffisante pour le développement du greffon.

ENGLUEMENTS.

Pour compléter le greffage, il est nécessaire de recouvrir les plaies et les coupes avec un mastic onctueux, qui n'ait pas le défaut de dessécher la plaie, ni de la brûler, ni de couler ou de se fendre par l'action de l'air ou par une mauvaise composition.

Il faut engluer copieusement, sans économie, les plaies, les fentes du sujet et du greffon, quand la greffe est posée. La figure 13 représente une greffe en tête, par rameau, ligaturée et engluée. Le mastic est étendu sur l'amputation (A) du sujet, sur les plaies (E), aux jointures de la greffe (I) et au sommet du greffon (O). Il n'y a

III. — MATÉRIEL DU GREFFAGE

aucun inconvénient à mastiquer ou à respecter l'œil terminal (U), et l'œil enchâssé (Y) du greffon.

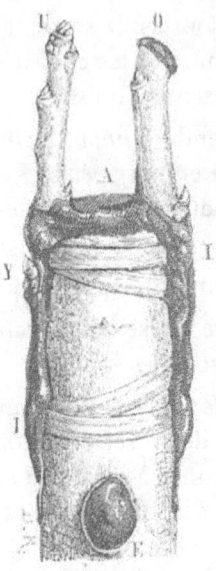

Fig. 13. — Greffe en tête terminée par la ligature et l'engluement.

Une greffe bien faite peut manquer par suite d'un mauvais liniment.

Les greffes qui n'offrent aucune partie tranchée exposée à l'air, l'écussonnage, par exemple, ne réclament aucun onguent.

Malgré les nombreuses inventions, les bons engluements sont encore peu nombreux ; mais ceux que l'on a suffisent.

Onguent de Saint-Fiacre. — Cet engluement primitif se compose de deux tiers de terre glaise et d'un tiers de bouse de vache. On le maintient sur le moignon greffé au moyen d'une ficelle et d'un linge formant poupée ; il sera facile d'y mélanger de l'herbe hachée menu, pour en augmenter la consistance.

L'onguent de Saint-Fiacre est adopté dans nos campagnes ; il est assez économique pour le greffage des vieux arbres. À son défaut, on emploie l'argile pulvérisée et pétrie pour le greffage sous terre de la Vigne.

Charles Baltet

Mastic chaud. — Depuis longtemps, les pépiniéristes fabriquent eux-mêmes leur mastic. La composition en est variée : elle a généralement pour base une combinaison de poix blanche, de poix noire, de cire jaune, de suif et de résine. On y ajoute parfois de l'ocre, du saindoux, des cendres fines. On fond le tout sur le feu, dans un vase de fer, et l'on attend que la composition soit attiédie pour l'employer.

L'habitude fait juger de la proportion des substances à introduire dans le mélange. La poix rend la composition plus épaisse ; le suif, plus légère ; la résine lui donne de la sécheresse ; la cire, de l'onctuosité.

La climature a probablement dicté quelques modes de fabrication. Ainsi, dans les Pays-Bas, MM. Looymans font bouillir 1 kilogramme de résine d'Amérique avec un verre d'huile ou de graisse, jettent le mélange bouillant dans l'eau froide, le reprennent et l'étirent tant qu'il est malléable, puis l'emploient à chaud.

Voici une composition employée dans les pépinières d'Angers, d'Orléans, de Troyes :

1° D'abord faire fondre ensemble :

Résine	$1^k,250$
Poix blanche	$0^k,750$

2° En même temps faire fondre à part :

Suif	$0^k,250$

3° Verser le suif fondu bien liquide sur le premier mélange, en ayant soin d'agiter fortement ;

4° Ajouter ensuite 500 grammes d'ocre rouge, en le laissant tomber par petites portions, et en remuant longtemps le mélange.

Quelle que soit la composition, il faut toujours que le mastic soit onctueux, malléable, exempt de mordant ; il sera employé tiède, plutôt froid que chaud, plutôt liquide encore que déjà solide. On l'entretient à ce degré sur un fourneau portatif chauffé au bain-

III. — MATÉRIEL DU GREFFAGE

marie, ou avec la lampe à esprit-de-vin, ou par les procédés vulgaires.

Pour l'appliquer, on se sert d'un pinceau-brosse ou d'un bâton tamponné par un chiffon ; le plus souvent, on prend une spatule de bois.

Le mastic chaud est économique dans une grande exploitation. Il est préférable au mastic froid pour les greffages d'automne, parce que la gelée a moins d'action sur lui.

Mastic froid. — Le désagrément de fabriquer ou d'employer des engluements chauds a donné la vogue aux mastics froids, qui se ramollissent à la chaleur de la main ou restent onctueux par la nature de leur composition. Le mastic Lhomme réunit ces conditions, et certaines préparations fabriquées à Lyon, à Caen, à Montreuil, etc.

Le mastic froid est livré dans des boîtes en fer-blanc, en pot ou en flacon à pommade, où il se conserve malléable, même étant entamé.

Pour s'en servir, on l'étend avec une spatule ; et s'il faut mettre le doigt, on mouille celui-ci avant de toucher le mastic.

Une fois exposé à l'air, cet onguent durcit un peu ; il ne gerce pas au froid et ne coule pas au soleil ; c'est, jusqu'à ce jour, le meilleur engluement à employer.

M. Lucas, pomologue du Wurtemberg, emploie un liniment froid, assez simple de composition. On fait fondre de la résine blanche sur un feu modéré, on y verse graduellement le tiers de son poids en alcool à 90°, en remuant sans relâche le mélange avec un bâton.

La composition chimique des mastics froids repose évidemment sur le résultat obtenu par le mélange intime de l'alcool avec la résine, provoquant la liquéfaction permanente de cette dernière après le refroidissement ; mais on a eu soin de rechercher les moyens de parer aux inconvénients que présentait le simple mélange de ces deux substances, entre autres celui de couler sous l'ardeur du soleil et de laisser ainsi les plaies à nu. En Hongrie, on a ajouté du suif, de la colophane et de la térébenthine ; en Belgique, on se contente de colophane (300 gr.) et d'axonge (60 gr.) fondues ensemble, et l'on verse dans la bouillie, par parties, 80 grammes d'alcool à 40°.

Charles Baltet

Un mastic manqué sera remis sur le feu ; on y ajoutera suif ou axonge s'il est cassant, résine s'il coule trop, alcool si la consistance nuit à la malléabilité. Remuer constamment le mélange et éviter d'y introduire l'essence de térébenthine, qui brûle les tissus ligneux.

Il est important que le mastic ne reste pas onctueux sur l'arbre et qu'il s'affermisse à l'air ou sèche assez vite, car la gelée, ayant de la prise sur une substance molle, pourrait fatiguer les tissus du sujet couverts d'onguent insuffisamment durci.

ACCESSOIRES

Les outils, les ligatures, sont transportés dans un *panier plat*, élevé sur pieds. Le panier ou la boîte pourrait être mobile, de manière à être enlevé et accroché sur l'*échelle simple* ou l'*échelle double*, employée dans les opérations pratiquées à une certaine hauteur.

L'étiquetage par nom ou par numéro des variétés que l'on greffe nécessite un *jeu de numéros*, du *plomb laminé*, des *étiquettes*, des *registres* de culture et de multiplication qui seront placés dans le panier au greffage.

Le greffage sous verre conduit à l'emploi de divers accessoires : *poteries, composts, paillassons, claies, toiles, abris,* bien que les sujets greffés puissent être destinés à la culture en plein air.

Au début de la végétation des jeunes greffes, les premiers auxiliaires du dressage consistent en tuteurs, en osier, en jonc ou similaires.

Les *tuteurs* sont des brins d'arbres résineux, ou de Saule, de Peuplier, de Châtaignier, etc., de plusieurs dimensions. Le bois de brin est plus maniable que le bois fendu. On prolonge la durée des tuteurs en les immergeant, frais coupés et tout confectionnés, pendant huit ou quinze jours, dans un bain de sulfate de cuivre préparé à raison de 2 kilos de sulfate par 100 litres d'eau.

Les *baguettes* plus ou moins ramifiées servent au palissage des jeunes greffes faites sur les arbres déjà forts ; on les sulfate comme les tuteurs, et les perches, comme les paillassons, les toiles, le coffre des bâches, etc. Les objets sulfatés ne sont pas attaqués par les insectes, les colimaçons et les animaux rongeurs.

III. — MATÉRIEL DU GREFFAGE

L'*Osier rouge* ou *jaune* (*Salix purpurea* ; *S. vitellina*) se récolte en hiver sur des têtards. On l'emploie à l'état frais ou après séchage, pour attacher les sujets et les branches contre les tuteurs. Les paquets d'osier triés par séries sont rentrés à l'ombre et au sec. On les trempe dans l'eau quelques jours avant de s'en servir.

Le *Jonc* à palisser (*Juncus glaucus*) sert à l'accolage des jeunes scions herbacés des greffes. Le jonc se récolte en été ; on le fait sécher modérément et on le rentre au grenier. Il suffira de le plonger dans l'eau au moins 24 heures avant de l'employer.

IV. — CHOIX DES SUJETS ET DES GREFFONS

CHOIX DES SUJETS

Le sujet destiné au greffage est généralement un végétal complet portant tige, branches et racines ; mais le sujet pourrait être une simple bouture, un fragment de rameau ou de racine.

Le sujet complet, plus difficile et plus lent à obtenir, est préférable à tout autre dans la majorité des circonstances. Nous donnerons donc plus de développement à son éducation.

ÉDUCATION DU SUJET COMPLET

Premier âge. — Le sujet destiné au greffage est obtenu par semis, par marcottage ou par bouturage. Le plant issu du drageonnage ne convient pas autant, parce que l'opération de la greffe et ses suites l'exciteraient encore à drageonner, ce qui est ici un défaut.

Semis. Semer les graines aussitôt leur maturité : 1° d'avril en juin ; 2° d'août en octobre.

Faire *stratifier* les graines qui ne peuvent être semées tout de suite ; elles seront mises dans une caisse ou dans un vase peu profond, par lits alternés avec des couches de terre sableuse, et le récipient placé à la cave. Dès que la graine commencera à germer, on la sèmera en pleine terre.

Ameublir et nettoyer minutieusement le terrain destiné au semis.

Charles Baltet

Semer à la volée, en lignes ou par trous.

Une semence sera d'autant moins enterrée qu'elle sera plus petite, que le climat et le terrain seront plus froids, et que l'époque de sa mise en terre se rapprochera davantage du temps de sa germination.

Un semis compact étiole le plant ; trop écarté, le plant reste court et peut se ramifier. On calculera donc la vigueur du plant et sa destination. Si le plant est dru, on peut le desserrer, dans l'été, par une éclaircie, un dépiquage raisonné.

Tasser le sol, arroser, désherber, détruire les insectes, chasser les oiseaux.

Le semis sous verre hâte et favorise la germination des graines. Dans ces conditions, les semences pourront être enterrées moins profondément, et l'on repiquera le jeune plant sous châssis ou en pleine terre, dès qu'il aura développé une ou deux feuilles.

Marcottage. — Le marcottage se pratique au printemps, en été ou à l'automne, avec des rameaux ligneux ou herbacés tenant à la mère.

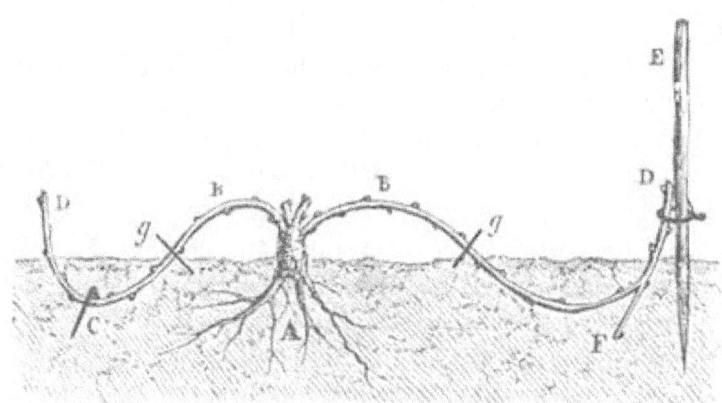

Fig. 14. — Marcottage simple.

Les arbustes-mères (A, *fig.* 14) étant disposés en touffes, on ouvre une tranchée autour, et l'on y amène les rameaux vigoureux et sains (B). On les couche assez près de la souche et, les faisant couder brusquement, on en redresse la sommité que l'on taillera à deux yeux (D) au-dessus du sol. On pourrait faciliter l'émission

IV. — CHOIX DES SUJETS ET DES GREFFONS

des racines en retenant le brin couché avec un crochet (C), ou par une incision en long (F), à la courbure ; alors le tuteur (E) est nécessaire. On remplira le trou avec de la bonne terre, et plus tard, le sevrage ou séparation de l'élève d'avec la mère se fera en *g, g*. C'est le *marcottage simple*.

Marcotter en vase les espèces délicates ou à feuilles persistantes.

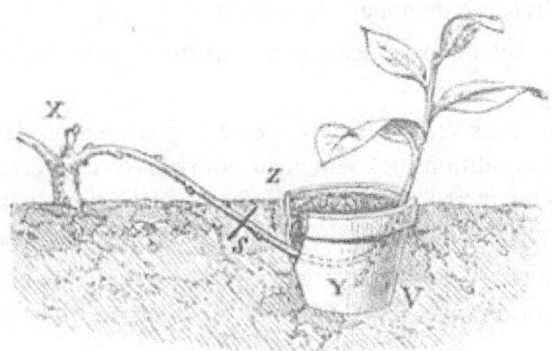

Fig. 15. — Marcottage en vase.

Ainsi le rameau (X, *fig.* 15) sera couché et introduit dans le vase à fleur (V) mis en terre et, par une ouverture (Z) préparée, le coude (Y) simple ou incisé favorisera la sortie du chevelu. La sommité, assez courte et à feuille persistante, ne sera pas taillée. Une fois le jeune plant complet, on le sèvrera (S) de la mère.

Pour tout marcottage, le *sevrage* doit être pratiqué dès que le plant aura suffisamment de racines. Une fois qu'il est détaché de la souche, on l'extrait du sol et on le plante à demeure ou en pépinière.

Par le *marcottage multiple*, on couche horizontalement, dans une rigole, une branche (B, *fig.* 16) en végétation, adhérente à la souche-mère (A), les jeunes rameaux (de *a* à *g*) étant au début de leur évolution. La rigole sera successivement comblée de bonne terre, après suppression des feuilles de base. Les jets trop vigoureux (*f, g, fig.* 16) réclament un écimage en vert pour qu'ils ne puissent nuire au développement des autres rameaux qui sont placés moins favorablement. À l'automne, chacun de ces rameaux, étant enraciné, sera sevré et constituera un plant.

Charles Baltet

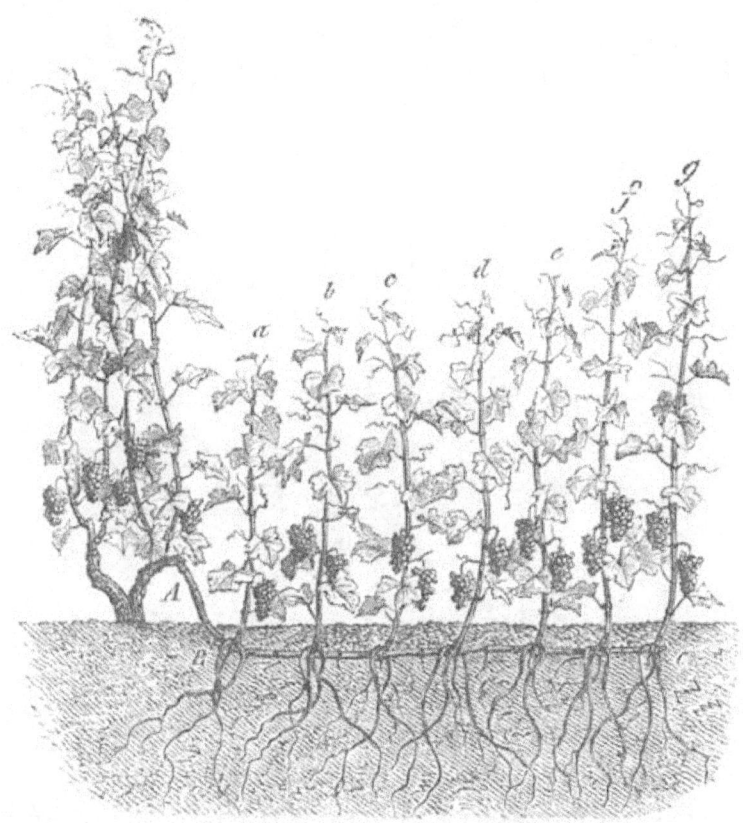

Fig. 16. — Marcottage à long bois.

On marcotte par *cépée* ou en *butte* (*fig.* 17) : le Cognassier, les Pommiers paradis et doucin, le Prunier, le Figuier, le Noisetier, l'Olivier, etc.

Le sujet est recepé à fleur du sol ; dans l'été, on le butte de terre meuble, et on pince l'extrémité des scions encore herbacés, de manière qu'ils puissent former du chevelu. À l'automne, on déchaussera le tronc et on extraira les jeunes tiges enracinées. Si le plant était faible ou peu chevelu, on le taillerait assez long, on le butterait de nouveau jusqu'à l'année suivante ; mais s'il est détaché de la mère, on le repiquera en nourrice, c'est-à-dire en pépinière.

IV. — CHOIX DES SUJETS ET DES GREFFONS

Les souches peuvent être buttées tous les ans ou tous les deux ans.

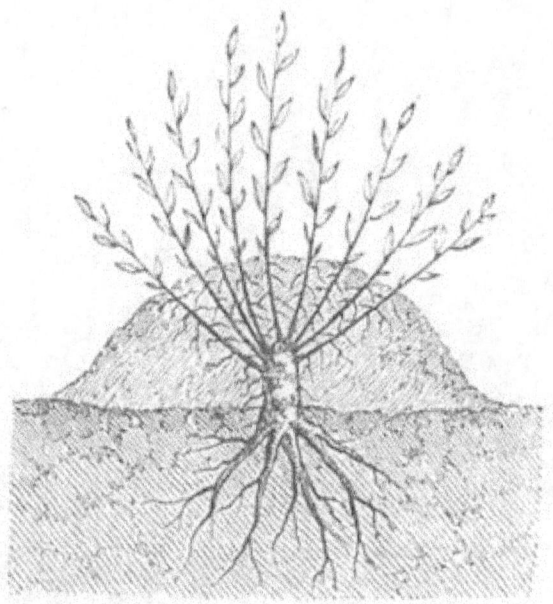

Fig. 17. — Multiplication par buttage ou cépée.

Ce mode de reproduction est le séparage ou l'éclatage, procédé par *division*.

Bouturage. — Des fragments de rameau ou de racine, placés dans le sol, végètent et constituent un sujet : tel est le bouturage.

Le fragment appelé bouture est une portion de rameau comprenant un œil (*fig.* 18) ou plusieurs yeux (*fig.* 19) et, dans ce cas, longue de 0^m,25 à 0,40 environ, ou une portion de racine (*fig.* 20) d'une longueur de 0^m,05 à 0^m,15.

Le rameau sera coupé sous un œil comme la figure 19 l'indique. Le talon ou empâtement du rameau-bouture favorise l'émission des chevelus ; il est indispensable chez certaines espèces, comme le Cognassier (*fig.* 21) ; c'est la bouture crossette.

Charles Baltet

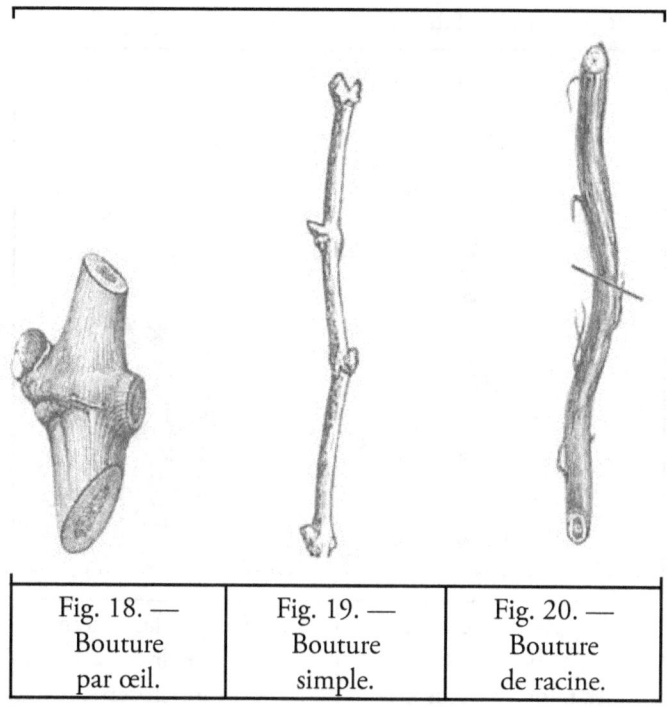

Fig. 18. — Bouture par œil.	Fig. 19. — Bouture simple.	Fig. 20. — Bouture de racine.

La figure 21 représente la crossette, et la figure 22 le résultat de ce mode de bouturer.

Le *bouturage par rameau* se fait au printemps ou à l'automne. À cette dernière époque, qui convient aux espèces à bois dur, on plante la bouture au moment même de sa préparation.

Pour le bouturage de printemps, on prépare les boutures en hiver. On coupe les boutures et on les enterre debout, la tête en bas, de toute leur longueur (voir A, *fig.* 32), dans une tranchée en plein air ou à la cave. Au printemps suivant, on les plantera dans leur position normale, en laissant sortir de terre un ou deux yeux.

On éborgnera les yeux mis en terre des espèces sujettes à produire des jets souterrains ; tels sont le Dierville, le Groseillier, le Jasmin, le Rosier, le Saule, le Sureau, la Viorne.

Une bouture portant deux yeux sera enfoncée complètement en terre, dans une position verticale ; c'est un bon moyen pour les végétaux à bois tendre ou gélif, comme la Vigne, le Figuier, le

IV. — CHOIX DES SUJETS ET DES GREFFONS

Mûrier, le Jasmin, le Platane.

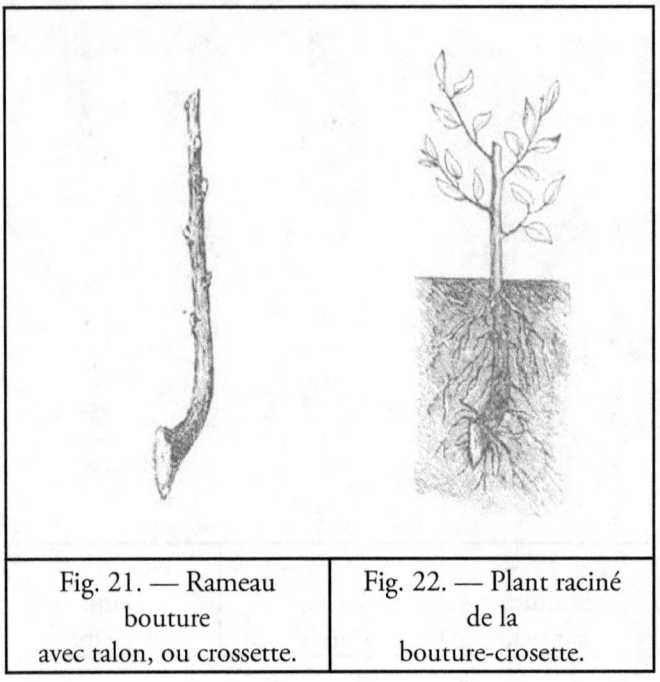

Fig. 21. — Rameau bouture avec talon, ou crossette.	Fig. 22. — Plant raciné de la bouture-crosette.

La figure 23 représente une pépinière de boutures plantées en tranchées. La tranchée (A) est comblée (B), puis les boutures buttées de terre (C).

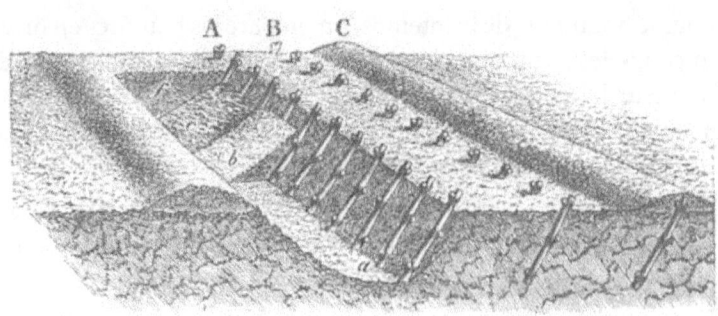

Fig. 23. — Plantation de rameaux-boutures en pépinière.

Charles Baltet

Au lieu d'un rameau, une branche ou une tige pourrait être plantée et prendre racine ; ce serait alors une *bouture-plançon*. Ce mode réussit avec le Saule et le Peuplier.

Les *boutures de racines* (*fig.* 20) se composent de morceaux de racine longs de 0^m,05 à 0^m,15 ; on plantera ces fragments en rigole, à l'ombre, couverts de terre légèrement ; un bon compost, un paillis et de fréquents arrosages en activent la réussite. — Une racine plus longue, couchée dans la rigole, pourra émettre plusieurs bourgeons qui formeront autant de plants après un sectionnement, à l'automne.

Le bouturage de rameaux courts, munis d'un seul œil (*fig.* 18), se fait sous verre, à froid.

Le bouturage d'arbustes à feuillage persistant réussit mieux sous un abri vitré.

Repiquage. — Le repiquage consiste à replanter provisoirement *en nourrice* les jeunes plants venus par semis ou par bouture ; il leur procurera un collet trapu et des racines chevelues.

Un procédé, trop peu employé, consiste à repiquer le jeune semis quelque temps après sa germination, alors qu'il a deux ou trois feuilles au-dessus des cotylédons. Ce travail produit, à la première saison, un sujet vigoureux dont le collet bien pris et l'appareil radicellaire bien développé sont favorables au greffage futur. En le plantant, on lui coupe la radicule avec les ongles. Bassiner souvent, pailler, ombrager.

Les plants d'arbres résineux et d'arbustes toujours verts seront replantés de la mi-août à la fin de septembre, de leur première année ; sinon, de mars en mai, l'année suivante.

Les plants à feuilles caduques seront repiqués pendant le repos de la sève. À ces derniers seulement, on pourra tailler les tiges et les racines trop allongées (voir *fig.* 24 et 25).

Le repiquage se fait au plantoir, sur des lignes écartées de 0^m,25, avec 0^m,10 d'intervalle, au minimum, entre les sujets. Après deux années, le plant est suffisamment constitué pour être replanté en pépinière ou en place définitive.

Pépinière. — La pépinière est obligatoire pour élever les sujets très jeunes, nécessitant des soins continuels de culture et de taille.

IV. — CHOIX DES SUJETS ET DES GREFFONS

La pépinière doit être établie sur un emplacement aéré, sain et composé d'une bonne terre, facile à cultiver. On évitera, s'il est possible, les sols poreux exposés à une sécheresse persistante, aussi bien que les terrains trop compacts ou susceptibles d'être inondés.

En ce qui concerne l'amendement des terrains à pépinière, le mélange de terres végétales est préférable aux fumiers. Un arbre élevé dans un sol richement fumé vaut mieux qu'un arbre venu en mauvaise terre ; mais il est inférieur à celui qui a crû dans une bonne terre ordinaire, composée d'éléments divers.

On défonce le terrain avant l'hiver, en mélangeant les terres dans la tranchée au lieu d'en superposer les couches ; on extrait les pierres, les racines, les mauvaises herbes. Une fois le moment de la plantation arrivé, il n'y a plus qu'à niveler le sol en lui donnant un dernier labour.

Plantation du plant. — On choisit du plant jeune, trapu, bien enraciné. S'il est âgé de plus d'une année, il a dû subir préalablement le repiquage dont il vient d'être parlé, à moins qu'il ne réunisse les conditions requises.

On l'*habille* avant de le planter. Habiller un plant, c'est tailler, nettoyer les racines et les branches (*fig.* 24). Les racines seront raccourcies modérément (*a*) ; quand elles sont fatiguées, on les tient plus courtes. La tige sera rabattue (*b*) à $0^m,25$ du collet si le plant doit être greffé en pied, à $0^m,10$ s'il est destiné au greffage en tête. Les ramifications latérales pourront être enlevées, ou plutôt écourtées.

Les arbres verts et certaines espèces à bois creux, les plants courts ou *gras* (*fig.* 25), le Châtaignier, le Marronnier, le Noyer, le Tulipier, ne seront pas écimés. Le pivot sera réduit (A).

On plante en quinconce, à des intervalles calculés sur l'avenir des élèves. Une distance de $0^m,50$ sur des lignes espacées de $0^m,75$ est la mesure moyenne dans les pépinières bien tenues. On l'augmente ou bien on la diminue, suivant que le sujet doit venir branchu ou non, et selon le nombre d'années qu'il doit rester en pépinière.

La plantation se fait au plantoir ou à la bêche. Si l'on plante tardivement ou par un temps de hâle, on *praline* à l'avance la racine du plant dans une boue ordinaire. Une bouillie de terre grasse, de bouse de vache et de purin, autour des racines, est utile aux plants

Charles Baltet

fatigués.

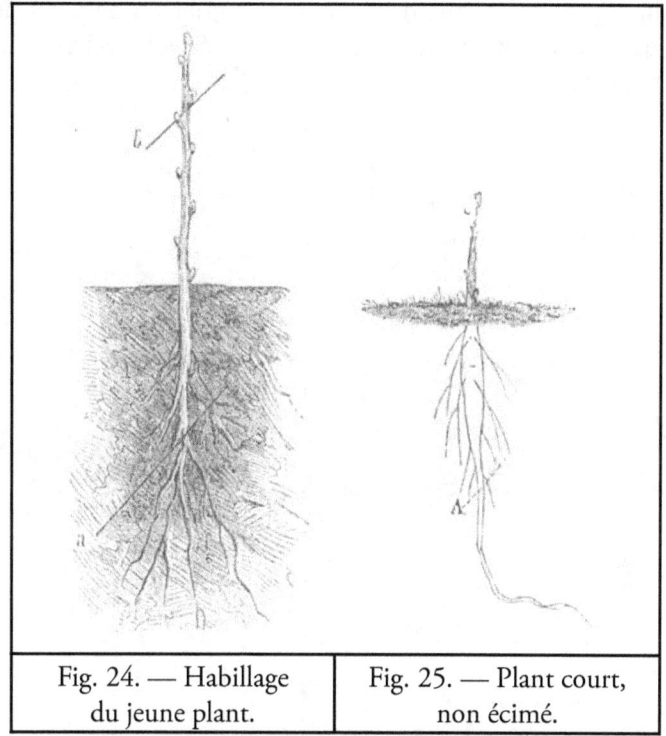

| Fig. 24. — Habillage du jeune plant. | Fig. 25. — Plant court, non écimé. |

On tasse la terre en plantant. On arrosera, s'il le faut, seulement la première année et surtout au début de la végétation.

Recepage du plant. — La première année, on s'est borné à cultiver, à soigner le plant. Nous supposons d'abord qu'il est destiné à s'élever à tige pour le greffage en tête ; nous parlerons ensuite du plant qui doit être greffé en pied.

Fig. 26. — Recepage de jeunes plants.

Après la première année de végétation, et avant que la seconde recommence, on recèpe le plant que l'on destine à monter à haute

IV. — CHOIX DES SUJETS ET DES GREFFONS

tige. Receper un plant, c'est le couper net de 0^m,05 à 0^m,10 environ du sol (*fig.* 26). On attend les mois de février ou de mars pour pratiquer cette ablation, la sève étant au repos et les gelées d'hiver n'étant plus à craindre.

Fig. 27. — Jeune sujet après une année de recepage.

Pendant l'été, on accole contre le moignon conservé le plus beau rameau du tronc (*fig.* 27), et graduellement on enlève les autres scions développés sur l'onglet. À l'automne, on supprime le chicot en A (*fig.* 27), avec la serpette ordinaire (*fig.* 3), ou à désongletter (*fig.* 4).

Charles Baltet

Quand le jet principal ne prend pas une direction régulière, on a recours au palissage contre un tuteur, ou au greffage d'une espèce vigoureuse qui s'élève naturellement à tige.

Le recepage serait inutile sur de beaux sujets trapus, vigoureux et droits ; mais s'il y avait incertitude, il vaudrait mieux receper.

Élagage du jeune sujet. — L'élagage consiste à couper les branches inutiles qui garnissent la tige. En général, les branches fortes sont enlevées totalement, jusque sur leur talon ; les moyennes sont *coursonnées*, et les faibles conservées. (Voir *fig*. 30)

Coursonner une branche, c'est la tailler à quelques yeux, soit les branches A (*fig*. 30) rapprochées ou coursonnées en B. On ne doit pas oublier que le retranchement des branches fatigue un arbre et que leur conservation le fortifie. La taille aura donc pour but de former le sujet et d'équilibrer sa végétation.

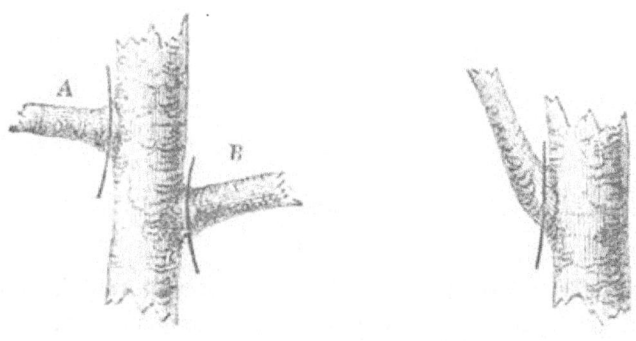

Fig. 28. — Modes d'élagage.

Lorsque la tige est forte, il n'y a aucun inconvénient à supprimer les branches latérales, depuis le collet jusqu'à l'endroit destiné à la greffe.

En résumé, élaguer sévèrement les tiges plus fortes, élaguer partiellement les tiges faibles, éviter les mutilations sur les sujets chétifs.

En élaguant une branche (A, B, *fig*. 28), il convient de ménager un peu de son empâtement ou talon, à la base plutôt qu'au sommet ou gorge du point d'attachement sur la tige. On y parvient en donnant

IV. — CHOIX DES SUJETS ET DES GREFFONS

le coup de serpette de bas en haut. Pour le donner en sens inverse, il faut une certaine habileté de main, sans quoi l'on s'exposerait a déchirer le coussinet ou l'empâtement de la branche respecté suivant la figure 29.

Fig. 29. Coupe de l'élagage.

Pour éviter le développement de grosses branches inutiles auprès du bourgeon terminal, on coupera au printemps l'œil qui devrait leur donner naissance ; c'est un *éborgnage*.

L'élagage sur la jeune flèche sera modéré ; on se bornera à coursonner les ramifications trop longues qui s'y seraient développées, et à laisser les autres.

L'*écimage* de la flèche aura lieu dès que la hauteur fixée pour la greffe aura été dépassée de $0^m,30$ au moins. La végétation de la tête du sujet contribuera à le fortifier encore.

Arrivé à cet état (*fig.* 31), l'arbre peut supporter l'opération du greffage en tête.

Préparation du sujet pour le greffage. — Pour recevoir la greffe, un sujet doit être ou étêté, ou non étêté, cela dépend du mode

Charles Baltet

de greffage employé. Il en sera question au chapitre VI, consacré aux Procédés de greffage. D'abord, le greffage se pratique de deux manières, en général : *sur place,* c'est-à-dire l'arbre en terre, ou *à l'abri,* le sujet hors terre.

Nous verrons plus loin que les greffes sont en tête ou de côté : *en tête,* le sujet étant tronçonné, la greffe vient le couronner ; *de côté,* le sujet conserve — provisoirement — une partie de sa tige au-dessus de la greffe.

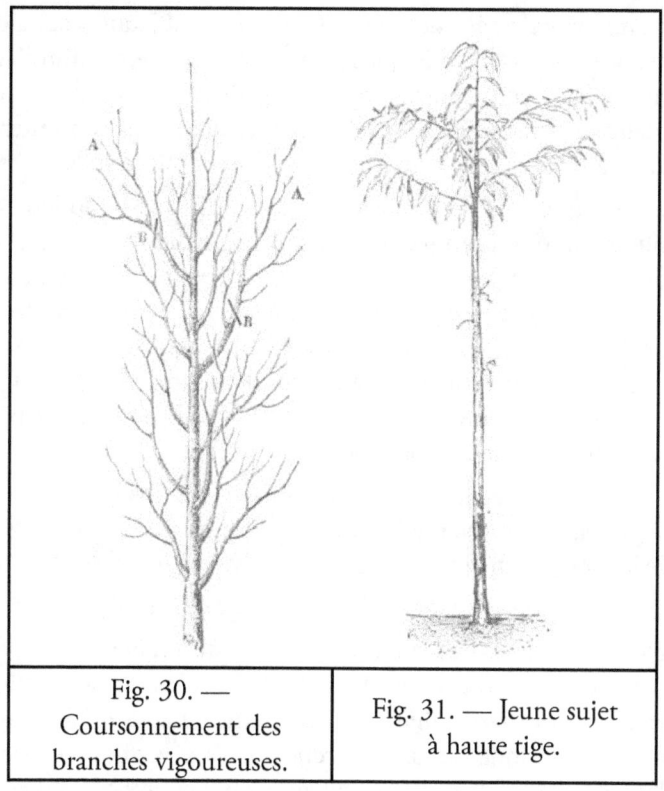

| Fig. 30. — Coursonnement des branches vigoureuses. | Fig. 31. — Jeune sujet à haute tige. |

Greffage sur place. — Les greffes *en tête* nécessitent l'étêtage du sujet ; l'opération se fait au moment du greffage ; de cette façon la plaie ne *s'envenime* pas, puisqu'elle sera engluée aussitôt la greffe posée. Cependant lorsqu'on opère sur de gros arbres ou à la montée de la sève, il est bon de tronçonner le sujet quelques semaines à l'avance et au-dessus du point destiné à la greffe.

IV. — CHOIX DES SUJETS ET DES GREFFONS

L'étêtage préalable offre, pour les grandes exploitations, l'avantage de retarder la végétation et de permettre de prolonger plus longtemps la possibilité du greffage avec chances de succès.

Si l'on peut opérer le tronçonnement définitif du sujet au-dessus d'un bourgeon immédiat, le rôle provisoire de ce dernier sera d'attirer ou d'entretenir la sève vers la greffe, — surtout vers la greffe non soudée, — on le supprimera quand le greffon aura son développement assuré.

Les greffages *de côté* ne nécessitent point l'ablation capitale et immédiate du sujet. Il suffit que la place en soit nette, et qu'on élague les ramifications qui se développent à l'endroit de la greffe, sur une longueur moyenne de $0^m,10$; les branches du dessus continueront à attirer la sève, et celles du dessous à faire grossir le sujet.

Pour les greffages d'été, l'élagage définitif, aussi modéré que possible, doit être pratiqué un mois avant le moment de greffer ; le fluide séveux, ralenti par cette opération, reprendra son activité et facilitera le succès du greffage. Avec un délai moindre, le retranchement des rameaux superflus provoquerait un arrêt de sève contraire à la reprise de la greffe. Il vaudrait mieux, dans ce cas, n'élaguer qu'au moment de greffer ; la soudure serait terminée lors du ralentissement de la végétation.

Ces travaux doivent être exécutés avec des instruments bien acérés, et par un ouvrier habile qui saura éviter de meurtrir le sujet ou de laisser des chicots chargés de sous-yeux.

Les arbres résineux ne sont point assujettis à ce travail préparatoire.

Greffage à l'abri. — Il est une manière de greffer sur laquelle nous reviendrons quelquefois, surtout à l'occasion de la Vigne, le greffage *à l'atelier*, *à l'abri*, *à la cave*, dit *au coin du feu* ou *sur les genoux*, pratiqué pendant le repos de la sève. Les sujets sont déplantés et placés sous un hangar ; on les greffe à l'abri des intempéries ; ils sont plantés ensuite en jauge ou en place.

La greffe sous verre est un greffage à l'abri.

Dans les pays froids, tels que l'Allemagne du Nord, la Suède, la Russie, où l'hiver dure longtemps, où la période courte et active du printemps laisse peu de latitude aux travaux du jardinage, on rentre, à l'automne, les plants dans une cave à + 10°. Là, on les greffe, on emboue la racine et on les enjauge dans le sable, tout étiquetés ou numérotés. Aussitôt la gelée et les neiges disparues, on sort de la cave les sujets greffés pour les planter en pépinière.

Les horticulteurs de l'Amérique du Nord ont recours à ce système ; ils recueillent les plants et les racines de sauvageons, ils les greffent et les conservent dans un caveau, en attendant les beaux jours pour le transport à la pépinière.

Il paraît que, pour doubler ou tripler l'élément sujet, on butte dans la pépinière les jeunes plants de certaines espèces, de telle sorte que la tige souterraine se trouve augmentée d'autant. Lors de l'arrachage, on la fractionnera par morceaux de $0^m,10$, garnis de chevelus ou de mamelons radicellaires ; ces tronçons seront mis en jauge à la cave de multiplication, et constitueront des sujets au moment du greffage à l'abri.

SUJET DE BOUTURE PAR RAMEAU OU PAR RACINE

En dehors des sujets racinés, on peut employer, chez quelques espèces, de simples rameaux ou racines à l'état de bouture rudimentaire, c'est-à-dire que le rameau-bouture est nu, privé de chevelu, et que la racine-bouture n'a émis aucun bourgeon, au moment de la greffe.

Le *rameau-bouture* doit être coupé sur la mère, au jour du greffage, s'il s'agit de végétaux à feuillage persistant ; pour toute autre espèce, il est préférable de préparer la bouture à la chute des feuilles et de la mettre en jauge, au nord (*fig.* 32). Son état de sève ainsi retardé permettra de prolonger la saison du greffage ; la formation des premiers bourrelets radicellaires à la base hâtera son enracinement, et le greffon se soudera mieux.

Choisir un rameau bien constitué, de grosseur moyenne ; les trop gros sont *creux*, les trop petits sont *chétifs*. Conserver le talon si possible et 3 ou 4 yeux sur la longueur (*fig.* 21).

Nous ferons les mêmes observations pour les *racines-boutures* (*fig.* 20). En les extirpant de la souche-mère, à la chute des feuilles et en les mettant en jauge toutes préparées de longueur (de $0^m,05$ à $0^m,15$), *complètement* recouvertes de terre, à l'ombre, il s'opérera chez elles un travail de mise en sève préparant leur

IV. — CHOIX DES SUJETS ET DES GREFFONS

bourgeonnement pour l'époque du greffage.

Avec les Aralias, les Bignones, les Clématites, les Pivoines, on peut greffer au moment de la division des racines-sujets.

Au moment de greffer, on assortira les racines aux greffons, en mettant en contact sujet et greffon de diamètre analogue, le greffon étant plutôt moins gros que le sujet.

CHOIX DES GREFFONS

On nomme greffon l'arbre, le rameau ou le bourgeon que l'on greffe sur le sujet et que l'on désire propager. Quand le greffon n'est pas un végétal complet, le végétal qui fournit le rameau ou le bourgeon-greffe est appelé *mère* ou *étalon*.

Habituellement, on appelle *mère* la plante qui fournit les sujets, et *étalon* celle qui fournit les greffons. Dans le langage pratique, on confond quelquefois ces deux expressions, surtout à l'occasion du greffage par approche.

Le greffon doit être de bonne qualité, sain, rustique ; en un mot, parfaitement constitué.

Un greffon vicié propage le mal qu'il possède ; le mauvais choix répété sur plusieurs générations amène une détérioration de la variété. On dit alors qu'elle a dégénéré ; mais la dégénérescence n'est que locale et non générale. La preuve en est fournie par les branches d'arbres à feuilles panachées. On propage la panachure par le greffage, et la variété type n'en reste pas moins exempte de la chlorose ; cependant, si le mal n'est pas visible comme l'est une panachure, on se rendra complice de la dégénérescence en multipliant des greffons défectueux.

Il convient encore de prendre des greffons ayant les caractères spécifiques, suffisamment accentués. Ainsi les Poiriers et les Pommiers, semés en vue de produire des variétés inédites, sont épineux au début et finissent par perdre tout le caractère sauvage, à l'âge adulte, lorsqu'ils préparent leurs éléments fructifères. Si l'on veut doubler les chances de production par un report de greffons sur d'autres arbres, il faudra choisir, en tête de l'étalon-semis, ces greffons dépouillés de l'aspect primitif. L'*enfance* de l'égrin ne se

Charles Baltet

reproduira pas ; on profitera au contraire de son *adolescence* qui amènera la fructification.

Un fait analogue se présente chez les résineux. Après leur premier âge, les Callitris, Cyprès, Chamæcyparis, Frenela, Genévrier, Retinospora, subissent une transformation dans leurs formes extérieures ; cette phase nouvelle est indispensable à la bonne confection des greffons.

Il faut, en outre, que le greffon possède les qualités que l'on désire reproduire. Par exemple, l'étalon fruitier vigoureux aura donné de beaux et bons fruits, suivant sa nature ; l'arbre d'ornement possédera nettement le port, l'écorce, le feuillage, la fleur, le fruit, ou tout autre caractère qui constitue la variété même ; mais il sera toujours d'une nature saine et robuste.

En général, la partie centrale et moyenne des rameaux fournit de bons greffons.

Certains arbres, cependant, exigent des bourgeons du sommet ; d'autres, des yeux éperonnés. Chez les Conifères, Araucarias, Cèdres, etc., les greffons *de tête* obtenus par l'écimage de la flèche sont à préférer.

Nous indiquerons ces exceptions ou mieux ces conditions au chapitre VIII, à chaque espèce.

On ne saurait d'ailleurs puiser avec indifférence des greffons à une source inconnue. Dans une exploitation de pépinière, on donne, avec raison, une certaine importance aux arbres-étalons, à leur état robuste, à l'identité de leur variété, car ils deviennent arbres d'étude en même temps que porte-greffons. On les soumet à la taille pour en obtenir un plus grand nombre de rameaux ; mais on aura soin de conserver alternativement, d'une année à l'autre, quelques branches non taillées, si l'on veut avoir en été des greffons d'une maturation plus précoce. Les rameaux qui se développent au sommet d'une branche non taillée *aoûteront* promptement.

Le *greffon-arbre* est un végétal complet ; cet arbre greffon, planté depuis une année au moins, doit naturellement se trouver à proximité de son sujet. Nous verrons qu'il pourrait en être rapproché artificiellement le jour même du greffage et que, d'un autre côté, cet élément de la greffe en approche est parfois un rameau resté adhérent à l'arbre.

IV. — CHOIX DES SUJETS ET DES GREFFONS

Le *greffon-œil* sera isolé du rameau qui le porte au moment même où l'on se dispose à l'appliquer sur le sujet.

Le *greffon-rameau* pourrait comprendre deux sections :

1° Le rameau qui est détaché de son arbre-étalon pendant la sève pour les greffages d'été et d'automne ;

2° Le rameau qui est détaché de l'arbre au repos de la sève, pour les greffages d'hiver et de printemps.

Les *rameaux-greffons* de la première section seront coupés sur l'arbre-étalon au moment du greffage, et aussitôt effeuillés, la feuille étant coupée sur son pétiole (voir *fig.* 88). On les placera aussitôt à l'ombre, la base entourée de mousse fraîche ou baignant dans une eau dormante, en attendant leur emploi qui ne saurait tarder sans danger pour la qualité du greffon. Ces rameaux sont utilisés pour les greffages par rameau, fin de l'été et commencement de l'automne ; en outre, ils approvisionnent l'écussonnage pratiqué pendant la végétation.

Les *rameaux-greffons* destinés aux greffages d'hiver et de printemps seront détachés de l'étalon dans le courant de l'hiver, avant que la sève se soit mise en mouvement. On choisit une température sèche et pas trop froide ; lorsqu'il gèle fort, une partie du cambium se retire des jeunes rameaux et ils ne *se remettent pas facilement*. Pour les conserver en bon état jusqu'à l'époque du greffage, on les enterre aux deux tiers de leur longueur, à l'ombre d'un arbre vert, ou au nord d'un bâtiment (A',*fig.* 32), dans un sol sec et sain. Il suffira d'ouvrir un trou ou une rigole ; on y placera les greffons un peu inclinés et l'on recouvrira la base avec de la terre ameublie ; on pressera légèrement. Le sommet, hors jauge, bourgeonnera peut-être, mais les yeux inférieurs, à utiliser, resteront endormis.

Dans les grands établissements de greffage où la conservation prolongée des greffons est indispensable, et lorsque l'action des gelées d'hiver est à craindre sur ces rameaux de réserve, on les assemble en petits ballots coniques, bien étiquetés ; le pied est formé par les extrémités de coupe laissées à nu, tandis que l'on entoure de paille la partie supérieure. Ces bottillons sont ensuite placés par leur base sur une couche de sable sec et fin comme le sable à pavage, dans une cave modérément humide, hermétiquement fermée et non éclairée. Ici une glacière serait d'une grande

Charles Baltet

ressource. En aménageant une chambrette contiguë, au niveau du sol, on y conservera intacts les greffons, assez tard dans la saison, sans que le mouvement de la sève se fasse sentir dans leurs tissus.

Fig. 32. — Conservation souterraine de rameaux-boutures et de greffons (Coupe du sol).

Les espèces à bois délicat pourrissant facilement en terre, leurs rameaux mal aoûtés ou trop fins se comporteront mieux dans cette galerie.

À défaut de glacière, nous avons pratiqué sous terre, à 20 centimètres, une retraite entourée de planches épaisses (B, *fig.* 32) ; c'est en quelque sorte une caisse sans fond couvrant les greffons déposés à même sur une terre meuble ou un lit de sable. Le couvercle est une planche simplement posée sur le cadre ; on le lève pour prendre des greffons, il faut le replacer aussitôt si l'on veut éviter le dessèchement des rameaux.

Les greffons privés d'air et de lumière, placés là pendant le repos

IV. — CHOIX DES SUJETS ET DES GREFFONS

de la sève, se conserveront sains pendant toute l'année. Cette privation de l'air extérieur est rigoureusement nécessaire. Une trop forte épaisseur de greffons aurait l'inconvénient de provoquer la fermentation au cas où la fraîcheur du sol se ferait sentir sur eux.

L'état léthargique des greffons, si l'on peut s'exprimer ainsi, en permet l'utilisation de mai en août pour les greffages par rameau ou par œil ; ils se prêtent ainsi aux voyages, le pied dans la glaise, le corps dans la mousse un peu fraîche. À leur arrivée, ils seront plongés pendant quelques heures dans l'eau ou tenus quelques jours en terre, et même ils seront couchés tout en long dans le sol ou à la cave, pendant deux, trois ou quatre semaines, s'ils ont l'écorce ridée ; aussitôt revenus à l'état normal, ils pourront être utilisés au greffage.

Les rameaux greffons cueillis en sève et destinés aux voyages seront effeuillés sur le champ et transportés par voie rapide. Le rameau aura la base piquée dans un tubercule ou un tampon de mousse fraîche, tandis que le surplus sera entouré de sciure bien sèche ou d'un papier parcheminé ou d'une toile gommée, substances qui ont la propriété de conserver intacts les rameaux-greffons lorsqu'ils sont exposés à rester assez longtemps en route.

V. — GREFFAGE SOUS VERRE

PRÉCEPTES GÉNÉRAUX

Un certain nombre de végétaux doivent être multipliés à l'abri des intempéries, sous cloche, en bâche ou dans la serre. Tels sont les arbres et arbustes verts, les végétaux délicats ou rares, les nouveautés.

L'égalité dans l'état de végétation et dans le degré de température, la privation d'air au sujet greffé, — situation que l'on nomme *étouffée* — et l'absence des influences contraires facilitent singulièrement la soudure de la greffe.

Le sujet est un jeune plant que l'on met en pot à l'air libre, où il végète pendant une saison environ. On le rentre à *l'abri* lorsqu'il s'agit de le greffer. On rencontre cependant un certain nombre

Charles Baltet

d'arbrisseaux qui peuvent être greffés lors de la mise en pot du sujet : les Houx, les Rhododendrons, les Biotas et la majorité des arbustes verts dont les racines se groupent volontiers pour former une motte.

Nous aurons également à signaler les circonstances où le plant servant de sujet reste à racines nues. Parfois aussi, il est greffé, dans cet état et rempoté après reprise de la greffe.

En outre du plant enraciné, le sujet pourrait être une racine munie de son collet ou un simple fragment radiculaire et souvent un rameau-bouture non raciné. Comme le plant complet, la racine-sujet pourrait être nue, ou mise en pot, et légèrement chauffée pour exciter son fluide séveux au moment du greffage.

Quant au mode de greffage, l'opérateur décide s'il appliquera la greffe en fente, dans l'aubier, en placage, à l'anglaise ou en incrustation. On opère sur une partie semi-ligneuse, au-dessous ou en face d'un œil. Si le sujet est à racine nue, la greffe en placage conviendra parce que le plant conserve des bourgeons appelle-sève. Avec un sujet élevé en pot, ou greffé sur tige, l'absence du bourgeon d'appel a moins d'inconvénients. Un sujet trop allongé ou effilé serait écimé de suite, à $0^m,15$ au-dessus de la greffe de côté.

Le greffon est généralement un petit rameau muni de deux ou trois yeux, déjà visibles, ses tissus étant demi-ligneux, demi-herbacés. S'il était d'espèce à feuillage persistant, on couperait les grandes feuilles à moitié, et on ne toucherait pas aux autres.

Avec les Conifères, la réussite est plus certaine lorsque le greffon a une longueur de $0^m,10$ à $0^m,15$, son œil terminal étant conservé.

Deux saisons conviennent au greffage sous verre : de janvier en mars, de juillet en septembre. Les espèces à feuilles caduques seront greffées assez tôt en juillet pour qu'elles puissent se souder avant l'automne, la feuille ayant été conservée au greffon, ou faiblement tronquée.

Les espèces à feuillage persistant seront greffées en août-septembre, ou de janvier en mars. La ligature de la greffe est laine ou raphia ; l'engluement n'a pas sa raison d'être.

La multiplication se fait *à froid*, sans le concours d'aucune chaleur forcée ; il suffira de l'abri concentré du verre. Quelques espèces, comme le Camellia et l'Azalée, peuvent être greffées plus tard et

V. — GREFFAGE SOUS VERRE

réclament un peu de chaleur à ce moment.

Pendant les grandes chaleurs, on badigeonne le vitrage (serres, châssis, cloches), extérieurement, avec de la couleur verte dite vert anglais, à la colle, additionnée de blanc d'Espagne, ou avec du blanc d'Espagne délayé dans de l'eau et du lait ou un peu d'huile. On pourrait l'ombrager encore avec des paillassons, des nattes, des toiles ou des claies en ramilles légères ou de bruyère. Ces accessoires, imprégnés de sulfate de cuivre, se détériorent moins vite et ne sont pas attaqués par les insectes et les rongeurs.

Greffage sous cloche. — Ce procédé est le plus simple des greffages sous verre. Il n'exige aucune construction, des cloches en verre suffisent. Nous l'avons particulièrement remarqué à Orléans. Nos confrères en attribuent le succès à la nature du sable de la Loire.

Une bande de terrain sous forme de parallélogramme, vulgairement une *planche*, est composée de sable-gravier de rivière et supporte deux ou trois rangs de cloches ordinaires.

Fig. 33. — Plants greffés sous cloche.

Charles Baltet

En février-mars, ou en juillet-août, on greffe les sujets en pot et on les enterre par groupes, dans le sable, sous cloche (*fig.* 33). On enfonce le bord de la cloche dans le sable, de manière à *étouffer* littéralement les plantes qu'elle abrite. On la laisse ainsi pendant six semaines. À partir de ce moment, la reprise des greffes est assurée ; on commence à soulever les cloches insensiblement pendant huit jours, puis on les enlève tout à fait ; mais on ombragera encore les jeunes plantes avec des toiles ou des claies. Enfin on les aère totalement, avant de les livrer à la pleine terre, sauf les plantes des derniers greffages qui pourront hiverner sous verre. Il est bien entendu que les greffes livrées à la pleine terre seront étêtées à ce moment, si elles sont *de côté*.

Le greffage d'automne, sous cloche, réussit moins bien ou réclame plus de surveillance.

Pendant l'hiver, on garnit les rangs de cloches avec des feuilles sèches, et on les couvre de paillassons ; mais il est bien rare que les hivers rigoureux n'y laissent pas de traces fâcheuses.

La greffe en placage est moins employée sous la cloche en plein air parce que l'humidité, plus fréquente que dans la serre, nuirait à la soudure du placage.

Greffage en bâche. — La bâche se compose d'un coffre tout bois, ciment, pierre ou maçonnerie, haut de $0^m,60$, dont moitié sous terre et l'autre moitié hors de terre. Si, par suite de la hauteur des sujets, on construit le coffre plus profond, on creusera davantage le sol ; la partie hors de terre restera la même.

La bâche supporte un châssis vitré ; par conséquent, on lui donnera une largeur égale à la largeur du châssis, soit environ $1^m,33$.

Les jointures des châssis entre eux ou avec la bâche seront capitonnées de mousse, afin d'empêcher la pénétration de l'air extérieur.

Au fond de la bâche, on étend un lit de sable, de tannée, de cendre de houille, épais de $0^m,15$ à $0^m,20$, pour y recevoir les sujets en pot dès qu'ils ont été greffés. Au-dessous, un peu de fumier frais et de terreau produira une légère chaleur de fond.

Sous bâche, le greffage est préférable en août pour les plants en godet ; le multiplicateur greffe les sujets dans son laboratoire, vers

V. — GREFFAGE SOUS VERRE

le mois d'août (de juillet en septembre), et les place aussitôt sous la bâche. Le greffage en février-mars est également convenable pour les sujets à racine nue ; on arrache des plants à la pépinière, on les greffe et on les repique aussitôt sous châssis, en pleine terre, sans les mettre en pot. Les plants greffés ont le pied recouvert de terreau et la tête près du vitrage.

La soudure de la greffe n'arrivant guère qu'après cinq ou six semaines de greffage, il faudra bien se garder d'aérer la bâche avant cette époque. Après, on soulèvera modérément le châssis avec une crémaillère, pendant quelques heures de la journée, lorsque la température sera chaude.

Si le soleil est ardent, il convient d'en amortir les effets sur les végétaux délicats en ombrageant par des claies, des nattes ou des toiles étendues sur le vitrage, ou par le badigeonnage des châssis. Mais pendant les premières semaines, on couvrira les châssis avec des paillassons ; c'est un moyen de produire l'*étouffée* sous la bâche, condition essentielle de succès. Souvent, on provoque l'étouffée par l'introduction sous la bâche et sur les greffes d'un second vitrage ou d'une cloche.

Fig. 34. — Emploi des paillassons sur les greffages sous verre.

Charles Baltet

La figure 34 représente des lignes de bâches, de châssis, de cloches avec l'abri du paillasson. Au premier plan est installé le métier à fabriquer les paillassons.

Greffage dans la serre. — La serre à multiplication dont nous figurons ici le modèle (*fig.* 35) est d'une construction assez simple.

Elle est enfoncée de 0^m,50 à 1 mètre dans le sol ; un lit de 0^m,10 de sable et de débris de charbon de terre en assainit le rond. Le mur d'enceinte a 0^m,40 d'épaisseur ; la hauteur intérieure de la serre est de 2 mètres, et la longueur des châssis vitrés formant le double toit est de 1^m,33.

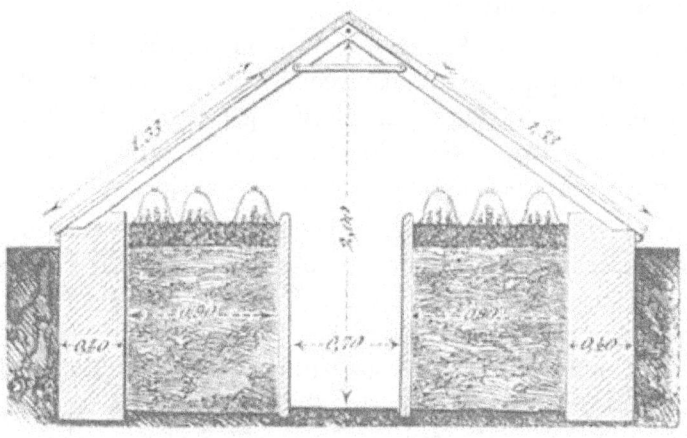

Fig. 35. — Serre à multiplication.

Deux bâches intérieures de 0^m,90 de large, séparées par le chemin de service de 0^m,70, sont destinées à recevoir les sujets, aussitôt greffés.

Ces bâches sont remplies de tannée, de sable, de cendre de houille ou de terre. Ayant ainsi la place pour deux bâches, on pourrait remplacer l'une d'elles par une tablette ; on utiliserait le dessous de cette tablette en y logeant les sujets en pot déjà prêts à recevoir la greffe.

La bâche, pouvant aider à l'éducation de jeunes sujets ou à faire réussir des plants soumis à la greffe-bouture et à quelques

V. — GREFFAGE SOUS VERRE

opérations d'hiver, aurait alors le fond garni par une couche de fumier frais mélangé de feuilles d'arbres et de terreau.

Les sujets étant greffés dehors ou dans la serre, on les groupe, aussitôt greffés, sur la bâche ou sur la tablette, autant que possible par espèces semblables ou analogues. On les recouvre d'une cloche (fig. 33) qui les tiendra à l'étouffée tant que l'agglutination ne sera pas définitive.

Tous les cinq à six jours, on essuie la *buée* condensée sur la paroi intérieure de la cloche de verre, et on a soin de replacer cette cloche de façon que les groupes de sujets soient enfermés hermétiquement. La conservation de la buée serait moins pernicieuse que l'oubli de recouvrir et d'étouffer les greffes.

Pendant les grandes chaleurs, on peut ombrager les cloches avec une feuille de papier gris ou badigeonner extérieurement le vitrage de la serre. Les Conifères, plus robustes que les arbustes à feuillage persistant, réclament les mêmes précautions quand la chaleur extérieure est forte et la greffe non encore soudée.

Dès que la soudure de la greffe est complète, ce qui arrive après six à huit semaines d'étouffée, on enlève la cloche et on laisse pendant trois ou quatre semaines le sujet greffé, dégagé de cet abri, et restant encore sous le vitrage de la serre. Si l'on a besoin de l'emplacement, on peut transporter immédiatement les plantes dans une bâche, sous châssis ; plus tard, elles seront livrées à l'air libre.

Dans la multiplication faite en serre, à défaut d'une cloche-abri de la première période, on peut placer les plants greffés, enterrés dans la bâche de la serre, côte à côte, inclinés obliquement et recouverts d'une feuille de verre dont les jointures seront couvertes de sable pour produire l'étouffée. Quand la greffe sera soudée, on portera les plantes sous verre, dans une bâche, en attendant leur mise en pleine terre.

Soins après le greffage sous verre. — Après le greffage, les sujets sont restés environ six semaines à l'étouffée ; dès que l'agglutination en a été constatée, on les a maintenus sous verre en aérant modérément sous la bâche, ou en les dégageant graduellement de la cloche.

Si le greffage a été pratiqué à l'automne, on laissera sous bâche les plants qui s'y trouvent greffés, et l'on mettra également sous bâche vitrée ceux qui ont été opérés dans la serre. Ils y passeront l'hiver. Une fois le printemps venu, on soulèvera le châssis dans la journée ; de mars en mai, on transportera les plantes en plein air, mais au nord d'une construction ou d'un rideau d'arbres verts. Si, au contraire, le greffage a été fait au printemps, on sortira, vers le mois de mai, les plants greffés sous cloche ou sous bâche vitrée, et déjà habitués à l'air, pour les porter à l'ombre des *abris*.

Quant aux sujets greffés en serre, ils viendront séjourner pendant un mois sous châssis ; au moment des fortes chaleurs, on ombragera dans la journée et on découvrira la nuit, puis on transportera les plantes à l'ombre avant de les soumettre à l'air libre. Les espèces délicates hiverneront sous châssis froid ou en bâche recouverte, pendant les grandes gelées, de volets pleins en bois sulfaté auxquels on adjoindra, si besoin est, une épaisse couche de feuilles.

Dans les pépinières, l'abri se compose d'une ligne d'arbres verts à feuillage compact soumis à la tonte (*fig.* 36), généralement en Thuia de Chine (*Biota orientalis*), souvent en Thuia du Canada (*Thuia occidentalis*), et dirigée de l'est à l'ouest ; sa façade plein nord sera le plus utile. Les arbres verts sont plantés à $0^m,60$. On peut établir plusieurs abris par des rangs parallèles espacés de 2 mètres au moins, en supposant que les sujets soient étêtés à 2 mètres de hauteur. Des rideaux plus élevés devraient être distancés en conséquence, évitant ainsi d'occasionner une trop grande privation d'air. Avant de planter les arbustes auprès des abris, on les change de pot en les plaçant dans un vase plus grand.

On les enterre au pied des abris, par lignes groupées formant plate-bande adossée à l'abri (*fig.* 36) ou encadrée d'un sentier. Les plantes y resteront pendant une année ou deux, dans les mêmes pots ; elles seront remportées lors du remaniement de la planche ou plate-bande. Suivant leur nature, on pourrait continuer à les placer auprès des abris, ou à les livrer à la pleine terre, ou bien à les soumettre à l'intermédiaire de l'*ombrelle* ou *écran*.

L'*ombrelle* est une ligne d'arbres à feuilles caduques plantés dans les conditions indiquées aux arbres verts des *abris*. Le Charme, le Hêtre, le Cornouiller, le Tamarix, le Tilleul et même le Peuplier d'Italie, le Poirier avec branches taillées en rideau, conviennent à cette destination. Les arbustes greffés sont plantés en pot, en motte

V. — GREFFAGE SOUS VERRE

ou à racine nue, par *planche* adossée à l'ombrelle ou dressée entre deux ombrelles.

Fig. 36. — Abris pour l'éducation à l'air libre des plants greffés sous verre.

Chaque fois que l'on change les arbustes de place, en pleine terre ou en vase, on entoure la racine d'un compost plus substantiel, se rapprochant davantage de la terre qui leur sera donnée en dernier lieu ou qui convient à leur nature. Les terres de bruyère mélangées de sable d'alluvion sont réservées au premier âge. Les végétaux ligneux préfèrent une nourriture substantielle aux engrais fermentescibles ou de courte durée.

Les poteries ouvertes sur le côté par quelques rainures longitudinales sont propres à l'élevage des arbres et des arbustes en pot.

Les arbustes greffés sous verre ont ainsi accompli les phases d'acclimatement qui les ont amenés à la culture à l'air libre, en pleine terre. Désormais, ils rentrent dans la loi commune.

Charles Baltet

VI. — PROCÉDÉS DE GREFFAGE

Les procédés de greffage sont très nombreux. Ils varient à l'infini suivant les conditions où l'on se trouve ; le plus souvent, le hasard ou la fantaisie leur ont donné naissance.

Prenant pour base notre expérience et nos observations, nous décrirons les modes de greffage qui présentent un avantage appréciable. En les modifiant, on en augmentera le nombre, mais les uns et les autres se rapporteront aux types que nous présentons ou seront appelés à rendre les mêmes services.

Le classement méthodique des systèmes de greffage devient difficile en présence de leur multiplicité. Les lignes insaisissables de démarcation, les noms consacrés par l'usage s'opposent à l'agencement d'une classification irréprochable. Toutefois, on s'accorde à grouper les procédés de greffage en trois grandes divisions :

I. — Les greffages en approche ;

II. — Les greffages par rameau détaché ;

III. — Les greffages par œil ou bourgeon détaché.

Nous donnerons dans la partie descriptive, à chaque subdivision de greffage, un titre qui rappellera le genre d'opération à pratiquer.

Voici, d'ailleurs, l'ordre dans lequel nous inscrivons les divers procédés connus :

I. — GREFFAGE PAR APPROCHE.

Groupe 1. — *Greffage par approche de côté.*

Greffe par approche en placage.

Greffe par approche en incrustation.

Greffe par approche à l'anglaise.

Groupe 2. — *Greffage par approche en tête.*

Greffe en tête à l'anglaise.

Groupe 3. — *Greffage par approche en arc-boutant.*

Greffe en arc-boutant avec œil.

Greffe en arc-boutant avec rameau.

II. — GREFFAGE PAR RAMEAU DÉTACHÉ.

Groupe 1. — *Greffage de côté sous écorce.*

Greffe sous écorce par rameau simple.

Greffe sous écorce avec embase.

Greffe sous écorce à l'anglaise.

Groupe 2. — *Greffage en couronne.*

Greffe en couronne ordinaire.

Greffe en couronne perfectionnée.

Groupe 3. — *Greffage en placage.*

Greffe en placage ordinaire.

Greffe en placage à l'anglaise.

Greffe en placage en couronne.

Greffe en placage avec lanière.

Groupe 4. — *Greffage en incrustation.*

Greffe en incrustation en tête.

Greffe en incrustation de côté.

Groupe 5. — *Greffage dans l'aubier.*

Greffe dans l'aubier, en tête.

Greffe avec biseau plat.

Greffe avec biseau de biais.

Greffe dans l'aubier, de côté.

Greffe avec entaille droite.

Greffe avec entaille oblique.

Groupe 6. — *Greffage en fente.*

Greffe en fente ordinaire.

Greffe en fente, simple.

Greffe en fente, double.

Greffe en fente terminale.

Greffe terminale, ligneuse.

Greffe terminale, herbacée.

Greffe en fente sur bifurcation.

Groupe 7. — *Greffage à l'anglaise.*

Greffe anglaise simple.

Charles Baltet

Greffe anglaise compliquée.

Greffe anglaise au galop.

Greffe au galop, simple.

Greffe au galop, double.

Greffe anglaise à cheval.

III. — GREFFAGE PAR ŒIL OU BOURGEON.

Groupe 1. — *Greffage par écusson.*

Écussonnage sous écorce ou par inoculation.

Écussonnage ordinaire.

Écussonnage par incision cruciale.

Écussonnage par incision renversée.

Écussonnage en placage.

Écussonnage combiné.

Groupe 2. — *Greffage en flûte.*

Greffe en flûte ordinaire.

Greffe en flûte avec lanières.

Tous les procédés de greffage sont pratiqués *en tête* du sujet, ou *de côté*.

I. — GREFFAGE PAR APPROCHE

PRÉCEPTES GÉNÉRAUX

Le greffage par approche est le plus ancien de tous ; les auteurs de l'antiquité en ont parlé. La nature en fournit des exemples dans les forêts et les bois, dans les haies et les charmilles, où l'on rencontre des arbres unis entre eux par leurs couches ligneuses, conséquence de leur frottement prolongé, de leur contact intime.

Le greffage par approche consiste donc à souder deux arbres par leur tige ou leurs branches. Dans certains cas, c'est une branche du sujet qui sera greffée sur lui-même.

L'époque de greffer en approche commence avec la sève et finit avec elle, de mars en septembre. Le sujet et le greffon sont à l'état ligneux ou herbacé, l'opération reste la même.

Avec le greffage par approche, on n'effeuille pas le greffon, comme avec d'autres systèmes, parce que le greffon reste adhérent à l'arbre-mère ou garde ses racines en terre au moment de son application sur le sujet.

On entame le sujet et le greffon au moyen d'une ablation de bois et d'écorce identique sur les deux parties, de manière à les faire joindre intimement, en les réunissant. Pour faciliter la soudure, on applique une ligature et un engluement ; on ajoutera un support, un tuteur ou un lien, s'il s'agit de deux arbres distincts.

Après une saison au moins de végétation, quand l'agglutination est certaine, on procède au *sevrage* ; l'élève est isolé de la mère et vivra de ses propres éléments.

Nous établissons trois catégories de greffes en approche : 1° les greffes *de côté*, pour lesquelles on conserve la sommité du greffon lors de son insertion sur le sujet ; 2° les greffes *en tête*, le greffon venant s'incruster sur le sujet préalablement écimé ; 3° les procédés dits *en arc-boutant*, où le greffon, écimé, sera inoculé par son sommet sous l'écorce du sujet.

Groupe 1.
GREFFAGE PAR APPROCHE DE CÔTÉ

Le greffon est un arbre ou une branche appartenant à un arbre distinct du sujet ou un rameau appartenant au sujet lui-même. Le sommet du greffon est gardé tout entier, au-dessus de son point de contact avec le sujet ; cependant s'il est trop long, on le taille au-dessus de la greffe, soit à deux ou trois yeux s'il s'agit d'un rameau, soit à 0^m,10, 0^m,20 ou 0^m,30 si le greffon est une branche ramifiée.

Le mode d'assemblage du sujet avec le greffon constitue divers procédés qui empruntent leur nom à d'autres méthodes de greffage : en placage, en incrustation, à l'anglaise.

Nous signalerons pour mémoire le *greffage par approche en travers* ou en biais ; le greffon s'incruste dans l'écorce du sujet, obliquement de droite à gauche ou de gauche à droite. Forsyth, arboriculteur anglais, a été un des premiers à l'indiquer dans la

Charles Baltet

réfection des arbres mal formés. Les Japonais greffent ainsi les variétés de l'Érable *polymorphe* et, par ce système, nous avons garni de branches des Pêchers dénudés, — ne pouvant faire mieux.

Greffe par approche en placage (*fig.* 37). — Le greffon (A) subit une entaille (*a*) qui enlève les couches d'écorce et d'aubier.

Fig. 37. — Greffe par approche en placage (Bouleau).

Le sujet B est entamé en *b* jusqu'à l'aubier, par une rainure à fond plat, d'une dimension combinée avec la plaie (*a*) du greffon. Les deux parties sont réunies en C. On ligature aux points de contact ; l'engluement est rarement nécessaire, sauf quand la sève est au repos.

Greffe par approche en incrustation. (*fig.* 38). — Le greffon (D) est légèrement avivé (*d*) sur deux faces. Le sujet (E) est préparé (*e*) par une ouverture angulaire dans laquelle le biseau (*d*) du greffon devra s'incruster parfaitement, comme on le voit en F. Ce greffage

VI. — PROCÉDÉS DE GREFFAGE

est applicable aux espèces à bois dur, ou lorsque la périphérie du greffon est dite méplate, ou elliptique.

Fig. 38. — Greffe par approche en incrustation (Aune).

Un greffeur habile se sert du greffoir ou de la serpette pour pratiquer l'entaille ; l'amateur préférera probablement la gouge angulaire.

Greffe par approche à l'anglaise, de côté (*fig.* 39). — Il est un moyen de consolider naturellement la greffe par approche : c'est en ouvrant sur les deux parties, où l'écorce est avivée, une série de languettes et d'encoches réciproques (A et B, *fig.* 39) qui viennent s'assembler en C.

Charles Baltet

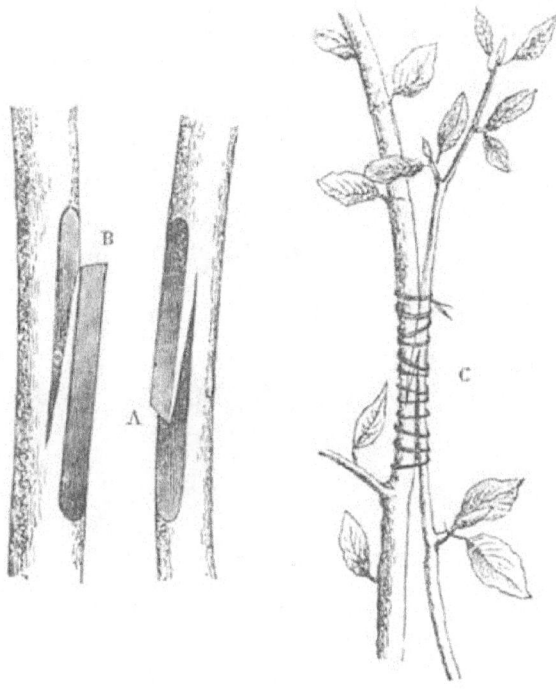

Fig. 39. — Greffe par approche à l'anglaise, de côté (Hêtre).

Au lieu d'être sur parties ligneuses, la greffe peut mettre en contact des parties vertes. Voici un exemple de la *greffe en approche herbacée* (*fig.* 40) qui a été tentée dans le vignoble phylloxéré. Les plants (A et B) rapprochés l'un de l'autre sont greffés à l'anglaise (C) en mai-juin.

En même temps, les sommités des rameaux sont écimées en *a* et *b* et liées ensemble pour se soutenir mutuellement. Un tuteur est indispensable et, pour assurer le succès de la greffe de Vigne, un apport de terre immédiat tel que notre dessin l'indique doit séjourner toute l'année. Le sevrage aura lieu au printemps suivant.

VI. — PROCÉDÉS DE GREFFAGE

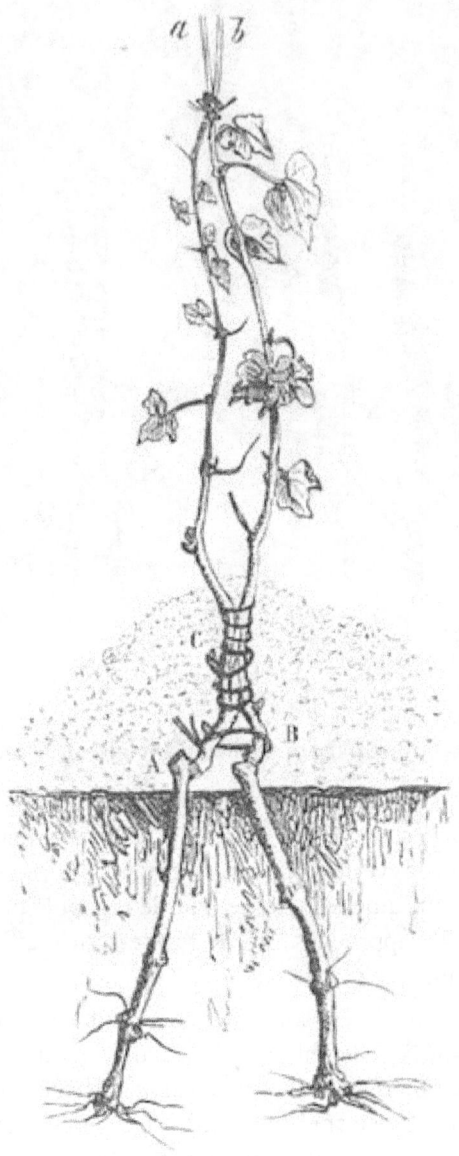

Fig. 40. — Greffe par approche herbacée, et buttage de plants de Vigne.

Charles Baltet

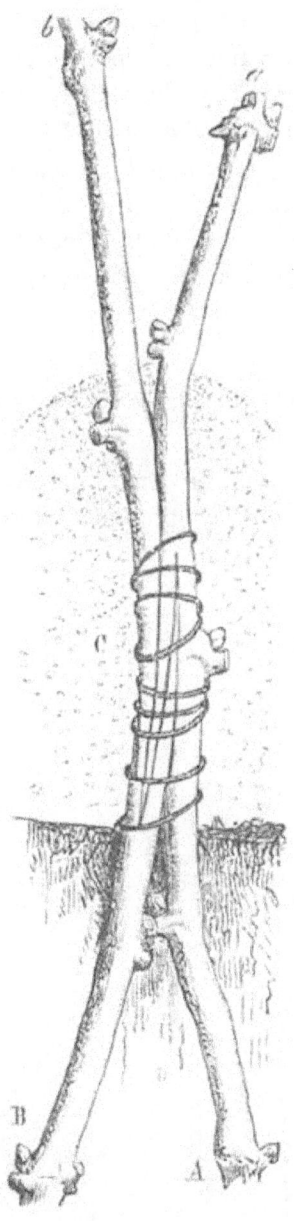

Fig. 41. — Greffe par approche à l'anglaise, de sarments-
boutures.

VI. — PROCÉDÉS DE GREFFAGE

La même opération peut être faite avec deux sarments-boutures (A et B, *fig.* 41). Ils sont greffés à l'anglaise (en C), opération faite à l'abri. On les plante en pépinière en les buttant de terre jusqu'au sommet. L'évolution des yeux (*a* et *b*) de tête excitera le développement des racines et la soudure de la greffe.

Cette greffe en *approche par double bouture* réussit mieux quand les deux rameaux-boutures, ayant passé l'hiver en jauge, ont les mamelons radicellaires apparents à leur base, au moment du greffage ; la sève est déjà en mouvement.

Groupe 2.
GREFFAGE PAR APPROCHE DE TÊTE

La greffe par approche, en tête, a sa raison d'être lorsque le greffage de côté est difficile à pratiquer ou lorsque l'on craint une agglutination lente.

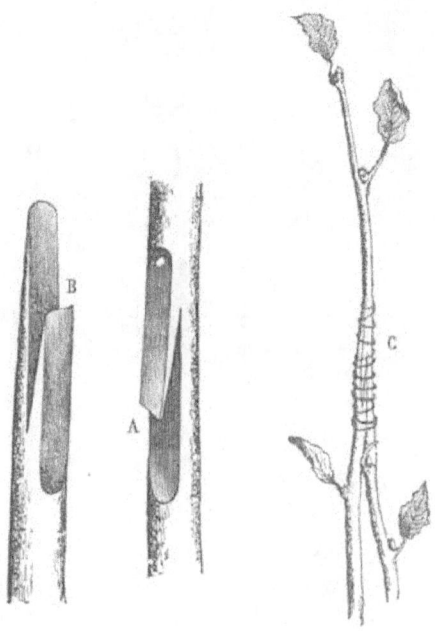

Fig. 42. — Greffe par approche à l'anglaise, en tête (Noisetier).

Charles Baltet

Le sujet sera étêté au moment du greffage, et le greffon inséré à son sommet. En dehors de la tige, les branches latérales peuvent recevoir cette greffe. L'essentiel est que l'arbre étalon ait assez de rameaux-greffons faciles à rapprocher du sujet.

Les modes de greffage déjà décrits sont applicables ici ; mais la greffe anglaise offrira plus de chances de succès dans l'assemblage.

Si la tige du sujet était ramifiée, on coursonnerait les ramifications inutiles pour les retrancher plus tard ou même les greffer.

Greffe par approche à l'anglaise, en tête (*fig*. 42). — Au moment du greffage, on étête le sujet (B, *fig*. 42) immédiatement au-dessus d'un bourgeon, qui fera fonction d'appelle-sève. On y amène le greffon (A) pour bien s'assurer des points de contact, alors on taille le sommet du sujet en biseau ; au tiers supérieur du biseau, on pratique un simple cran (B) de haut en bas. Le greffon sera légèrement écorcé sur une étendue analogue ; on ouvrira aux deux tiers, vers la base de la plaie, un petit cran (A) de bas en haut. Assembler languette et encoche ; ligaturer (C), enfin mastiquer les parties mises à nu.

Groupe 3.
GREFFAGE PAR APPROCHE EN ARC-BOUTANT

Plus spécialement employée pour la restauration des végétaux, cette variété de la greffe en approche est en même temps utile à leur multiplication. On l'emploie d'avril en juillet.

La principale différence entre ce groupe et ceux qui précèdent, consiste dans l'étêtage du greffon et dans son inoculation sous l'écorce du sujet. La coupe supérieure du greffon est pratiquée sous un œil ou sous une ramification, de manière que l'un ou l'autre se trouve enchâssé dans le sujet après l'inoculation. Le greffon sera écimé et taillé en biseau plat dit pied-de-biche, aminci au sommet jusqu'à extinction du liber, sur la face opposée à la naissance du bourgeon qui constituera le développement de la greffe ; on inoculera ce sommet biseauté sur le sujet au moyen d'une incision en Trenversé (T). La place de celle-ci est calculée d'après la longueur du greffon, mais on l'ouvre à $0^m,02$ plus bas, de telle sorte que, pour introduire le greffon, on l'arque légèrement en lui imprimant un

VI. — PROCÉDÉS DE GREFFAGE

mouvement de retraite de haut en bas, puis on le glisse sous les lèvres de l'incision comme s'il s'agissait d'un arc-boutant.

Les deux modes principaux de greffage en arc-boutant ne sont applicables que pendant l'état de sève du sujet, soit à la montée de la sève, avec greffon ligneux, soit au commencement de l'été, avec greffon herbacé, arbre ou rameau.

Greffe en arc-boutant avec œil (*fig.* 43). — L'œil étant choisi comme bourgeon terminal, nous taillons le greffon en biseau plat (S) aminci jusqu'au liber vers le sommet ; nous l'inoculons sous l'écorce du sujet (T) soulevée (en V). Nous ligaturons (X) en ménageant l'œil du greffon placé sur le dos du biseau. L'œil du sujet, au-dessus de la greffe, eu hâtera l'agglutination.

Le chapitre de la restauration des arbres défectueux donnera l'emploi de ce système avec greffon herbacé, appliqué en été.

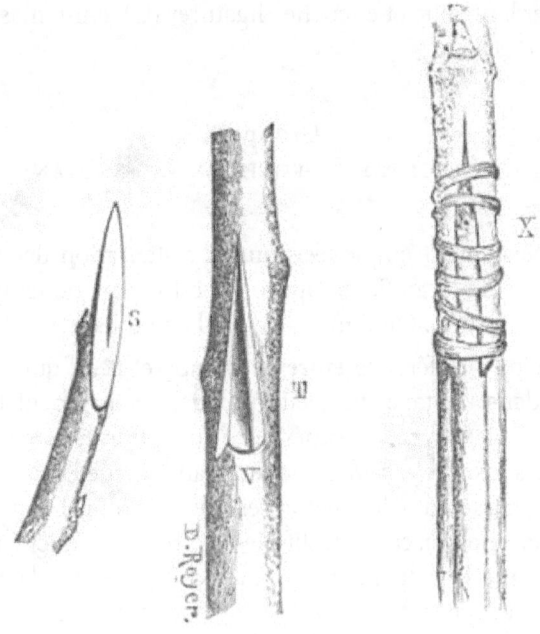

Fig. 43. — Greffe par approche en arc-boutant, d'un œil.

Charles Baltet

Lorsqu'on ne peut soulever l'écorce du sujet, on fait pénétrer l'outil dans l'aubier et l'on y introduit le greffon taillé en double biseau.

Greffage en arc-boutant avec rameau (*fig.* 44). — Le greffon (L) portant un rameau anticipé (M) sera écimé à $0^m,02$ au-dessus, et taillé en biseau plat (N) à l'opposé du rameau ; on prendra garde d'affaiblir l'épaisseur du biseau, sauf à la pointe qui sera amincie en lame de couteau jusqu'à l'écorce. On ne retranchera pas les feuilles de la branche ni celles du greffon.

Le sujet est un arbre distinct ou une branche (O) portant le rameau-greffon. L'incision (P) y est pratiquée de manière que l'introduction du greffon s'obtienne comme on le voit (en R). On ligature et, si la partie greffée est frappée par le soleil, on la couvre de boue ou d'onguent.

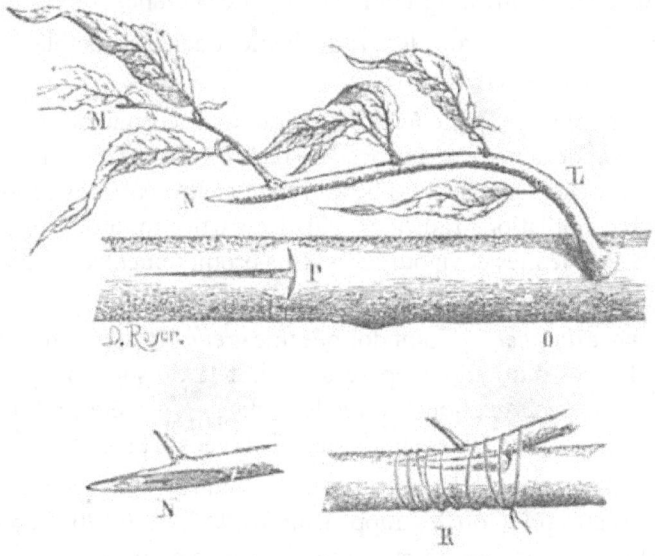

Fig. 44. — Greffe par approche en arc-boutant, d'un rameau.

SOINS APRÈS LE GREFFAGE PAR APPROCHE

L'emploi de deux sujets distincts, conservant leurs rapports de végétation, nécessite l'application de liens, de supports, de tuteurs

VI. — PROCÉDÉS DE GREFFAGE

ou de crochets (*fig.* 46) pour fixer les tiges et les branches greffées dans une position aussi invariable que possible.

Si la ligature a pénétré dans l'écorce du sujet, on l'enlève, et si l'on craint que l'agglutination soit inachevée, on place un nouveau lien.

Le soin ultérieur le plus important consiste dans le *sevrage* de la greffe.

Sevrage de la greffe par approche (*fig.* 45). — En horticulture, on entend par sevrage l'action d'isoler le sujet de la plante-mère en coupant la branche ou la tige qui les relie, l'un à l'autre. Cette opération complémentaire s'impose dès que l'élève peut se passer, pour vivre, du concours de la mère nourricière.

Le sevrage de la greffe comprend une double opération :

1° Retrancher la tête du sujet, au delà de la greffe ;

2° Couper le rameau-greffon, en deçà de la greffe.

Il est prudent de procéder graduellement dans l'ensemble et dans les détails de l'opération.

On commencera par couper la tête du sujet ; ensuite on détachera le greffon de la mère ; on procédera dans les deux cas par une série de retranchements successifs, afin d'éviter les réactions produites par des mutilations radicales. Plus les parties rapprochées par la greffe sont jeunes et vigoureuses, plus promptement s'opérera leur agglutination.

Écimage du sujet. — Étant donnée une greffe par approche de côté (*fig.* 45), les mutilations opérées sur la tête du sujet (B) peuvent commencer quinze jours après le greffage, s'il a été pratiqué au début de la sève et si les apparences de la réussite sont bonnes.

On retranche déjà les extrémités des branches principales (*b*) ; huit jours après, on les rapproche à $0^m,10$ ou $0^m,20$ Quand la soudure est certaine, on raccourcit la tige en deux ou trois fois, de manière à laisser un moignon de $0^m,10$ (*b'*) au-dessus de la greffe et garni de petits rameaux d'appel s'il est possible.

Avec une greffe de printemps, on arrive à ce demi-sevrage vers la fin de l'été ; l'agglutination s'achèvera avant l'hiver.

Mais si le greffage a été pratiqué plus tard, on se bornerait, avant l'hiver, à diminuer les branches de la tête, dès que la cicatrisation serait en bonne voie. L'étêtage définitif à $0^m,10$ (*b'*) au-dessus de la

Charles Baltet

greffe (*c*) serait réservé pour le printemps suivant, à la montée de la sève.

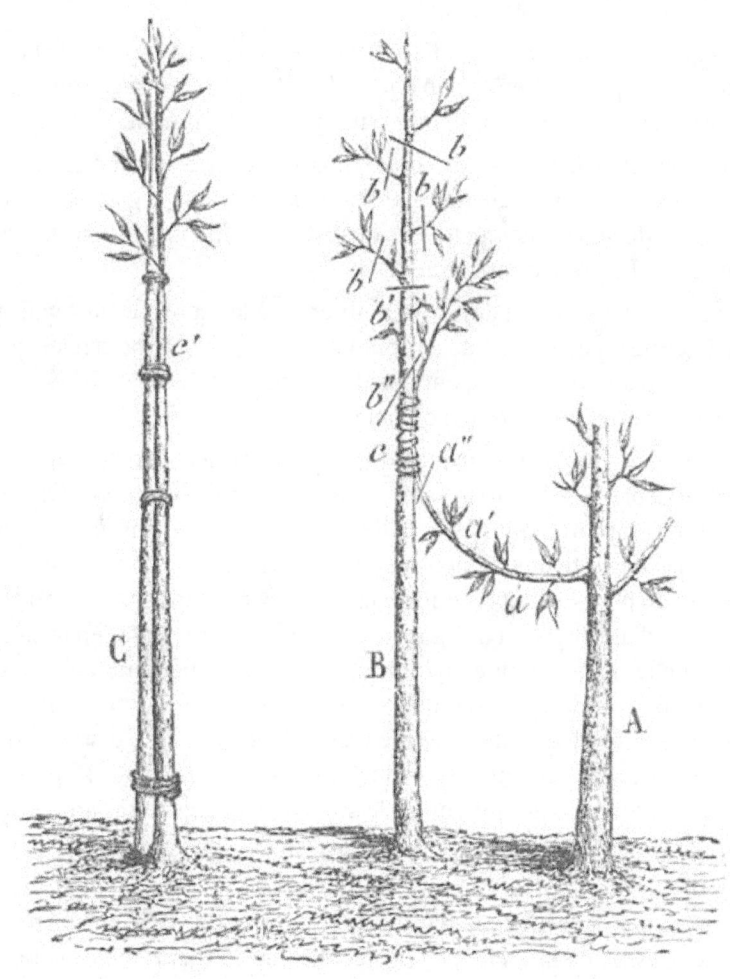

Fig. 45. — Sevrage de la greffe en approche.

VI. — PROCÉDÉS DE GREFFAGE

L'onglet est conservé pendant une saison pour servir à l'accolement de la greffe ; il y attire la sève au moyen de ses bourgeons. On le supprimera (en *b"*) lorsque l'on jugera la soudure complète et la force de résistance du greffon suffisante. Il n'y aurait aucun inconvénient à couvrir la plaie d'un engluement et à maintenir le tuteur encore quelque temps.

Séparation de la mère. — La séparation de la mère (A, *fig.* 45) est un acte important, en ce sens qu'il abandonne l'élève à ses propres ressources, l'arbre-mère n'étant plus appelé à le nourrir.

En principe, la séparation totale ne doit pas être accomplie avant qu'une saison complète de végétation ait passé sur la greffe (*c*). En fait, on devance quelquefois ; nous ne pouvons recommander ce procédé. Le greffeur appréciera.

Toutefois, le greffon doit rester adhérent à la mère (A) tant que la liaison n'est pas un fait accompli. On en juge par le bourrelet qui se forme aux points de soudure du greffon sur le sujet (B) et à la végétation relative des deux parties.

En cas de doute, il convient d'agir prudemment, de préparer le jeune arbre à se nourrir sans le secours de l'arbre-mère. On l'y habitue en pratiquant des entailles ou des incisions sur le bras qui relie la mère au sujet. Une seule entaille (*a*) peut suffire ; mais on l'avive au bout de huit ou quinze jours, en la rendant plus profonde. Au lieu d'une incision unique, on peut encore amener la séparation graduellement par une succession d'encoches pénétrant l'écorce et le bois, ou de crans circulaires (*a'*), de bagues pratiquées sur le bras de la greffe ; on les commencerait à une certaine distance de la greffe en les accentuant ensuite et en les rapprochant. Enfin on arrive à couper net (*a»*) contre le sujet, et l'on englue l'amputation s'il y a lieu.

On voit en (C), l'arbre greffé en (*c'*) vivant de ses propres forces et tenu pendant quelque temps avec un tuteur attaché au-dessous et au-dessus de la greffe ; ce protecteur lui donnera une direction rectiligne.

Rappelons au greffeur que, plus le climat est chaud ou plus la greffe est herbacée, plus promptement se formera le tissu cicatriciel, et plus tôt on pourra pratiquer le sevrage.

Charles Baltet

APPLICATION DU GREFFAGE PAR APPROCHE À LA
MULTIPLICATION DES VÉGÉTAUX

Sous tous les rapports, il est préférable que le greffon soit à proximité du sujet. Le travail de la greffe en est simplifié.

Dans les pépinières bien ordonnées, on plante les arbres-étalons dans les emplacements destinés au greffage par approche, soit avant la plantation des sujets, soit en même temps.

Si l'on plante des mères et des sujets assez forts pour être greffés de suite, il faut attendre une année au moins de végétation. Les racines se lient au sol et la soudure de la greffe est plus certaine.

On choisit des arbres-étalons et des sujets qui puissent être greffés avec succès ; on leur donne une forme élevée ou branchue de manière à faciliter leur rapprochement au moment du greffage. Le même étalon peut servir au greffage de plusieurs sujets.

La figure 46 expose plusieurs moyens de rapprocher, par la greffe, des sujets de dimensions inégales, auprès d'un étalon commun.

Ici le sujet, assez élevé, est greffé à haute tige par un greffon placé à la même hauteur, tandis que son voisin, trop grand, doit être penché vers le sol pour se prêter au contact du greffon ; celui-ci est opéré à haute tige, celui-là à demi-tige, l'autre à fleur de terre. Parmi les sujets plantés en pot, les uns seront placés sur un support qui les élèvera à la hauteur de l'étalon, les autres recevront le greffon, le vase restant enterré dans le sol. Les sujets étant jeunes et les greffons assez flexibles, on arrive ainsi à les réunir aux endroits qui offrent le plus de chances pour le greffage.

Dans les établissements commerciaux, on possède quelquefois des arbres nouveaux en petits exemplaires cultivés en pot. Si l'on tient à les propager sur des arbres à haute tige, on plante des sujets assez grands et l'on amène l'étalon à leur hauteur avec l'aide d'un support. La figure 47 fournit un échantillon de ce genre de travail. Afin de soustraire l'étalon à l'influence de la sécheresse, il conviendra de placer le vase dans un autre plus grand, et de garnir l'intervalle avec de la mousse que l'on tiendra humide.

VI. — PROCÉDÉS DE GREFFAGE

Fig. 46. — Greffage en approche de jeunes sujets auprès d'un arbre étalon.

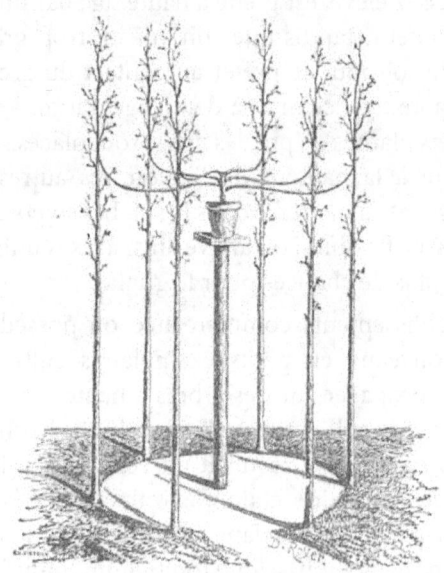

Fig. 47. — Groupe de sujets greffés par approche avec un étalon élevé à leur hauteur.

Charles Baltet

Un exemple diamétralement opposé au précédent se rencontre assez souvent dans les pépinières. L'arbre type est très fort et branchu ; l'étendue de ses racines et l'ombre de son feuillage ne permettent guère la plantation de jeunes élèves autour de lui. Pour le multiplier, il suffira de cultiver les plants sujets en pot ; à partir de leur seconde année de végétation, on les transportera dans le branchage du porte-greffes. À cet effet, on dressera un échafaudage à gradins qui mettra les sujets à la portée des rameaux greffons. Les pots étant logés, perchés sur une tablette, on les entoure d'un lit de mousse, de tannée, de sable ou autre matière peu lourde qui conserve la fraîcheur, les arrosages y étant difficiles à pratiquer et les pluies de l'été se trouvant interceptées par le feuillage de l'arbre.

II. — GREFFAGE PAR RAMEAU DÉTACHÉ

PRÉCEPTES GÉNÉRAUX

Le *sujet* est un végétal complet ou à peu près, car nous emploierons quelquefois une *branche-bouture* ou un *fragment de racine*. Il est élevé sur place ou en pépinière, ou bien il a été cultivé en pot pour être greffé sous verre, à l'étouffée. Les sujets complets sont généralement greffés *en place* ; quelquefois, pour les greffages pratiqués pendant le repos de la sève, on déplante les sujets pour les greffer en jauge ou à l'abri. Les sujets-boutures seront greffés *à l'abri*.

Le *greffon* est un rameau ou une fraction de rameau portant au moins un œil ; sa longueur est de $0^m,04$ à $0^m,15$. On emploie des greffons courts pour les espèces à bourgeons rapprochés, ou d'une multiplication précieuse, et des greffons longs lorsque le greffage s'accomplit dans un pays froid.

Ainsi que nous le disions, page 56, le greffon peut être détaché à l'avance de l'arbre étalon, quand la sève est au repos, pour les greffages de printemps ; on le conserve alors à l'ombre d'un arbre ou d'un bâtiment (*fig.* 32), la base enfoncée dans du sable fin, le sommet abrité avec de la paille. S'il ne doit être employé qu'après la montée de la sève, on le garde dans une cave, couché complètement dans le sable ou placé dans une caisse plate enfoncée dans le sol

(B, *fig.* 32).

Il est toujours préférable de préparer ses provisions de greffons avant l'arrivée des grands froids qui pourraient, sans cette précaution, les fatiguer ou les détruire sur l'arbre.

Avec certaines espèces à épiderme délicat, susceptibles de pourrir en terre : Althéa, Cytise, Robinier, Févier, il est préférable de couper le greffon peu de temps avant le greffage, alors que la sève monte et gonfle les bourgeons.

Les greffons d'espèces toujours vertes ne seront détachés qu'au moment d'être greffés, et on leur laissera les feuilles, sauf les plus grandes qui peuvent être coupées à moitié. Les espèces à feuille caduque, greffées en été, auront leurs greffons séparés de l'étalon, moins de vingt-quatre heures avant le greffage ; on les effeuillera dès qu'ils se trouveront isolés. — Effeuiller un greffon, c'est couper la feuille sur son pétiole (Voir *fig.* 88.).

En général, il importe peu au succès de l'opération que le bourgeon supérieur de la greffe soit l'œil terminal ou un œil latéral. — Un rameau trop long sera raccourci et pourra, au besoin, fournir plusieurs greffons. Avec des végétaux à bois creux, on choisit la base du greffon sur bois de deux ans.

Pour faciliter l'assemblage et l'agglutination des deux parties, le greffon sera plus ou moins entaillé à la base dans la moitié de sa longueur ; cette partie avivée se nomme *biseau*.

On fait en sorte d'appliquer le greffon sur le jeune arbre, en face ou à peu près d'un bourgeon du sujet à la hauteur de la greffe ; son rôle sera d'y appeler la sève et de fortifier les soudures.

La ligature et le mastic sont utiles dans le greffage par rameau.

Avant leur végétation ou s'ils ont été greffés pendant la sève, les greffons insuffisamment ligneux ou exposés au hâle seront préservés avec un cornet de papier formant écran.

Lorsqu'il s'agit de greffages rez-terre ou au-dessous du niveau du sol, il convient de préserver les greffons des coups de soleil et du hâle, et d'éviter le retrait produit par les dégels et les crues d'eau, en les abritant avec de la paille.

Dans les pays froids, et non loin de la mer, la température basse et les vents secs qui persistent jusqu'en été nuisent à la reprise de la greffe.

Voici comment obvient à cet inconvénient MM. Looymans à Oudenbosch, en Hollande. D'abord le greffage est pratiqué aussi tard que possible, tant que les greffons ne pressent pas, ceux-ci ayant été coupés en janvier et mis tout entiers en terre et à l'abri, à 0^m,30 de profondeur. Au moment du greffage, le greffon étant coupé de longueur, on trempe sa partie supérieure dans un bain chaud de mastic à greffer, pour la plonger aussitôt après dans l'eau froide. La partie inférieure, tenue à la main, reste exempte de mastic. On taille ensuite le biseau, et le greffage se termine dans les conditions ordinaires. Les bourgeons perceront eux-mêmes cette cuirasse préservatrice assez mince dans son épaisseur.

Les pépiniéristes de Vitry (Seine) visent au même but lorsqu'ils badigeonnent les greffes dès que l'engluement est séché. Ce pralinage de terre argileuse est aujourd'hui préféré au cornet de papier d'autrefois.

Les groupes du greffage par rameau sont les greffes sous écorce, en couronne, en placage, en incrustation, dans l'aubier, en fente et à l'anglaise.

Groupe 1.
GREFFAGE DE CÔTÉ SOUS ÉCORCE

Préceptes généraux. — Nous voulons inoculer un rameau sur le côté d'une tige et sous son écorce ; le sujet doit être en végétation. L'opération se fait : 1° en avril-mai, à la montée de la sève, elle est dite à *œil poussant* ; 2° de juillet en septembre, c'est une greffe à *œil dormant*.

Dans le premier cas (à *œil poussant*), on emploie des rameaux-greffons de l'année précédente, conservés en terre ou à la cave ; la sève étant en mouvement dans les plantes lors de leur emploi, la greffe se développera dans le cours de la même année.

Dans le deuxième cas (à *œil dormant*), où la greffe ne se développera que l'année suivante, on choisit des scions de l'année, détachés de l'arbre étalon le jour du greffage ; on les effeuille, s'il s'agit d'espèces à feuilles caduques. Nous avons dit que les greffons de végétaux à feuillage persistant ne seraient détachés de l'étalon qu'au dernier moment et ne seraient pas effeuillés.

Pour ces deux systèmes, les sommités de rameau avec bourgeon terminal constituent d'excellents greffons.

Greffe sous écorce par rameau simple (*fig.* 48). — Ce procédé est important pour restaurer des arbres défectueux, pour obtenir des branches où il en manque et changer la variété de sujets âgés. Le greffon ligneux se prêtera mieux à l'inoculation sous de vieilles écorces que le bourgeon de l'écussonnage. Le greffage sous écorce, recommandé en 1739, par « de La Rivière et Du Moulin, » décrit par La La Bretonnerie en 1780, par Calvel en 1800, dédié par Thouin, en 1820 à Richard, de Trianon, est fort utile à la multiplication des végétaux ; dans ce but, il n'est pas assez employé.

Le greffon (B, *fig.* 48) est un petit rameau ou un fragment de rameau, long de $0^m,10$ à $0^m,20$; on taille la moitié inférieure en biseau plat, allongé et aminci jusqu'au liber, vers la pointe (B). Le sommet du biseau partant d'un œil (*a*), il en résultera que le coussinet sera le point d'appui qui écartera légèrement du sujet la tête du greffon.

Le greffon étant taillé, on pratique sur le sujet (A), en deux coups de greffoir, une double incision (C) en T qui traverse l'épaisseur des couches corticales, et s'arrête à l'aubier. Avec la spatule de l'outil, on soulève les lèvres de l'incision et l'on y glisse le greffon, de manière que le sommet de son biseau aboutisse au cran transversal du T sur le sujet.

On ligature (D), et s'il reste un vide à la jonction des deux parties, on préserve de l'action de l'air les tissus entamés, avec une feuille d'arbre, de l'onguent ou de la boue.

Quand il s'agit d'introduire une branche sur un arbre qui en manque, au lieu d'une incision en T, on pourrait se contenter d'une simple ouverture en œil-de-bœuf par laquelle on glisserait le greffon, mais il conviendrait alors de faciliter ce glissement par l'introduction préalable d'une petite tige biseautée en buis ou en os ; c'est la vraie *greffe en coulée*.

Si l'on veut obtenir une branche formant un angle ouvert avec la tige du sujet, on choisit un greffon coudé ou courbé ; le biseau, sur la partie convexe, s'appliquera contre le sujet, tandis que le sommet rejeté en dehors donnera la direction inclinée au membre projeté. L'œil (*c*) au dos du greffon pourrait fournir la branche désirée.

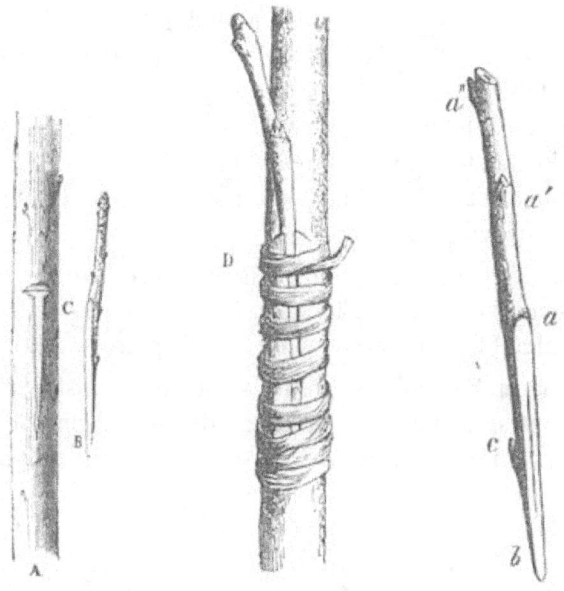

Fig. 48. — Greffe sous écorce par rameau simple.

Un point sur lequel nous appelons l'attention, c'est la taille du greffon. Le biseau part de l'œil (*a*) qu'il détruit pour finir en (*b*) dans l'écorce même. Le coussinet de l'œil (*a*) formant épaulette, le greffon s'appliquera mieux sur le sujet (A) sans nécessiter une entaille d'écorce en tête du T.

Il est bon de ménager l'œil (*c*) au dos du biseau ; il se développera moins si l'on accorde toute liberté d'expansion aux yeux de tête (*a'*, *a»*), mais ce sera un bourgeon de réserve.

Dans la multiplication de certains arbres, comme le Hêtre et le Bouleau, on emploie des greffons ramifiés, âgés de deux ou trois ans, et on taille le biseau assez mince vers la pointe. Pour d'autres sortes, Cornouiller, Fusain, Lilas, Marronnier, Olivier, Oranger, Tilleul, on prend les greffons sur des rameaux d'un an.

Greffe sous écorce à l'anglaise (*fig.* 49). — La crainte de voir se

VI. — PROCÉDÉS DE GREFFAGE

disjoindre deux parties simplement appliquées l'une contre l'autre nous a fait imaginer un moyen de les agrafer.

Au lieu d'un T tranchant seulement l'écorce du sujet (B), le trait supérieur (C'), grâce à un coup de greffoir plus prononcé, pénétrera l'aubier en biais, de haut en bas, tandis que le trait longitudinal (C) ne tranchera que l'écorce.

De son côté, le greffon (A) est d'abord préparé comme celui du greffage précédent ; puis, en tête du biseau un coup de greffoir de bas en haut, parallèle à l'axe, ou à peu près, fend l'aubier en long (A') sur une faible étendue.

À l'assemblage (c), le greffon glissant sous l'écorce du sujet, s'y accrochera en tête dans l'incision (C') au moyen de la languette (A') résultant l'une et l'autre d'une entaille préméditée.

On comprend qu'une greffe semblable résiste mieux aux bourrasques, au poids du feuillage des bourgeons de certaines espèces, comme le Marronnier, et susceptibles de les ébranler.

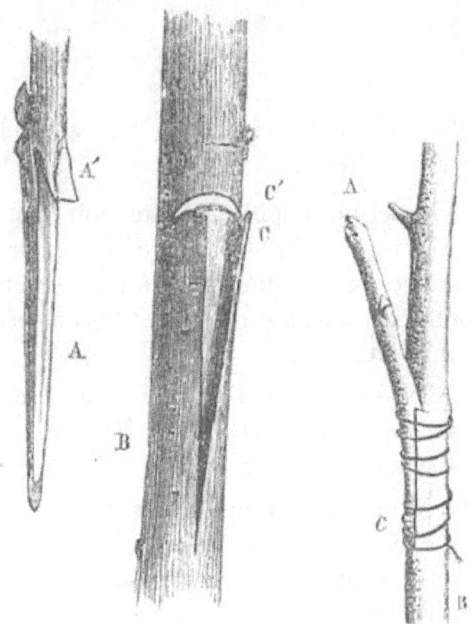

Fig. 49. — Greffe sous écorce, à l'anglaise.

Charles Baltet

Ce procédé nouveau appelé par quelques-uns « greffe Baltet »
relie le greffage sous écorce au greffage dans l'aubier.

Greffe par rameau avec embase (*fig.* 50). — On a recours à ce
procédé pour multiplier quelques végétaux, particulièrement
l'Érable, le Cornouiller. La bonne saison pour opérer est en août-
septembre, le greffage se pratiquant plutôt à œil dormant ; c'est en
quelque sorte le greffage d'un rameau par écusson.

On choisira pour greffon un rameau court (X, *fig.* 50). Avec le
greffoir, on le détache de la branche qui le porte, mais en conservant
un plastron d'écorce (V) de cette branche au delà et en deçà de la
naissance du rameau greffon. La manière de lever cette embase
est à peu près celle que nous décrirons plus loin à l'écussonnage
(Voir *fig.* 90).

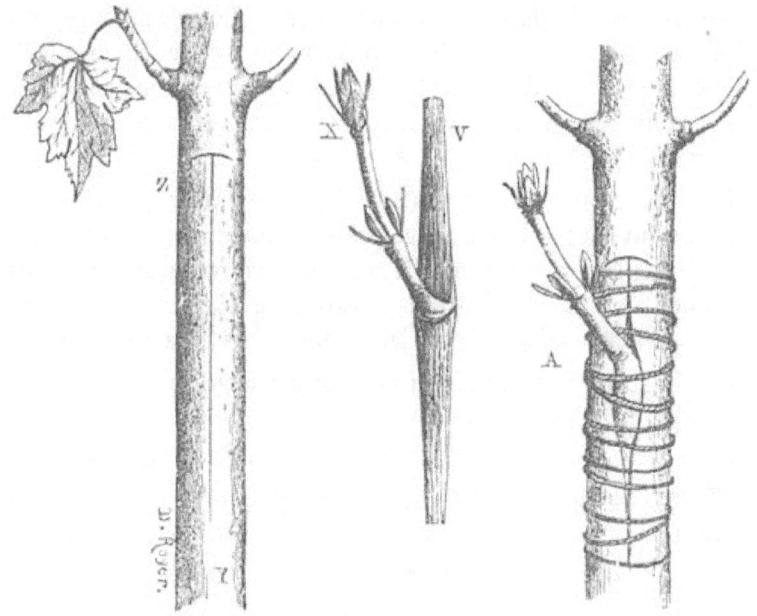

Fig. 50. — Greffe de coté par rameau avec embase
(Érable jaspé, de Pensylvanie).

Il n'y a pas à redouter la présence de fibres ligneuses sous l'embase

VI. — PROCÉDÉS DE GREFFAGE

(V) ; il y aurait, au contraire, du danger à les enlever. On se bornera à en aplanir la surface avec la lame de l'outil.

Sur le sujet (Y), on ouvre une incision (Z) en T qui pénètre seulement la couche d'écorce ; avec la spatule, on soulève les lèvres de l'incision et l'on y glisse le greffon par son plastron (V).

On ligature (A). L'engluement est inutile.

Dans la restauration des arbres fruitiers, nous avons quelquefois employé, à titre de greffons, des rameaux longs de $0^m,50$ et munis d'une embase de $0^m,10$. On les effeuille huit jours à l'avance sur l'arbre-mère, pour les disposer à la séparation ; en les couvrant avec des feuilles d'arbre ou de la boue aussitôt le greffage terminé, on évitera leur dessèchement. La greffe avec branche complète, recommandée dans le même but par Roger-Schabol, en 1782, a échoué par suite de l'absence de ces précautions.

Soins après le greffage de côté sous écorce. — Pour le greffage à œil dormant, les soins particuliers consisteront à étêter le sujet après l'hiver, à $0^m,10$ au-dessus de la greffe, et à palisser immédiatement la sommité du greffon ligneux afin d'éviter une tige coudée au point de la greffe.

Le premier procédé, par rameau simple, lorsqu'il est employé à la restauration des arbres, n'oblige pas à l'amputation du sujet ; mais, pour hâter le développement de la greffe, on ouvrira, au printemps, un cran sur le sujet à $0^m,01$ au-dessus d'elle (Z, *fig.* 58). En même temps, on taille les branches placées au-dessus de la greffe.

Une baguette formant tuteur est indispensable au palissage de la jeune greffe.

Quand le greffage est fait à la montée de la sève, il convient d'embouer le greffon pour le préserver de l'action du soleil et du hâle.

Groupe 2.
GREFFAGE EN COURONNE

Logiquement, le greffage en couronne pourrait être confondu avec le groupe précédent, GREFFAGE SOUS ÉCORCE, celui-ci *en tête*, celui-là *de côté*. Nous avons préféré conserver le nom consacré par

Charles Baltet

l'usage. André Thouin avait dédié la greffe en couronne à Pline et à Théophraste, qui l'ont décrite et recommandée.

Préceptes généraux. — Le greffage en couronne est d'un bon emploi pour un grand nombre d'arbres et d'arbustes de divers genres. On le pratique au printemps aussitôt que l'écorce se détache de l'aubier, mais on aura la précaution de préparer, d'étêter les sujets trois ou quatre semaines avant de les greffer et même à l'automne précédent. Cet étêtage préalable, dit *ébottage* du sujet, permettra de greffer plus tard encore avec succès. Au moment de poser les greffes, on rafraîchit avec la serpette les plaies plus ou moins vivaces ou séchées.

Les rameaux à greffer sont coupés en hiver et conservés jusqu'à l'ascension de la sève ; l'essentiel est qu'ils ne bourgeonnent pas encore, et que l'écorce reste vive. Au moment du greffage, le sujet peut bourgeonner, mais le greffon, non.

Le greffon est un fragment de rameau long de $0^m,05$ à $0^m,12$ environ. La moitié supérieure aura deux ou trois yeux ; la partie inférieure sera taillée en biseau plat dit pied-de-biche ou bec-de-flûte ; le biseau doit commencer en face d'un œil, traverser l'étui médullaire et se terminer en s'amincissant ; ainsi purgé de moelle, il se soudera mieux au sujet ; il ne faut donc pas lui laisser trop d'épaisseur. Un petit cran ménagé à la partie supérieure du biseau est utile, en ce sens qu'il permet d'asseoir le greffon à plat ou à cheval sur le sujet, suivant sa coupe plane ou oblique.

L'insertion de cette greffe se fait en tête du sujet, sur la coupe, entre l'écorce et le bois ; on amincit les deux faces de la pointe du biseau pour en faciliter le glissement : souvent le greffeur se contente d'humecter cette pointe entre ses lèvres.

Les greffeurs ont habituellement à leur disposition un petit instrument en bois ou en ivoire, aminci vers la pointe, qui leur sert à préparer, à essayer le logement du greffon. Ils introduisent cet instrument à l'endroit désigné, le retirent et placent aussitôt le greffon dans l'ouverture. Avec cette précaution, on n'a pas à craindre de briser les rameaux délicats ni d'en déchirer l'écorce.

On saisit le greffon par la tête et on le fait glisser entre le liber et l'aubier. On n'ouvre pas l'écorce ; c'est le greffon qui la détache de l'aubier sous la pression de la main.

VI. — PROCÉDÉS DE GREFFAGE

L'introduction de la greffe est facilitée dans la plupart des cas par la circulation de la sève qui isole le liber de l'aubier. Cependant il peut arriver que des greffons d'un gros volume menacent de déchirer les tissus ; alors, pour éviter cette déchirure, le mieux est de fendre l'écorce du sujet (D, *fig.* 51) par un coup de greffoir en long, au moment d'y placer le greffon.

Plus un tronçon à greffer est gros, plus nombreux devront être les greffons qu'on y placera ; toutefois, pour rendre la soudure plus complète, ils conserveront entre eux un intervalle dont le minimum serait de $0^m,05$.

Une ligature demi-serrée, ne comprimant pas trop l'écorce, est nécessaire après l'insertion des greffes. On applique l'onguent sur les plaies et sur l'écorce du sujet qui recouvre le greffon, afin de prévenir les déchirures. On facilitera l'adhérence ; du mastic en épongeant le liquide séveux qui suinte des parties tranchées au vif.

En greffant en couronne un sujet rez terre, il n'y a pas d'inconvénient à butter le tronc jusqu'aux yeux supérieurs de la greffe ; on évitera un dessèchement toujours nuisible et, avec certaines espèces, il se formera, sur les incisions, des racines qui aideront à la rapidité de la végétation.

Le greffage en couronne est pour ainsi dire indispensable quand on agit sur de gros arbres ; on peut y insérer un assez grand nombre de branches qui répondent, par réciprocité, à la nourriture fournie par les racines.

En dehors de l'époque indiquée pour le greffage en couronne, on pourrait le pratiquer, dans un pays froid, en juillet-août ; on prendrait alors pour greffon la base déjà lignifiée de jeunes rameaux munis d'yeux bien formés, ou même les rameaux conservés dans la caissette souterraine (*fig.* 32).

Greffe en couronne ordinaire (*fig.* 51). — Étant donné le sujet B amputé au vif, nous y insérons trois greffons (*c*, *c'*, *c»*), en proportion de son diamètre. Il serait assez difficile de placer plusieurs greffons sans fendre l'écorce au moins dans un seul endroit ; la tension produite par l'inoculation de plusieurs rameaux finirait par faire craquer les couches corticales. On prévient cet accident par une incision longitudinale (D) qui, non seulement facilite le glissement du greffon *c'*, mais permet aux autres (*c* et *c»*) d'être à l'aise et de

Charles Baltet

ne pas menacer de fendre l'écorce du sujet. On ligature, puis on englue sur l'amputation de la tige, au sommet des greffons étêtés, et en face de leur dos, sur l'écorce du sujet.

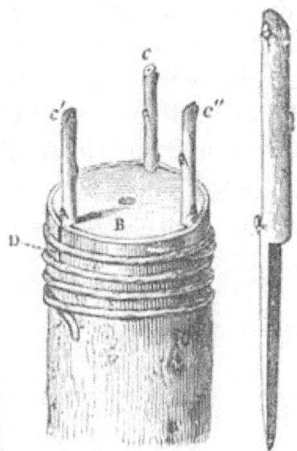

Fig. 51. — Greffe en couronne ordinaire.

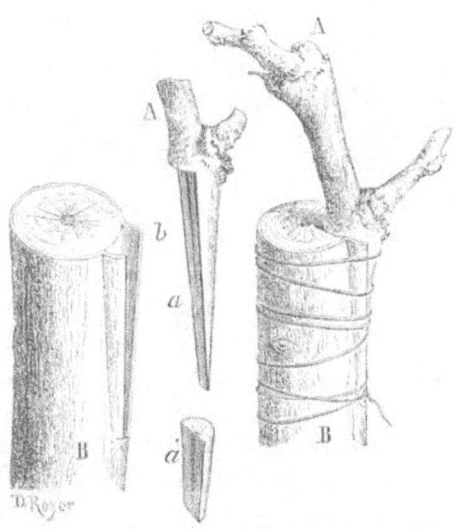

Fig. 52. — Greffe en couronne avec greffon âgé de deux ans (Février).

VI. — PROCÉDÉS DE GREFFAGE

Le choix des greffons produits par la dernière sève n'est pas absolument nécessaire. Du bois de deux ans, mais vivace, a également chance de réussite, à la condition, bien entendu, qu'il soit pourvu d'yeux capables de pousser. Ainsi le greffon (A, *fig.* 52) est un rameau âgé de deux ans, portant deux scions de l'année, rabattus à $0^m,02$ de leur naissance. On taille le biseau (*a*) sur le vieux bois et suivant le plan représenté en *a'* ; puis on l'introduit sur le sujet (B), où une incision simple vient d'être pratiquée. On est même forcé d'écarter un peu l'écorce (*b*) avec la spatule du greffoir.

Greffe en couronne perfectionnée (fig. 53). — Cette greffe diffère de la précédente par deux particularités essentielles :

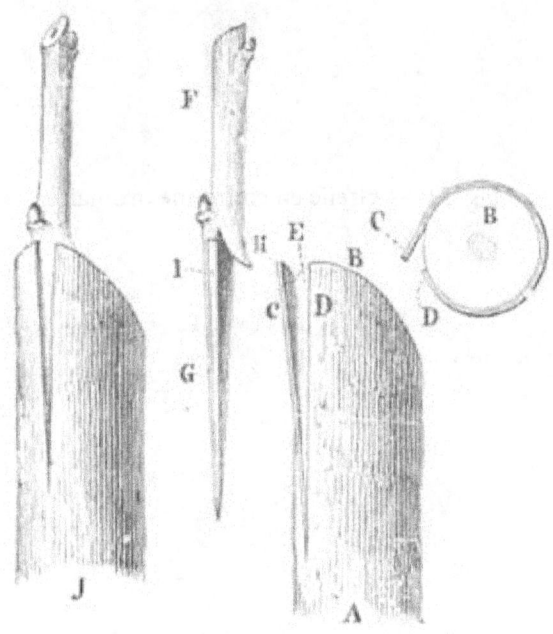

Fig. 53. — Greffe en couronne
perfectionnée.

1° Le sujet A (*fig.* 53) étant taillé sur un plan oblique (B), le greffon (F) est inséré à son sommet, avec une languette (H) à angle aigu, qui l'accroche parfaitement sur le biais de la coupe.

Charles Baltet

2° L'incision du sujet est obligatoire : le coup de greffoir étant donné, on soulève avec la spatule un côté seulement (C) de la partie incisée ; on y glisse le greffon de telle sorte que l'intérieur avivé du biseau soit appliqué contre l'aubier (E), et le dos (G) recouvert par la lèvre (C).

On augmente encore les chances de réussite en enlevant une faible bande d'écorce sur le côté (I) du biseau du greffon, correspondant avec la lèvre (D) du sujet, non détachée de l'aubier, et contre laquelle il viendra se juxtaposer. La greffe terminée en J, sera ligaturée et engluée.

À son tour, l'horticulteur Lagrange, d'Oullins, pratique un système mixte consistant à fendre de biais l'écorce du sujet, entamant légèrement l'aubier pour y caser solidement le greffon.

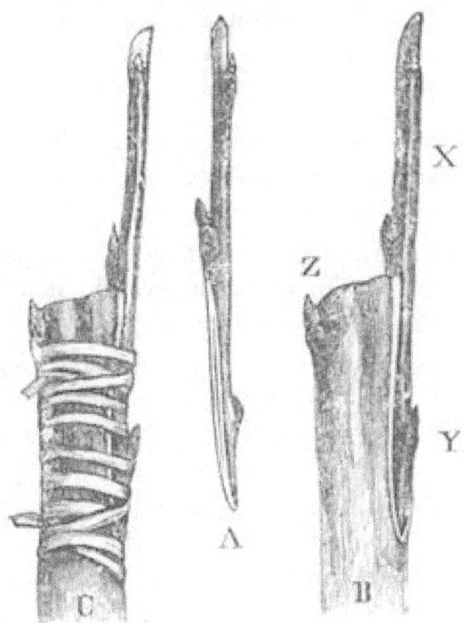

Fig. 54. — Greffe en couronne
avec œil enchâssé.

En présence des points de contact assez nombreux de la greffe en couronne, on renonce à ces complications de détail, et l'on préfère l'insertion d'un œil sur le dos du biseau du greffon (A, *fig.* 54). Ainsi le sujet (B) a reçu le greffon (X) portant cet œil complémentaire (Y). En C, la ligature le respecte, lui et l'œil d'appel (Z) ; il en sera de même à l'engluement qui saura les ménager (voir, *fig.* 13).

La pousse de l'œil enchâssé (Y), palissée d'abord sur le greffon (X), sera forte et résistante à l'action du vent. Le bourgeon d'appel (Z), quoique pincé, entretiendra la vie en tête du sujet (B).

Soins après le greffage en couronne. — Les soins se bornent : 1° à surveiller la ligature, à la délier si elle étrangle, à la renouveler si la soudure n'est pas suffisante ; 2° à palisser les nouveaux scions sur des baguettes ou contre un tuteur qui domine la greffe ; 3° à ébourgeonner progressivement les productions foliacées du sujet.

Groupe 3.
GREFFAGE EN PLACE

Préceptes généraux. — La greffe en placage est le mode principal du greffage des arbres et arbustes verts, et le mode préféré pour les opérations faites à l'étouffée.

Les pépiniéristes et les fleuristes pratiquent cette greffe en plein air ou dans la serre, à la montée de la sève, plutôt qu'à son déclin, surtout lorsqu'il s'agit de plantes toujours vertes.

Un sujet à sève modérée, un greffon aoûté, sont les deux premières conditions. Le greffon sera de l'année courante ou de l'année précédente, suivant que le greffage se fait à l'automne ou au printemps ; sa longueur varie de 0m,05 à 0m,15, il sera taillé en biseau plat sans la moindre inégalité, pour être adapté exactement au sujet. S'il est d'espèce à feuillage persistant, on lui gardera ses feuilles, et on ne le détachera de l'arbre-mère qu'au moment de l'employer.

Le rapprochement des deux parties se fait par une application pure et simple au sommet ou sur le côté du sujet, assez souvent avec cran et languette, et quelquefois sous lanière d'écorce.

Nous ajouterons que la greffe en placage convient moins lorsque le terrage de la greffe est nécessaire pour favoriser la reprise ;

Charles Baltet

l'humidité de la terre pourrait nuire à la soudure.

La greffe en placage a son emploi dans la serre et sur des plants en arrachis, les bourgeons de la tête du sujet contribuant à attirer la sève vers la greffe.

Greffe en placage ordinaire (*fig.* 55). — Par le placage ordinaire, on ajuste un rameau-greffon jusque sur les premières couches d'aubier du sujet, aussi exactement que possible.

Le sujet ne sera pas étêté à l'avance. S'il est d'espèce à feuillage persistant, on coupe, sur le pétiole ou à demi-limbe, les feuilles situées à l'endroit destiné à la greffe. Dans ce cas, le greffon ne doit pas être effeuillé.

Le greffon étant taillé en biseau à section droite commençant en face d'un œil, on en prend le diamètre avec le métrogreffe (*fig.* 10). On porte la double spatule sur le sujet (B, *fig.* 55) et l'on trace les limites du biseau. Il n'y a plus qu'à évider la partie comprise entre les deux traits pour y placer le greffon (D') suivant l'épaisseur de sa base. Il faut d'abord enlever l'écorce du sujet ; puis — ou en même temps — entamer les premières couches d'aubier (C) jusqu'à ce que le dos du greffon paraisse autant que possible se confondre avec la périphérie du sujet. À défaut du métrogreffe, on emploie un greffoir ou une serpette fine.

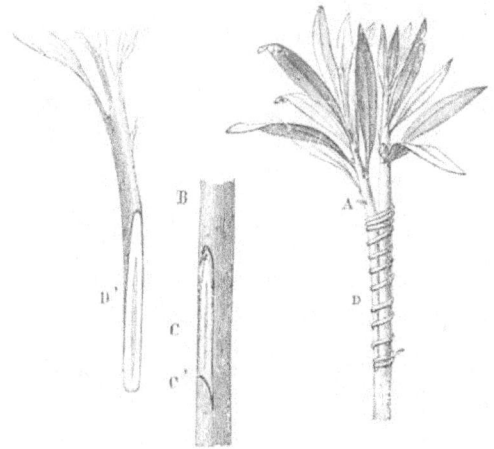

Fig. 55. — Greffe en placage ordinaire (Rhododendron).

VI. — PROCÉDÉS DE GREFFAGE

On peut s'abstenir de tailler carrément la base de l'entaille (C). Des tissus semi-herbacés ne l'exigent pas. Si le sujet est trop ligneux, on donnera un coup de greffoir à la base de la plaie (C') pour y insérer la pointe du greffon avivée à ses deux faces ; c'est alors un commencement de greffage dans l'aubier.

Une ligature, laine ou coton, à spires rapprochées (D), est indispensable. L'engluement n'est pas toujours nécessaire.

Greffe en placage à l'anglaise (*fig.* 56). — Le greffon (B, *fig.* 56) est taillé d'abord en biseau à surface plane (*b*), avivé au revers, à la pointe (*y*) ; d'un coup de greffoir, de bas en haut, on y pratique le cran (*u*).

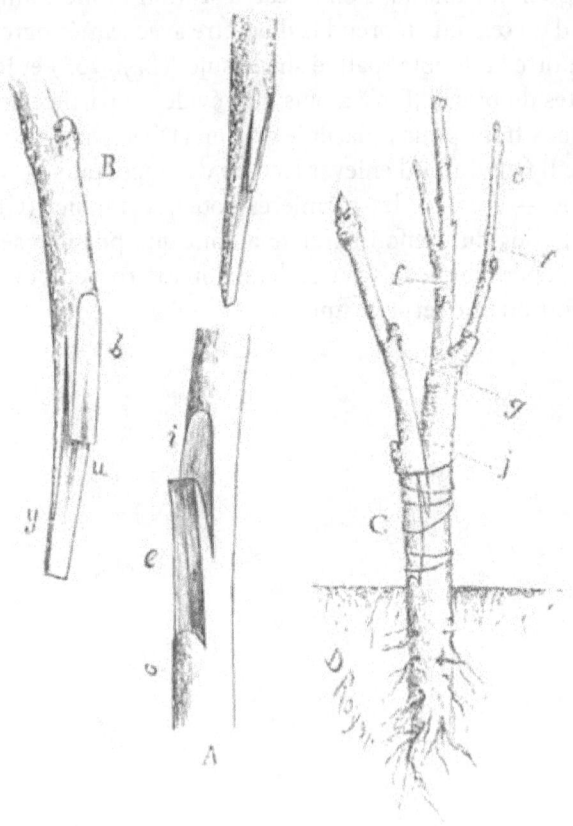

Fig. 56. — Greffe en placage à l'anglaise (Tilleul).

Charles Baltet

Immédiatement on fait au sujet (A) une plaie analogue (*e*) ; un nouveau coup de greffoir ménage un cran à la base (*o*) et un autre au milieu (*i*), de manière que leur assemblage (C) agrafe languettes et encoches, sans laisser de parties vives exposées à l'air.

Pratiqué au début de la sève, le greffage est à œil poussant ; en août, il est à œil dormant. Dans le premier cas, l'écimage de la tête du sujet se pratique huit jours après le greffage, à $0^m,20$ au-dessus de la greffe, si le plant est suffisamment long, par exemple en *f* (*fig.* 56) ; en même temps on écime le rameau (*e*). Dès que le greffon se développe, on étête le sujet une seconde fois, au moins 8 ou 15 jours après la première opération, à $0^m,10$ (*g*). Cet onglet sert de tuteur, on le retranchera (en *j*) à la chute des feuilles.

Dans le second cas, la greffe étant pratiquée fin été, à œil dormant, le sujet sera tronqué (en *g*) à $0^m,10$, après l'hiver, et l'onglet coupé (en *j*) en août-septembre de cette même seconde année.

En 1820, André Thouin signale un procédé à peu près semblable pour les Houx, les Lauriers, les Myrtes, et le dédie à Collignon, jardinier du Muséum, chargé de répandre dans les îles de la mer du Sud des graines de végétaux utiles à leurs habitants, pendant le voyage de La Peyrouse, dont il partagea le malheureux sort.

Greffe en placage en tête (*fig.* 57). — Le greffon (A) ne sera pas taillé en biseau pied-de-biche. Une encoche sera utile au sommet du biseau (B), comme pour la greffe en couronne, afin de l'asseoir carrément sur le sujet (C).

Avec le métrogreffe (*fig.* 10), on mesure le diamètre du biseau (B), en l'appliquant sur le sujet, successivement en *d, d, d, d*, on marque la place de chaque greffon ; la double spatule étant tranchante, l'écorce se trouvera coupée ; on l'enlève pour plaquer à sa place chaque greffon, ainsi qu'on le voit en E.

La ligature et le liniment sont de rigueur.

Deux époques sont convenables pour ce mode de greffer : au réveil de la sève, en mars-avril, et à son déclin, en septembre-octobre. Les soins *après le greffage* sont ceux que nous avons indiqués au greffage en couronne.

VI. — PROCÉDÉS DE GREFFAGE

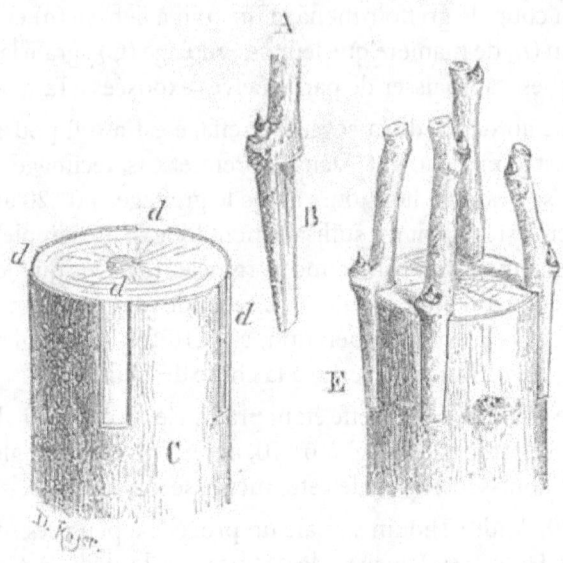

Fig. 57. — Greffe en placage en tête.

Greffe en placage avec lanière (*fig.* 58). — Ce procédé a quelque rapport avec la *greffe sous écorce par rameau* (*fig.* 48) sauf que le greffon est ici plaqué sur le sujet et non *glissé en coulée*.

L'époque du greffage est en avril, à œil poussant, et en août, à œil dormant.

Nous taillons le greffon (V, *fig.* 58) sur sa base un peu coudée, en biseau bec-de-cane. Avec le métrogreffe, nous en mesurons le diamètre et, portant l'outil sur le sujet (X), nous tranchons l'écorce au moyen de la double spatule ; puis, donnant un trait de greffoir qui rejoigne le sommet des deux lignes, nous abaissons la lanière (*x*) ; nous y plaquons le greffon (V), et nous redressons la lanière. Il reste à ligaturer (Y) et à garnir d'onguent les endroits mal joints.

En opérant sur des arbres déjà forts ou branchus, il est prudent d'ouvrir des crans (Z, Z) à $0^m,01$ au-dessus de la greffe. Le fluide séveux, arrêté dans son cours, refluera vers les nouveaux bourgeons. Si le sujet est faible en sève, la greffe de printemps aura plus de succès.

Charles Baltet

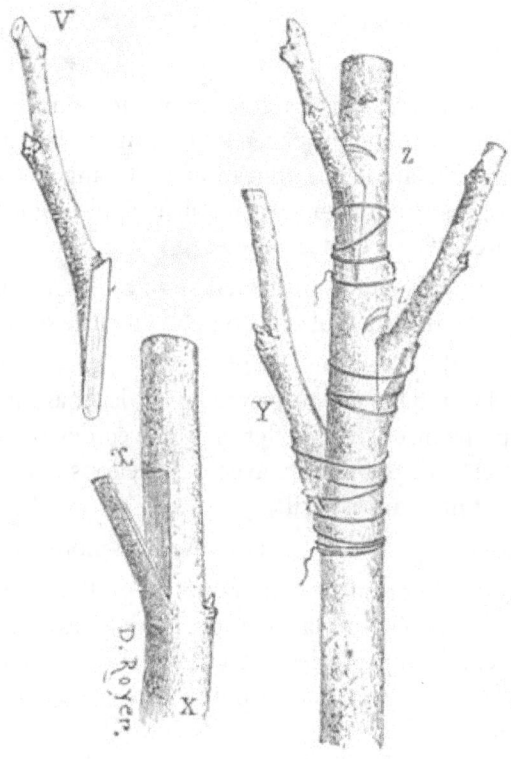

Fig. 58. — Greffe en placage avec lanière.

Soins après le greffage en placage. — La ligature étant obligatoire, le premier soin doit être d'empêcher la strangulation de la greffe ; une surveillance active sera nécessaire.

Peu de temps après les greffages de printemps, on étête progressivement les sujets greffés de côté, de façon qu'il leur soit conservé un onglet de 0^m,10. L'onglet sera retranché en août, au ras de la greffe. La figure 56 en donne le détail.

Avec les greffages de fin d'été, l'étêtage définitif du sujet se fait après l'hiver. L'onglet réservé sert à l'accolage de la greffe ; on l'enlève après une année de végétation.

L'emploi d'un tuteur est utile pour palisser la jeune greffe de placage.

VI. — PROCÉDÉS DE GREFFAGE

Groupe 4.

GREFFAGE EN INCRUSTATION

Préceptes généraux. — Jadis connu sous le nom de *greffe à la Pontoise*, du pays de son propagateur, le jardinier Huard (1775), ce procédé était spécial à la multiplication de l'Oranger et de quelques arbrisseaux ; aujourd'hui, on en généralise l'application sur presque tous les arbres et les arbustes ligneux.

Le principe de l'opération est bien simple ; le greffon, taillé en coin plus ou moins triangulaire, doit être incrusté sur le sujet dans une ouverture qui l'enchâsse hermétiquement.

L'époque du greffage est au printemps, à la phase initiale de la sève ; on pourrait encore greffer en été avec des rameaux semi-ligneux, et en août-septembre avec des greffons aoûtés. L'époque préférable est fin mars et avril.

On prépare le sujet à l'avance et on l'avive au moment du greffage.

Pour la greffe de printemps, les rameaux-greffons seront coupés en hiver et conservés dans la terre ; quelques jours avant de greffer, il serait encore temps de les détacher de l'arbre-étalon. Pour le greffage d'été, cette préparation n'aura lieu que le jour même de leur emploi.

Le greffon, portant deux ou trois yeux, sera taillé à la base en coin assez court, et viendra s'incruster sur le sujet dans une rainure angulaire, d'une ouverture coïncidant avec le biseau cunéiforme du greffon.

On maintient l'assemblage par un lien, et on couvre de mastic les amputations.

Dans les pépinières où ce greffage s'étend sur plusieurs hectares, les greffeurs sont groupés par escouades de quatre ou cinq hommes. Le premier étête le sujet ; le second prépare le greffon ; un troisième raine le sujet et y loge le greffon ; un autre place la ligature et le dernier termine par l'engluement. L'étiquetage ou le numérotage des greffes, le tuteurage et le relevé du travail se font eu même temps, par le chef, avant de quitter le chantier.

Le greffage en incrustation se pratique en tête du sujet tronqué et quelquefois sur le côté d'un sujet non écimé.

Charles Baltet

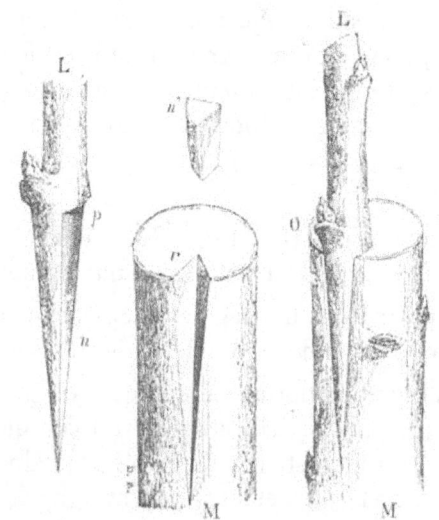

Fig. 59. — Greffe en incrustation, en tête.

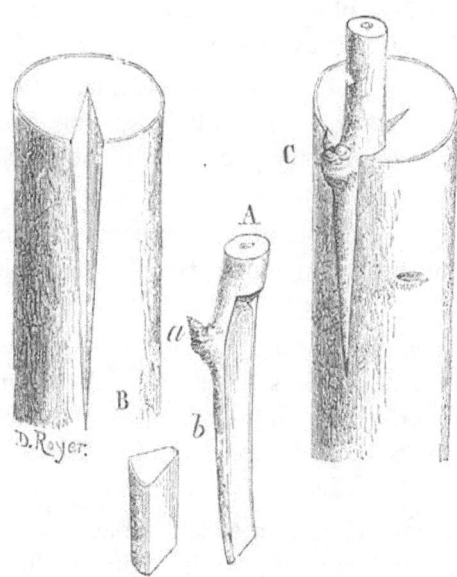

Fig. 60. — Greffe en incrustation avec un seul bourgeon.

VI. — PROCÉDÉS DE GREFFAGE

Greffe en incrustation, en tête (*fig.* 59 et 60). — Le greffon (L, *fig.* 59) sera taillé en biseau triangulaire (*n*) dont la coupe est détaillée en *n'*. Le cran (*p*) fera reposer le greffon sur la tranche du sujet. On applique contre le sujet (M), à l'endroit destiné au greffage, le dos du biseau ; avec la lame de l'outil, on en trace la silhouette, puis on attaque l'écorce et le bois de manière à obtenir une ouverture cunéiforme (*r*).

Dans l'ouverture béante (*r*) du sujet (M), on enchâsse le greffon (L), comme on le voit en O. Ligaturer ensuite et couvrir de mastic.

Si le greffon est réduit à un fragment de rameau portant un seul œil, l'opération se simplifie suivant les indications de la figure 60.

On voit en A le greffon portant son unique bourgeon (*a*) respecté par le biseau (*b*) ; le sujet (B) étant ouvert comme nous l'avons dit, le greffon y est incrusté (C) de manière que l'œil affleure son tronçonnement. La ligature et l'engluement complètent l'opération.

Greffe en incrustation latérale (*fig.* 61). — Un rameau-greffon coudé pourrait être incrusté le long d'une tige droite ; au contraire le greffon droit se placera bien sur une tige coudée. Ainsi enchâssé, le greffon présentera plus de solidité qu'avec la greffe en placage, surtout si la tige du sujet est rugueuse.

Sur le sujet (A, *fig.* 61), nous voulons introduire une branche où besoin est. Le greffon (B) sera taillé sur son embase ou point d'attache, une rainure analogue étant pratiquée sur le sujet ; l'assemblage se fera en (C).

Ligaturer et mastiquer la greffe ; appliquer ensuite une taille courte aux branches du sujet pour favoriser le développement de la greffe.

Soins après le greffage en incrustation. — Le greffon n'étant pas suffisamment bridé sur le sujet, il faut le ligaturer solidement, avec un lien plutôt large qu'étroit, moins susceptible d'étrangler la greffe. L'accolage immédiat et suivi du greffon contre un tuteur sera encore d'un bon effet.

Les arbres greffés en incrustation latérale seront soumis aux soins que nous avons indiqués au placage. Visite aux ligatures, étêtage du sujet, accolage de la greffe, etc. La suppression de l'onglet est un cas assez rare.

Charles Baltet

101

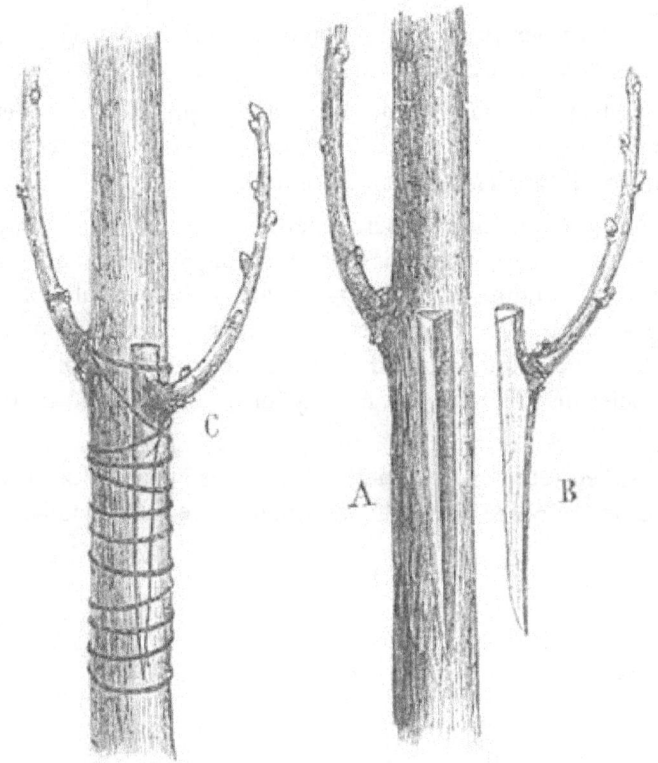

Fig. 61. — Greffe en incrustation latérale.

Groupe 5.
GREFFAGE DANS L'AUBIER

Dans ce groupe, pourraient être rangées les greffes dites *à la vrille* : 1° *en tête*, sur tronc, le vilebrequin ou la tarière pénétrant verticalement entre le liber et l'aubier et préparant le logement du greffon, ainsi que les paysans de Crimée le font ; 2° *de côté*, l'outil creusant la tige de biais, sans atteindre le cœur, pour faciliter l'introduction d'un greffon taillé, suivant la tradition des routiniers. Mais ces procédés primitifs sont à peu près abandonnés.

Nous signalerons ceux qui sont réellement recommandables et

pratiques.

Préceptes généraux. — Un greffon biseauté inséré dans l'aubier du sujet, en tête ou de côté, tel est le principe de l'opération.

Le greffage *en tête* nécessite l'amputation préalable du sujet ; le greffon y est introduit dans une fente ouverte entre l'écorce et l'étui médullaire, parallèlement à l'axe central.

Le greffage *de côté*, généralement pratiqué sous verre, peut provoquer un écimage du sujet, mais n'entraîne à son étêtage qu'après la soudure complète du greffon. Pour l'inoculation de ce dernier, on tranche l'écorce et les premières couches d'aubier du sujet, en dirigeant la lame de l'outil de haut en bas, obliquement sans aller jusqu'à la moelle, et on y introduit le greffon préparé à cet effet.

Greffe en tête dans l'aubier. — Ici, nous avons deux procédés qui diffèrent par le biseau du greffon, taillé de biais ou taillé à plat.

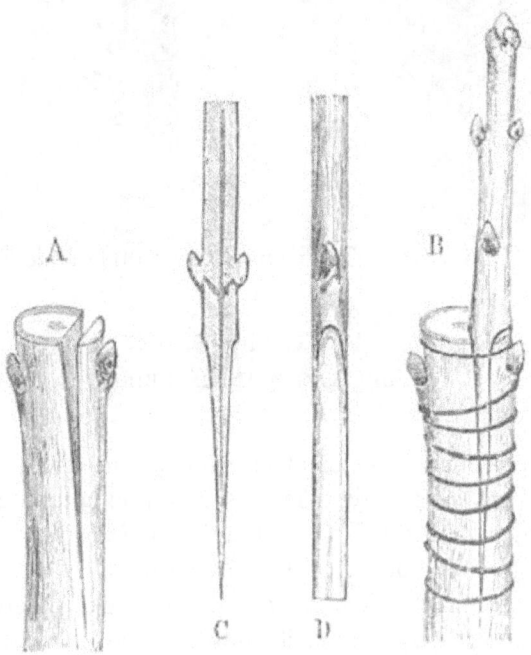

Fig. 62. — Greffe en tête dans l'aubier, avec biseau plat.

Charles Baltet

Greffe avec biseau plat. — Le sujet (A, *fig.* 62) est préparé comme le précédent, mais le biseau (D) du greffon, au lieu d'être taillé en coin triangulaire, est plane, sans cran, le dos étant avivé à sa base (C), en besaiguë. Le greffon sera introduit dans la fente du sujet ; s'il est trop fort, une entaille remplacera la fente pour le recevoir.

Avec un petit sujet, on pratique une fente partielle et l'on y introduit un greffon ; un gros sujet exige plusieurs greffons.

La ligature (B) et le mastic sont nécessaires.

Ce procédé est la *Kiri-tsugi* des Japonais.

Sur un sujet jeune et d'un faible diamètre, on pourrait fendre l'étui médullaire et y insérer le greffon ; le bois dur n'est pas formé. C'est encore une greffe dans l'aubier ; elle porte le nom de greffe *Hervy*, ou *génoise* ou *en fente pleine*. On l'emploie au vignoble en fendant le sujet jusqu'à la cloison de l'œil immédiatement inférieur à la tranche ; mais il ne faut pas oublier la ligature.

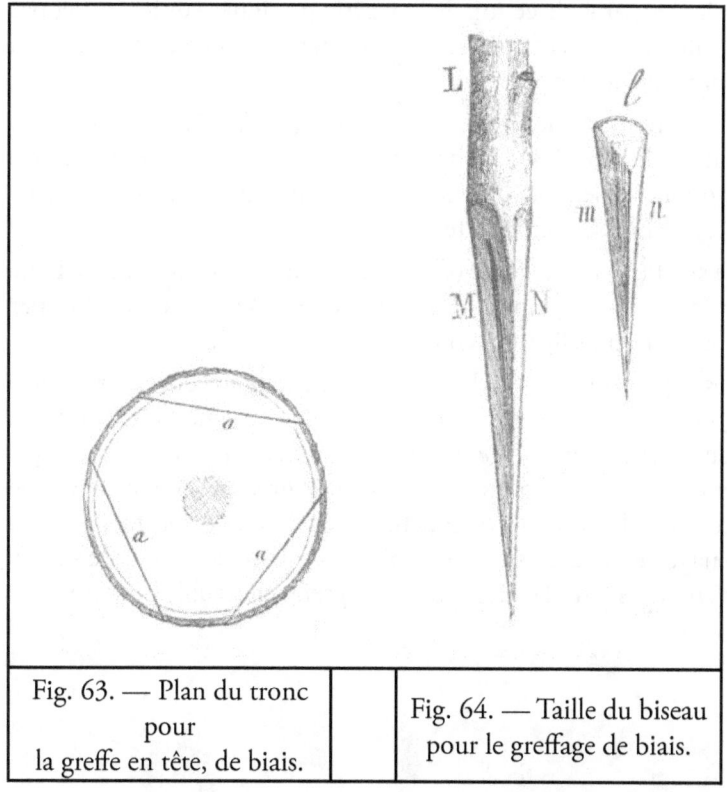

Fig. 63. — Plan du tronc pour la greffe en tête, de biais.	Fig. 64. — Taille du biseau pour le greffage de biais.

Greffe avec biseau de biais (fig. 63 et 64). — Nous avons appliqué ce procédé à la restauration de gros troncs qui ne pouvaient être soumis au greffage en couronne.

Le sujet (*fig.* 63) étant scié, puis avivé à la serpette, nous pratiquons plusieurs fentes de côté (*a, a, a*) qui, géométriquement, sont des cordes tendues dans le cercle, et non des rayons ni des lignes diamétrales.

Le greffon (L, *fig.* 64) aura son biseau taillé de biais ; un de ses côtés (M) tranche obliquement le canal médullaire, tandis que l'autre (N) ne fait pour ainsi dire qu'enlever l'écorce jusqu'à l'aubier ; la coupe en est démontrée (en *l, m, n*). Le greffon est inséré à chaque extrémité des fentes (*a, a, a*), les écorces devront coïncider.

Ce procédé est applicable aux végétaux chargés de moelle : Vigne, Catalpa, Noyer, Marronnier.

Greffe de côté dans l'aubier. — Ce procédé a deux manières distinctes par la direction de l'incision pratiquée sur le sujet et par la taille du biseau qui en est la conséquence. Les fleuristes belges la nomme *greffe à la pose.*

Greffe avec entaille droite. — Le greffon (A, *fig.* 65) de Camellia est taillé sur la moitié de sa longueur, en biseau à deux faces régulières ou double biseau (*a*), laissant de chaque côté une largeur égale d'écorce, finissant en pointe.

Le sujet (B) sera entaillé (en *b*) d'un seul coup de greffoir, la lame pénétrant jusque dans l'aubier. Le greffon (A) y sera introduit par sa base (*a*), puis ligaturé comme on le voit en C.

Les espèces à bois tendre n'exigent pas, autant que celles à bois dur, un greffage sur sujet non écimé. Voici même un exemple où le sujet est un rameau-bouture. Le sujet d'Aucuba.(*fig.* 66) tronqué à la base (L) et au sommet (K) a reçu le greffon (I) taillé à double face, dans les premières couches sous écorce ; une feuille a été ménagée en tête du sujet, et le pied du greffon affleurant le sol, s'y est enraciné (en M). C'est donc une greffe en double bouture.

Charles Baltet

Fig. 65. — Greffe dans l'aubier, avec entaille droite (Camellia).

Fig. 66. — Greffe de coté dans l'aubier, par double bouture
(Aucuba).

VI. — PROCÉDÉS DE GREFFAGE

Greffe avec entaille oblique (*fig.* 67). — Le greffon (E) est une sommité de rameau de Houx ; il est reproduit partiellement en B avec le biseau (C), aminci sur les deux faces, et le dos du biseau plus allongé extérieurement. Nous pratiquons sur le sujet (A) l'entaille (D) en biais par rapport à l'axe du sujet, avec le sommet arrondi en faucille. Les couches génératrices du liber et de l'aubier seront ainsi tranchées obliquement.

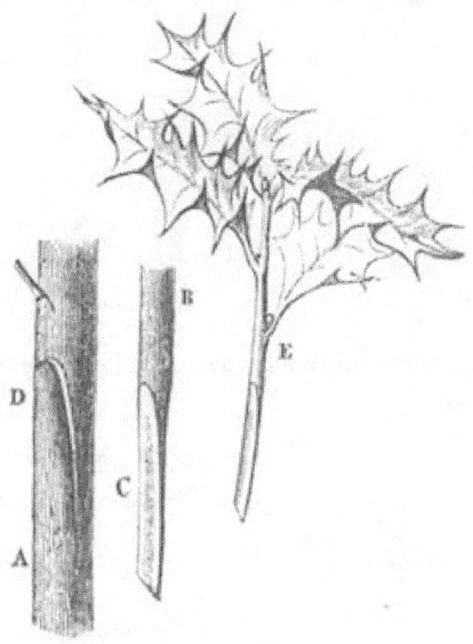

Fig. 67. — Greffe dans l'aubier avec entaille oblique (Houx).

Le greffon se trouvera donc penché, et ses feuilles ne seront point gênées par le sujet. Mais on pourrait le placer de manière que son sommet soit droit, en taillant le biseau obliquement.

On ligature avec un lien doué d'élasticité, laine ou spargaine.

M. Carrière recommande cette greffe pour les Conifères, et M. Ed. André pour les arbrisseaux de terre de bruyère. Nous l'avons réussie sur ces divers genres.

Soins après le greffage dans l'aubier. — Le greffage en tête exige

Charles Baltet

une surveillance à la ligature de la greffe et au palissage des jeunes pousses ; l'ébourgeonnage rentre dans les soins généraux qui seront expliqués au chapitre VII.

En ce qui concerne les greffes de côté, si le greffage est fait en avril-mai, on écime progressivement à partir du moment où l'agglutination semble assurée, et on continue à mesure que la greffe se développe.

Si le greffage a été fait à l'automne, on tronçonnera le sujet après l'hiver, à $0^m,10$ ou $0^m,15$ de la greffe, en conservant sur l'onglet quelques feuilles ou de petites ramifications que l'on écourtera à la saison des ébourgeonnements.

Cet onglet, premier tuteur du jeune sujet, sera enlevé au ras de la greffe, dès que la nouvelle pousse aura assez de force pour se défendre.

Groupe 6.
GREFFAGE EN FENTE

Préceptes généraux. — Le greffage en fente est employé à la propagation de la majeure partie des végétaux ligneux à feuilles caduques.

Le sujet, étêté ou non, sera tronçonné définitivement au moment de l'opération, au point destiné à recevoir la greffe ; une coupe fraîche se prête mieux à la juxtaposition.

Si la tige est de moyenne grosseur, on ne lui applique qu'une greffe, alors on établit l'aire de l'amputation dans un sens légèrement oblique ; mais si la force du sujet exige plusieurs greffons, on fait la coupe sur un plan horizontal.

Le greffon est un fragment de rameau muni d'un œil ou de plusieurs yeux. Plus le sujet est jeune, plus court sera le greffon. Prenons pour terme moyen deux ou trois yeux ; le greffon a de $0^m,08$ à $0^m,10$ de longueur. Pour le préparer, nous taillons la partie inférieure de la greffe sur deux faces, en biseau presque triangulaire. Nous disons presque, attendu que les deux côtés taillés en s'amincissant, ne se rencontrent à vive arête que vers la pointe. À l'opposé de cette arête est le dos du biseau laissé intact par l'outil ;

il commence immédiatement sous un œil et se termine en pointe à l'extrémité inférieure du greffon. Dans quelques circonstances, nous verrons qu'il est possible de ménager un bourgeon sur le dos du biseau ; et dans certains procédés de greffage en fente terminale, le greffon est taillé sur les deux faces, en bec-de-cane au lieu d'être en coin triangulaire.

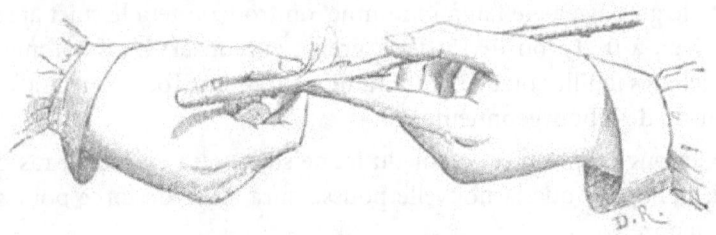

Fig. 68. — Préparation du greffon de la greffe en fente.

Quand on veut faire asseoir parfaitement le rameau-greffon sur le sujet, on ménage au sommet du biseau, en tête de chaque paroi amincie, une légère entaille horizontale ou oblique, dans le sens de la coupe de la tige.

La préparation du greffon (*fig.* 68) s'obtient plus aisément en tenant le rameau couché sur la main gauche, allongé sur l'index. La main droite, armée d'un greffoir, taille le biseau en lissant chacun de ses côtés, la moindre inégalité s'opposant à sa coïncidence avec le sujet ; la pointe, légèrement émoussée, en facilitera le glissement.

Un conseil aux débutants : le greffeur a plus de force et dirige mieux le mouvement de l'outil, s'il opère les coudes au corps.

La greffe en fente se fait avec un ou plusieurs greffons ; les divers procédés consistent à employer le greffon à l'état ligneux ou herbacé, au printemps, en été ou à l'automne, au sommet de l'arbre, ou à l'angle des bifurcations.

Examinons-les successivement.

GREFFE EN FENTE ORDINAIRE

Charles Baltet

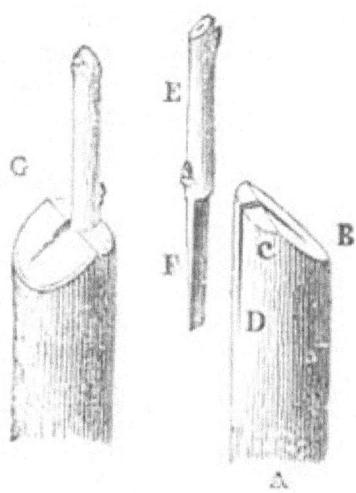

Fig. 69. — Greffe en fente, simple.

Greffe en fente simple ou **en demi-fente** (*fig.* 69). — Le sujet (A) est de moyenne grosseur nous le tronçonnons obliquement en B, le sommet (C) de la coupe restant horizontal ; puis en y plaçant le bec de la serpette (*fig.* 3), ou la lame du couteau à greffer (*fig.* 7), tout en appuyant sur l'outil, nous le balançons par secousses légères et brusques ; il en résultera une fente verticale (D) ayant la longueur approximative du biseau (F) du greffon (E). Le talent du greffeur consiste à ne pas fendre diamétralement le sujet. Ce mouvement saccadé de la main qui tient l'outil a d'ailleurs pour but de trancher l'écorce et les premières couches d'aubier, pour que le greffon ait son chemin tracé ; si les parois du sillon étaient irrégulièrement séparées, il faudrait s'abstenir de les lisser avec un couteau.

Avant que cette fente partielle soit finie, de l'autre main nous prenons le greffon (E) et nous l'y insérons par l'orifice supérieur, en le faisant descendre à mesure que l'incision s'agrandit (*fig.* 70). Nous retirons même l'outil assez tôt pour que le greffon, se trouvant poussé par la main, achève de préparer son logement. Nous faisons glisser le biseau (F, *fig.* 69) dans sa position définitive (G), de façon que son écorce coïncide avec celle du sujet, sans saillie et sans cavités accentuées. Si la tige avait une écorce épaisse,

VI. — PROCÉDÉS DE GREFFAGE

nous inclinerions faiblement le greffon dans la fente, rentrant an sommet, sortant à la base, le croisement des couches de liber et d'aubier des deux parties amènerait inévitablement quelque point de contact ; l'agglutination s'accomplit par les zones génératrices, et non par les couches extérieures de l'écorce.

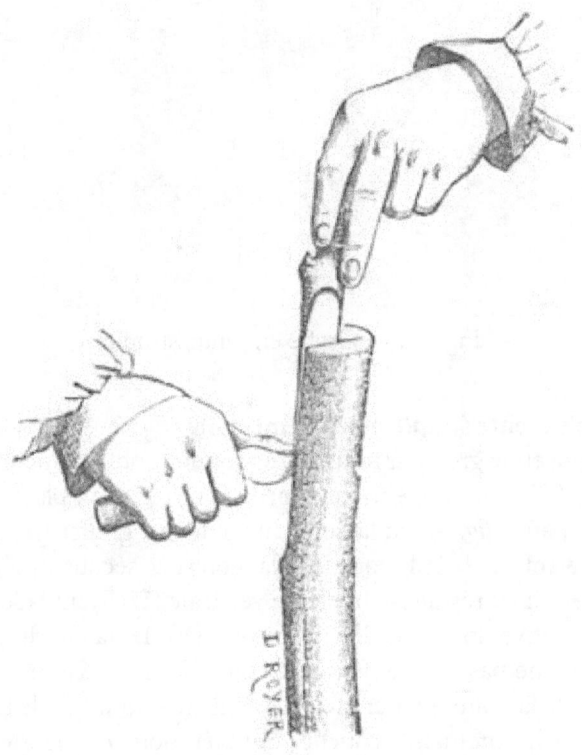

Fig. 70. — Insertion du greffon de la greffe en fente.

L'engluement est nécessaire. La ligature, même au cas de fente partielle, retient les tissus.

Greffe en fente double ou **en fente complète** (*fig.* 71). — Le sujet (A), étant plus gros, recevra deux greffons.

La coupe (B) est horizontale, et nous fendons diagonalement le sujet en C. Dans ce but, nous plaçons, sur la tranche du sujet, la serpette (*fig.* 3) ou le ciseau à greffer (*fig.* 8), la lame parallèlement

Charles Baltet

à l'étui médullaire. Nous appuyons des deux mains ; si le bois est résistant, le maillet sera utilisé ; les greffes sont placées entre les lèvres de l'opérateur ou dans un vase contenant de la mousse fraîche. Quand la fente est aux deux tiers finie, nous retirons l'outil sur un bord, tout en maintenant l'incision entrebâillée ; nous plaçons un greffon (D) à l'autre bord et, en employant l'outil ou lemanche du maillet comme un levier, nous faisons pénétrer le greffon complètement. L'insertion de l'autre greffon n'est pas plus difficile ; peut-être faudra-t-il encore placer la lame de l'outil ou un coin de buis dans la fente (C), et forcer un peu l'ouverture, pour faciliter le glissement de la deuxième greffe.

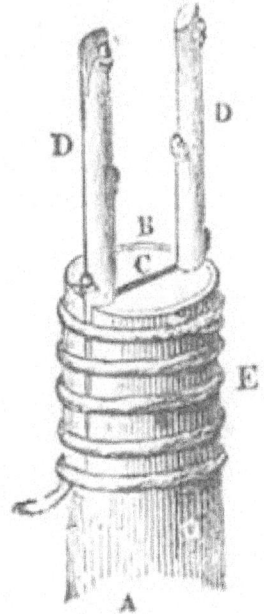

Fig. 71. — Greffe en fente, double.

Ligaturer (E) ; engluer copieusement.

Greffe en fente avec œil enchâssé (*fig.*72). — Ce mode de greffage est basé sur la préparation du greffon. En taillant le greffon (A, *fig.* 72) d'après la coupe (*a'*), on ménage, sur le dos du biseau (*a*), un œil (*b*) qui se trouvera enchâssé dans la fente (*c*) du sujet (B), tel qu'on le voit en C ; cet œil doit produire un scion vigoureux qui craindra moins l'action des vents. On pourra le palisser, d'abord, contre le sommet du greffon et, plus tard, sur un tuteur.

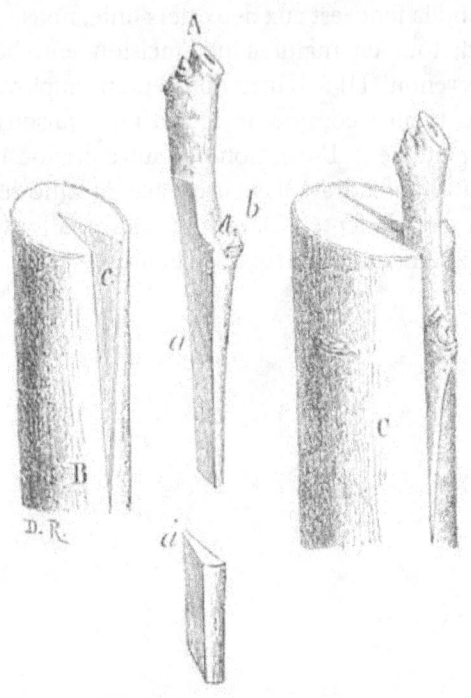

Fig. 72. — Greffe en fente, avec œil enchâssé.
Ligaturer et engluer (voir *fig.* 13).

ÉPOQUE DU GREFFAGE EN FENTE

Les principales époques du greffage en fente sont le printemps et la fin de l'été. Dans le midi de la France, où l'action des hivers rudes est à peu près nulle, on réussit dès le mois de décembre le greffage de printemps. Vers le nord, on ne peut guère commencer avant le mois d'avril.

Greffage en fente au printemps. — Les mois de mars et d'avril sont les époques habituelles pour le greffage en fente. Dans les pays chauds, on peut commencer plus tôt.

Charles Baltet

Les rameaux-greffons, coupés à l'avance, seront conservés comme nous l'avons dit. Avec les espèces à tissus délicats, il est préférable de couper les rameaux à la dernière heure.

Le sujet sera étêté le jour du greffage. Lorsqu'on l'étête plus tôt, on a soin de *rafraîchir* la coupe avant d'y loger le greffon.

Après le greffage, si les hâles deviennent persistants, on couvre la greffe de mousse ou d'un cornet de papier gris attaché sur le sujet ; le plus simple serait d'embouer les greffons. On agirait de même pour les opérations d'été, comme il est dit à la Greffe en couronne.

Greffage en fente à l'automne. — La greffe en fente d'automne ou de fin d'été se pratique comme celle de printemps, il n'y a que l'époque de changée. Cette période comprend les mois d'août, de septembre, d'octobre ; il faut saisir le moment où la sève est à son déclin ; les rameaux du sujet sont aoûtés, les yeux sont formés et les feuilles, quoique encore adhérentes, sont prêtes à se détacher. Posée trop tôt, la greffe pourrait bourgeonner, et cette fougue d'arrière-saison lui serait funeste en hiver ; elle offrirait au froid plus de prise que si elle était restée dormante. Si la greffe était faite trop tard, elle ne pourrait plus s'unir au sujet, par suite de la disparition du cambium, et se trouverait desséchée quand arriverait la végétation du printemps, au réveil de la sève.

Les greffons seront coupés au moment de leur emploi, effeuillés aussitôt, et la base sera placée dans un vase rempli d'eau ou de sable frais.

Pour les greffes d'automne, les mastics froids présentent cet inconvénient que leur onctuosité subit l'action de la gelée ; par suite, les tissus englués pourraient en supporter les effets. On emploiera donc un liniment chaud qui durcisse immédiatement.

GREFFE EN FENTE TERMINALE

Les greffes en fente précédemment décrites ne sont que facticement terminales, ce sont des greffes *en tête*, tandis que celles-ci sont plus spécialement appliquées au sommet d'un sujet non étêté, le greffon muni de son œil *terminal*.

Greffe terminale ligneuse (*fig.* 73 et 74). — L'époque du greffage

VI. — PROCÉDÉS DE GREFFAGE

est au printemps, avant la montée de la sève.

Nous citerons quelques exemples avec des arbres résineux et avec des arbres non résineux. Commençons par ces derniers.

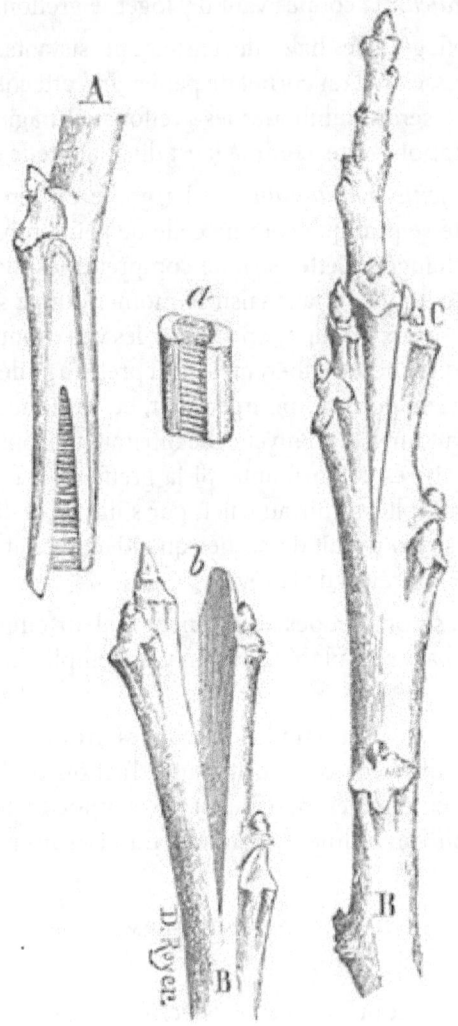

Fig. 73. — Greffe en fente terminale (Noyer).

Charles Baltet

Greffe terminale sur arbres non résineux. — Le greffon de Noyer (A, *fig.* 73) muni de son œil de tête étant taillé en double biseau régulier (*a*), le sujet (B) sera fendu au milieu de son bourgeon terminal (*b*), modérément, de telle sorte que le greffon achève son gîte lors de son introduction (C) sur le sujet (B). Avec une ligature, on bridera sujet et et greffon.

Le lien est conservé jusqu'au début de la végétation de la greffe.

À cette époque, on pince les jets du sauvageon, sans les retrancher totalement ; ils continueront à attirer la sève vers la greffe.

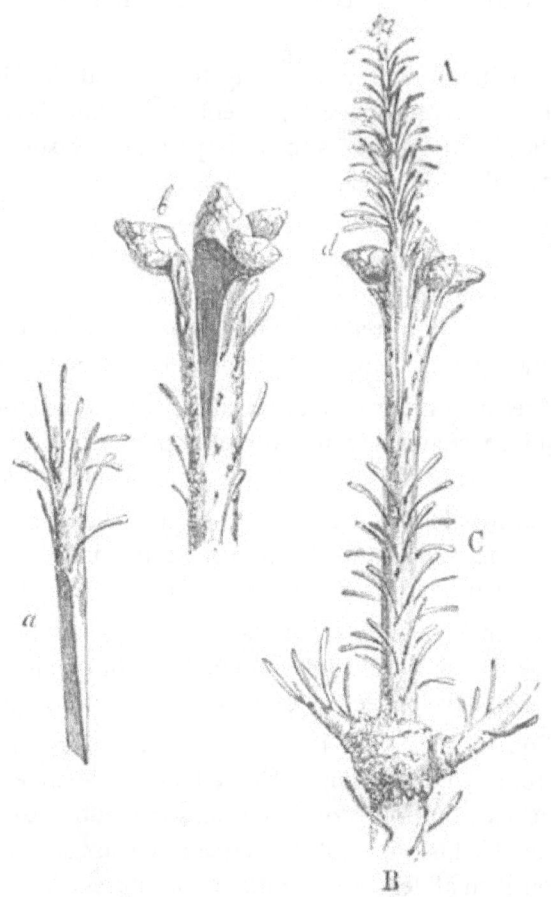

Fig. 74. — Greffe en fente sur bourgeon terminal (Sapin).

VI. — PROCÉDÉS DE GREFFAGE

Greffe en fente terminale sur le Sapin (*fig.* 74). — Les Sapins des tribus Abies et Picea, dont la tige s'augmente chaque année d'un verticille de branches et d'une flèche non ramifiée peuvent être propagés à l'aide de ce système. On le pratique à l'air libre, en avril-mai, quand les bourgeons du Sapin commencent à gonfler.

Le greffon (A, *fig.* 74), choisi au sommet d'une branche, est un rameau de l'année précédente, couronné de ses yeux terminaux. Son biseau (*a*), légèrement aminci en dedans, est taillé uniformément et sans languette ; on l'inoculera au sommet de la flèche (C) du sujet (B), dans une fente pratiquée entre deux yeux de la couronne, à leur jonction vers l'œil central ; cette incision sera partielle ou totale (*b*).

L'insertion étant faite (en *d*), on ligature avec de la laine ou du coton, et on couvre d'onguent ; on entoure ensuite la greffe avec une feuille de papier gris, afin de la préserver, à son début, de l'action du hâle et du soleil.

En même temps, on taille à moitié de leur longueur ou on arque en dessous les rameaux de la dernière couronne du sujet. Cette précaution a pour but de ne pas laisser absorber trop de sève par le sujet aux dépens de la greffe. On n'élague pas, on taille ou on arque ; cette opération est seulement appliquée à la couronne supérieure.

Le sujet reçoit la greffe à tout âge, en plein air ou à l'étouffée. Les arbres qui en résultent conserveront l'apparence des arbres de semis.

Greffe terminale herbacée (*fig.* 75 et 76). — Nous avons plus particulièrement appliqué cette greffe au Pin ; mais il est probable que d'autres Conifères s'y prêteraient également.

Lors des premières évolutions de la sève, en mai-juin, — les jeunes pousses de Pin ayant déjà $0^m,03$ à $0^m,05$, avant que les nouvelles feuilles soient développées, — c'est l'instant propice au greffage.

Le greffon (C, *fig.* 75) est un de ces jeunes rameaux, à l'état presque rudimentaire, muni de son œil terminal ; on le prend sur une branche de l'arbre-étalon, choisi au sommet ou de côté. On le taille en double biseau, régulièrement aminci aux deux faces, avec un greffoir bien affilé. Les précautions sont nécessaires à cause de la contexture délicate du greffon.

Charles Baltet

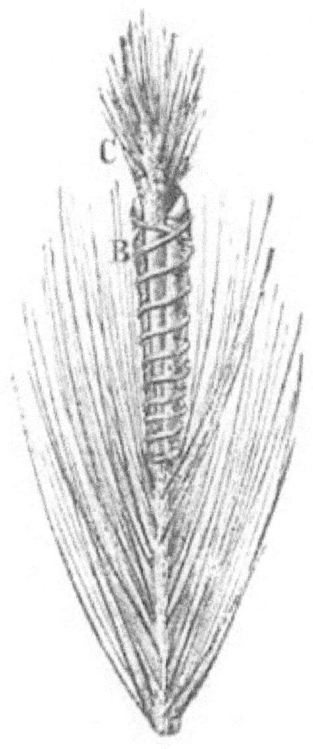

Fig. 75. — Greffe en fente en tête, avec rameau herbacé (Pin).

Le sujet est tronqué au sommet de la flèche, immédiatement au-dessous du groupe d'yeux terminaux. On enlève les feuilles autour du sommet (B), sauf quelques-unes conservées à la tête qui devront y attirer la sève. L'incision sera diamétrale ou partielle suivant la différence de calibre entre le sujet et le greffon, mais il est préférable que leur diamètre soit identique. Le greffon est engagé assez profondément dans cette fente, jusqu'à ce que le sommet du biseau pénètre à $0^m,01$ au-dessous de la tranche. Le dos du biseau doit coïncider avec l'écorce du sujet. Un tuteur serait indispensable pendant une année ou deux, au moins.

VI. — PROCÉDÉS DE GREFFAGE

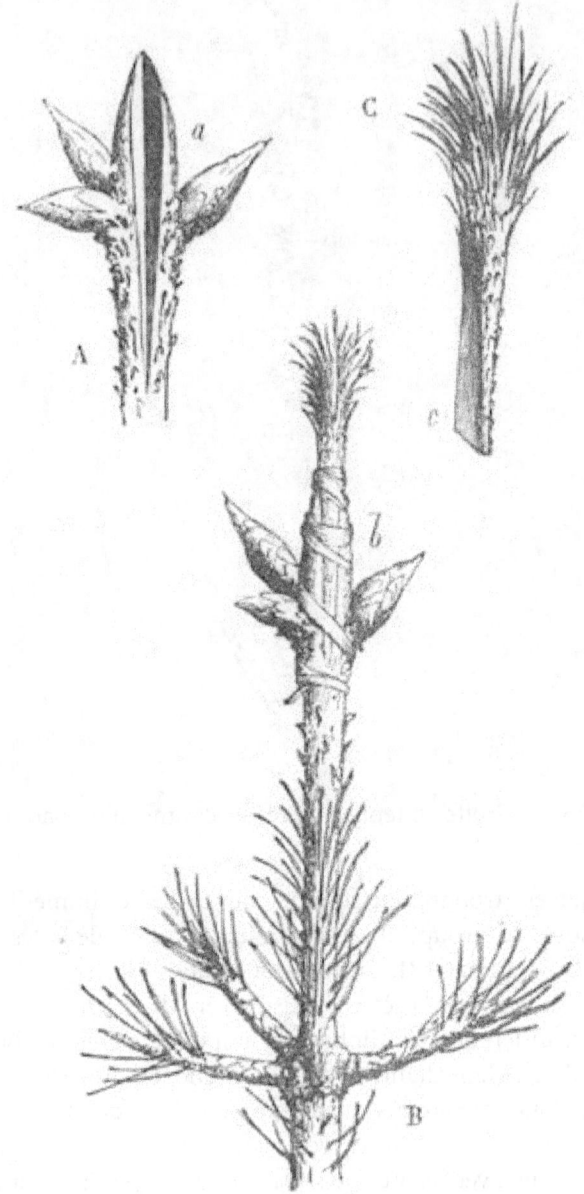

Fig. 76. — Greffe en fente sur bourgeon terminal (Pin).

Charles Baltet

On ligature avec de la laine, et on englue les coupes vives exposées à l'air ; puis on entoure la greffe avec un cornet de papier que l'on maintiendra jusqu'à ce que les bourgeons greffés soient entrés en végétation.

S'il s'agissait de greffer une variété plus précoce en végétation que le sujet, un greffeur habile pourrait, au lieu d'écimer le sujet (B, fig. 76), fendre à moitié le bourgeon terminal (*a*) en pénétrant la flèche (A) ; il introduirait le greffon (C) dont le biseau triangulaire (*c*) s'emboîtera dans la fente partielle (*a*). On voit (*b*) la greffe ligaturée. Tandis que le greffon se développera, on modérera par un pincement la végétation des bourgeons du verticille terminal.

D'après l'ouvrage *Sciences et Lettres au moyen âge*, la greffe herbacée aurait été découverte par un prêtre messin, maître François, contemporain de Christophe Colomb. Son application aux végétaux ligneux ou herbacés a été popularisée vers 1811 par le travail et les communications du baron Tschudy, « bourgeois de Glaris », qui l'appliquait dans son parc de Colombé, près Metz, et la recommandait aux Sociétés savantes.

Les pépinières Simon, qui existaient déjà à Plantières-lez-Metz, l'ont pratiquée et modifiée suivant les milieux.

La greffe terminale avec greffon herbacé fut adoptée : 1° dans les cultures de Louis Noisette, à Paris, horticulteur érudit ; 2° dans le parc de Fromont par Soulange-Bodin, alors qu'il fondait l'Institut horticole ; 3° en pleine forêt de Fontainebleau par Boisdhyver, d'André et de Larminat, où l'on pouvait voir, avant le grand hiver de 1879-1880, des sujets de 40 ans du *Pin Laricio* greffés de tête en fente herbacée sur *Pin sylvestre*, et aussi beaux que des arbres de semis.

Pendant trente années, Jules Barotte, dans la Haute-Marne, a transformé par ce procédé, des milliers de *Pin sylvestre* en *Pin d'Autriche* ou en *Pin Laricio*. Il opérait dans la forêt, greffait les sujets sur leur jeune flèche, à 0^m,50 ou 1 mètre du sol, et ne couvrait jamais ses greffes avec un écran comme on le fait en pépinière à l'air libre.

VI. — PROCÉDÉS DE GREFFAGE

GREFFE EN FENTE SUR BIFURCATION

L'insertion du greffon sur le sujet se fera à la bifurcation d'une branche sur la tige ou au point de rencontre de deux branches. Il est facile de provoquer la naissance de cette enfourchure par la taille de la tige ou de la branche, ou encore par l'ouverture d'un cran en forme de fer à cheval au-dessus d'un bourgeon qui devra se développer et constituer la ramification.

Le greffon taillé en coin triangulaire, assez aminci, sera introduit sur le sujet à la jonction des deux branches ; ces deux branches seront raccourcies graduellement dès que l'on voudra faire développer la greffe.

Nous signalerons quelques espèces parmi les Conifères, le Hêtre, la Vigne, le Chêne, qui réussissent par ce procédé.

Greffe en bifurcation des Conifères. — Dans les arbres résineux, les espèces qui se ramifient sur la jeune flèche, les variétés de Biota, de Chamæcyparis, de Cyprès, de Genévrier, de Retinospora, de Thuia, pourront être propagées par cette méthode ; elle est suivie à Metz.

Le greffon (A, *fig.* 77), est inséré sur le sujet (B), au point de jonction (E) du rameau (D) sur la flèche (C), avec le greffoir anglais (*fig.* 5).

La base (*a*) du greffon, amincie légèrement, aura la face interne plus étroite ; donc, le biseau est double, uni, sans encoche. On pratique une fente partielle sur la cime du sujet au point (*b*) de bifurcation ; le greffon y est introduit, ligaturé, englué, et entouré d'un cornet de papier gris, la couleur grise concentrant moins la chaleur.

Le printemps et la fin de l'été sont deux bonnes saisons pour opérer. Il est nécessaire d'attirer la sève vers la greffe par un pincement des branches du sujet.

Greffe en bifurcation des bois durs. — Voici d'abord un exemple relatif au Hêtre. Le greffon, âgé de deux ans (A, *fig.* 78), est enclavé sur le sujet (B) à la rencontre des deux branches (C et D). Le biseau (*a*) du greffon est taillé en coin aminci (*a'*) sur vieux bois. La fente (b) du sujet ne dépasse guère les deux tiers du diamètre de l'arbre,

Charles Baltet

de telle sorte que le greffon s'y trouve bridé. Ligaturer et engluer le greffon complètement.

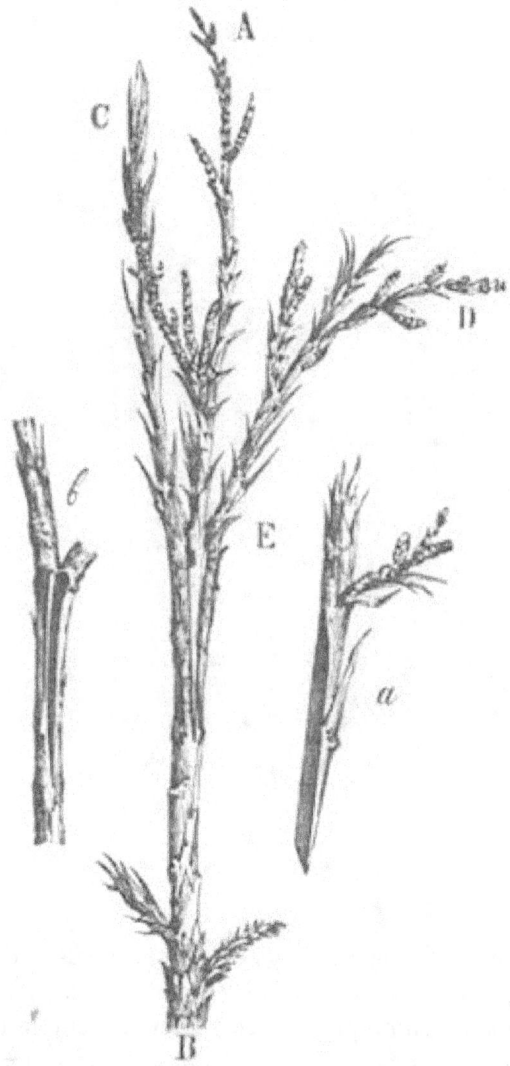

Fig. 77. — Greffe en fente sur
bifurcation (Thuia).

VI. — PROCÉDÉS DE GREFFAGE

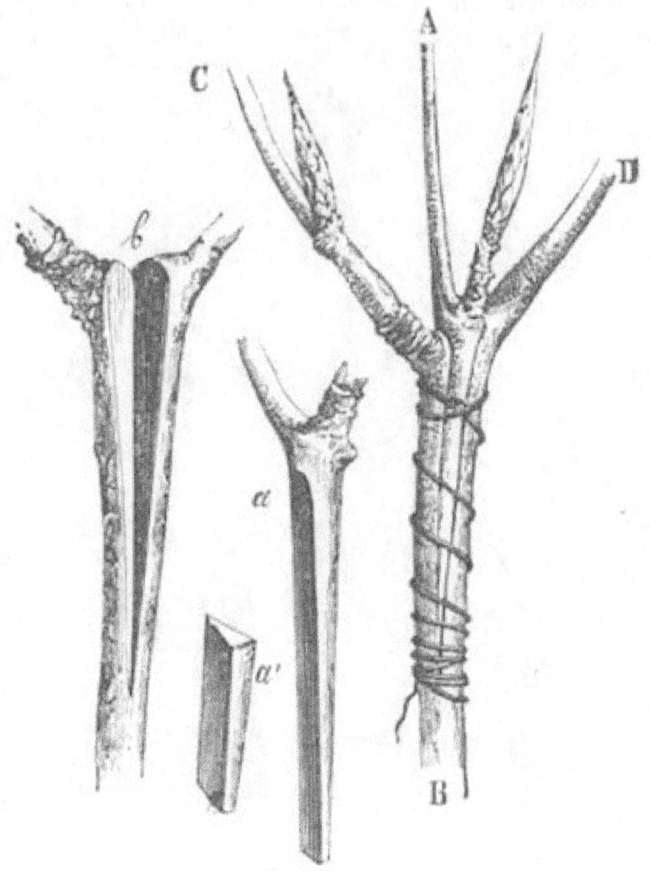

Fig. 78. — Greffe en fente sur bifurcation (Hêtre).

On taillera assez long les branches (C et D) ; plus tard on réduira leur» longueur, à mesure que le greffon se développera, de façon que les deux moignons puissent être enlevés à l'automne.

Le Chêne se greffe de même sur enfourchure. Paul de Mortillet à Meylan, en Dauphiné, multiplie par ce procédé les Chênes d'Amérique sur les Chênes d'Europe. Nous avons réussi le Noyer à fruit comestible sur le Noyer d'Amérique. Peut-être le Châtaignier et d'autres arbres à bois dur se grefferaient-ils par le même mode.

Charles Baltet

Greffe en bifurcation de la Vigne. — Ce greffage recommandé par M. Boisselot, de Nantes, se pratique au point de bifurcation de deux branches. Le sujet (A, *fig.* 79), est branchu (en *a*, *a*). Le greffon (B), aminci en double biseau irrégulier (C, D), est introduit sur le sujet (A) par le moyen d'une fente partielle ouverte à la jonction des deux branches (*a*, *a*) du sujet. Ligaturer fortement et couvrir de terre. Ces deux branches seront étêtées à 0^m,30 environ de leur naissance ; dans l'été, les bourgeons qui s'y développeront seront pincés dans le but d'attirer la sève vers le point greffé. Après une année de végétation, les deux branches seront supprimées à la jonction de la greffe (*e*, *e*).

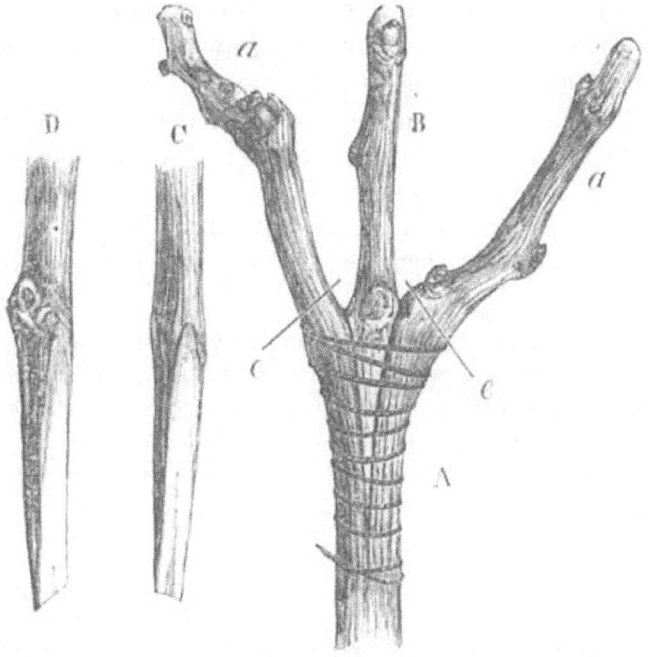

Fig. 79. — Greffe en fente sur bifurcation (Vigne).

À défaut de deux branches, on peut choisir un coude ou le point de naissance d'un sarment.

Le moment de greffer est l'automne, à la phase terminale de la

VI. — PROCÉDÉS DE GREFFAGE

sève, ou le printemps, à son début.

SOINS APRÈS LE GREFFAGE EN FENTE

Nous avons indiqué, aux divers systèmes de la greffe en fente, les soins particuliers qu'ils nécessitent. Il ne nous reste plus qu'à généraliser nos principales recommandations.

On surveillera fréquemment les ligatures.

On procédera au palissage contre un tuteur fixé solidement, échalas, perche ou baguette, de manière que les scions de la greffe y soient palissés au fur et à mesure de leur développement. Avec une jeune tige, il suffirait d'attacher par ses deux extrémités un brin de saule flexible sur le sujet, en le disposant en arc pour opérer l'accolage des jeunes rameaux (*fig.* 105).

On ébourgeonnera les jeunes pousses étrangères au greffon en agissant avec d'autant plus de sévérité que le sujet sera plus fort, et que les scions à supprimer seront plus éloignés de la greffe. Les appelle-sève seront pincés. Enfin on détruira les insectes, sans oublier ceux qui se cachent dans les fentes de la greffe où sous les ligatures.

Une greffe en fente manquée au printemps pourrait être remplacée dans la même année par le greffage en couronne, en écusson, par rameau sous écorce, ou en fente d'été, mais le plus souvent par une greffe en fente d'automne.

Groupe 7.
GREFFAGE À L'ANGLAISE

Préceptes généraux. — La greffe anglaise comprend un sujet et un greffon qui sont généralement du même calibre. On les taille en biais, l'un dans un sens, l'autre dans un sens opposé, mais sous le même angle pour qu'ils coïncident par leur rapprochement. On augmente leurs points de contact par des languettes et des crans qui s'encochent réciproquement.

Le sujet est étêté pour recevoir la greffe. Un sujet plus gros pourrait porter deux greffons. Le greffon est un rameau bien constitué,

Charles Baltet

d'une longueur de deux à quatre yeux.

Le moment de greffer arrive avec mars et avril ; l'opération réussirait encore en août-septembre quand la sève se ralentit.

Le greffage à l'anglaise est le véritable greffage *par copulation ;* il est applicable à la majorité des végétaux. Les Anglais le préfèrent à tout autre, de là son nom.

Greffe anglaise simple (*fig.* 80). — Le sujet et le greffon, de semblable diamètre, sont tranchés de biais sur biseau assez long, sans encoche, les parties avivées étant plutôt jeunes.

On fait en sorte de conserver un œil au sommet du sujet et un autre à la base du greffon.

Les deux parties sont assemblées aussi parfaitement que possible ; c'est donc une greffe *par application* pure et simple. Ligature souple, laine, spargaine ou caoutchouc, tuteurage et surveillance aux ligatures.

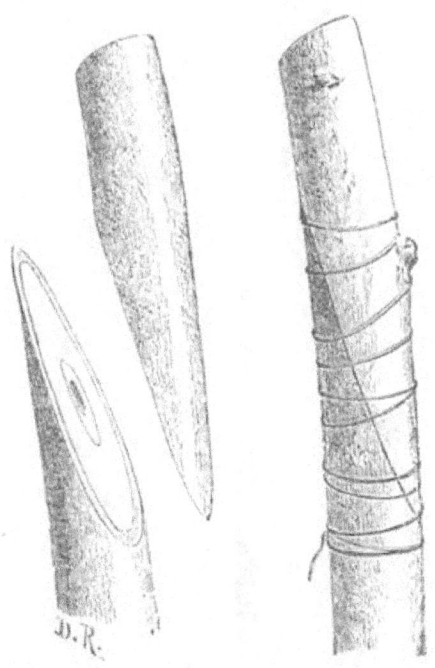

Fig. 80. — Greffe anglaise, simple.

Nous avons réussi l'Abricotier par ce procédé. Le Groseillier s'y prête également (*fig.* 114).

En Angleterre, on greffe ainsi le Rosier sur collet, en serre.

Une école de viticulture d'Autriche a réussi le greffage *herbacé* de la Vigne, les deux biseaux mis en contact sectionnant en travers la cloison interne de l'œil. Nous y reviendrons avec texte et dessin.

Dans les pays du Nord, où l'on pratique le greffage en cave pendant l'hiver, le jeune plant, de la grosseur d'un crayon est taillé et greffé à l'*anglaise simple*. On le met en jauge dans le cellier, pour le planter une fois les gelées disparues. Si le sujet est trop gros, on a recours à la greffe *anglaise compliquée*.

Greffe anglaise compliquée. (*fig.* 81, 82, 83). — Celle-ci est la plus employée des greffes anglaises ; elle peut être modifiée dans ses détails.

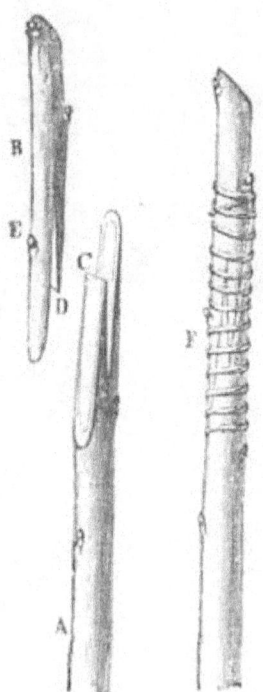

Fig. 81. — Greffe anglaise compliquée.

Charles Baltet

Le greffon (B, *fig.* 81) est taillé en bec de flûte très allongé ; on pratique vers le tiers du biseau, entre la moelle et la pointe, une fente longitudinale (D), en ménageant un œil (E) à la base. Cette fente s'obtient par un simple coup d'outil ; on n'enlève aucune esquille de bois.

Le sujet (A) est soumis à une opération analogue : tronçonnement en biais et fente au tiers supérieur avec bourgeon d'appel ; cette fente sera ouverte, comme celle du greffon, entre le centre et la pointe de la tranche.

Une fois les deux biseaux préparés, on les applique l'un sur l'autre à se toucher en tous points ; puis, faisant pénétrer la dent (D) dans le cran (C), on les agrafe intimement, comme on le voit en F.

Quand le greffon est moins large que le sujet, on le ramène au bord de la tranche, pour que les épidermes ou le liber se confondent au moins sur un côté dans la même périphérie.

Ligaturer et engluer copieusement.

Nous donnons (*fig.* 82) une forme de la greffe anglaise pour diamètres égaux, c'est le *trait de Jupiter* du charpentier.

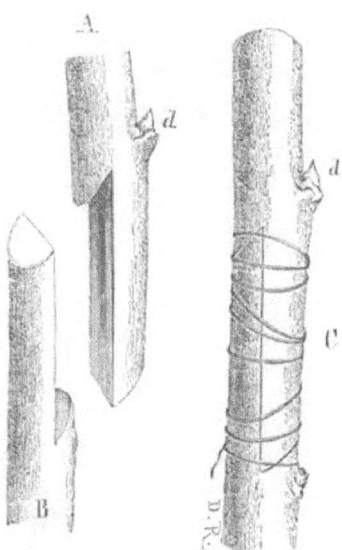

Fig. 82. — Greffe anglaise dite *Trait de Jupiter.*

D'une exécution solide, elle offre une double sécurité par les deux encoches obliques du greffon (A) et du sujet (B), réunis définitivement en C.

Le bourgeon d'appel (*d*) attire le courant séveux qui doit souder la greffe.

Une autre modification (*fig.* 83) a été recommandée par M. Aimé Champin, de la Drôme.

Le biseau du sujet (*a*) et celui du greffon (*b*) ne sont qu'en affleurement de l'aubier ; alors la fente longitudinale n'est pas pratiquée sur le biseau ; mais à son opposé, la pointe de chaque biseau est obtuse. On opère au-dessus et au-dessous d'un œil. Il n'y a plus qu'à enclaver les deux parties et à ligaturer (C). Les points de retraite (*c, d*) à la jonction du sujet (A) et du greffon (B) se cicatriseront rapidement.

Greffe anglaise au galop (*fig.* 84 et 85). — Traduction de « whip graft » des Anglais.

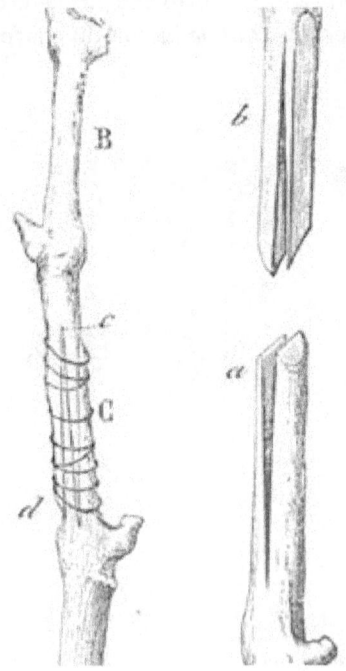

Fig. 83. — Greffe anglaise de Champin.

Charles Baltet

Des auteurs anglais, Miller en 1731, Bradley en 1756, Forsyth en 1802, l'ont décrite sous le nom de « whipe and tongue grafting », *greffe à languette au galop*. Vers 1803, Calvel la nomme « greffe de rapport oblique » ; il en fait remonter l'origine à Kuffner, auteur allemand du commencement du dix-huitième siècle, et estime qu'elle aurait été importée d'Allemagne en France, vers 1740, par un soldat interné à Toulouse.

Greffe au galop, simple. — Le sujet (B, *fig.* 84) est étêté ; avec la serpette ou le greffoir, on obtient la plaie (*d, e*) longue de 0^m,05 à 0^m,06, commençant à l'écorce (*d*), finissant dans l'aubier (*e*). Au tiers environ, d'un coup d'outil de haut en bas, on a la fente (*f*). Le greffon (A), long de 0^m,10 à 0^m,12, aura sa moitié inférieure taillée en biseau plat (*a, b*) ; aux deux tiers du biseau, de bas en haut, l'outil produira la coche (*c*). Il reste pour finir à enchevêtrer les deux parties en C, à ligaturer et à engluer les points de contact ou mis à nu.

Il faut avoir le soin de tailler le greffon en pointe finissant à l'écorce, puis de l'ajuster sur le bord de la plaie du sujet ; on ménagera, en tête de ce dernier, un bourgeon d'appel.

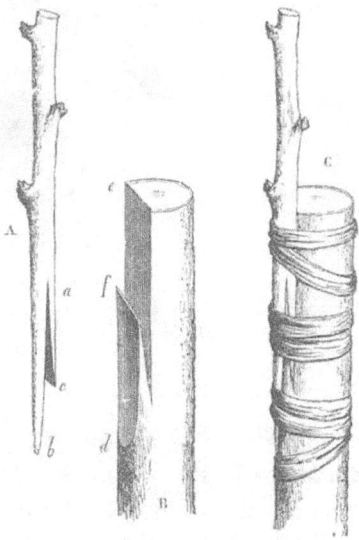

Fig. 84. — Greffe anglaise au galop, simple.

En rendant compte au gouvernement belge de leurs excursions en Angleterre (1867, 1868), nos amis Mertens et Forckel, diplômés des Écoles d'horticulture, constatent que, dans les grandes pépinières d'outre-Manche, un bon greffeur accompagné de deux aides qui ligaturent et engluent, peut dans une journée de douze heures, faire mille *whip graft*.

Cette greffe est applicable à la majeure partie des végétaux ligneux, mais surtout au Pommier, au Poirier, au Prunier, à la Vigne, etc.

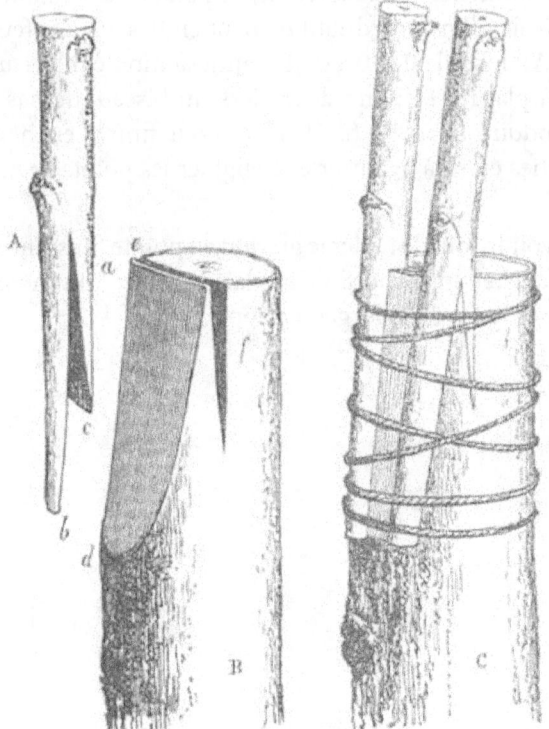

Fig. 85. — Greffe anglaise, au galop, double.

Greffe au galop, double. — Le sujet (B, *fig.* 85) étant d'un assez fort diamètre, pourra recevoir deux greffons ; il subira la plaie (*d*, *e*) et sera fendu (f) au sommet (*e*) ; le greffon (A) aura son biseau (*a*, *b*) avec la languette (*c*) produite par une simple fente. En C, les deux greffons sont agrafés, chacun d'eux étant en contact intime avec la

Charles Baltet

zone génératrice du sujet. — Ligaturer ; engluer.

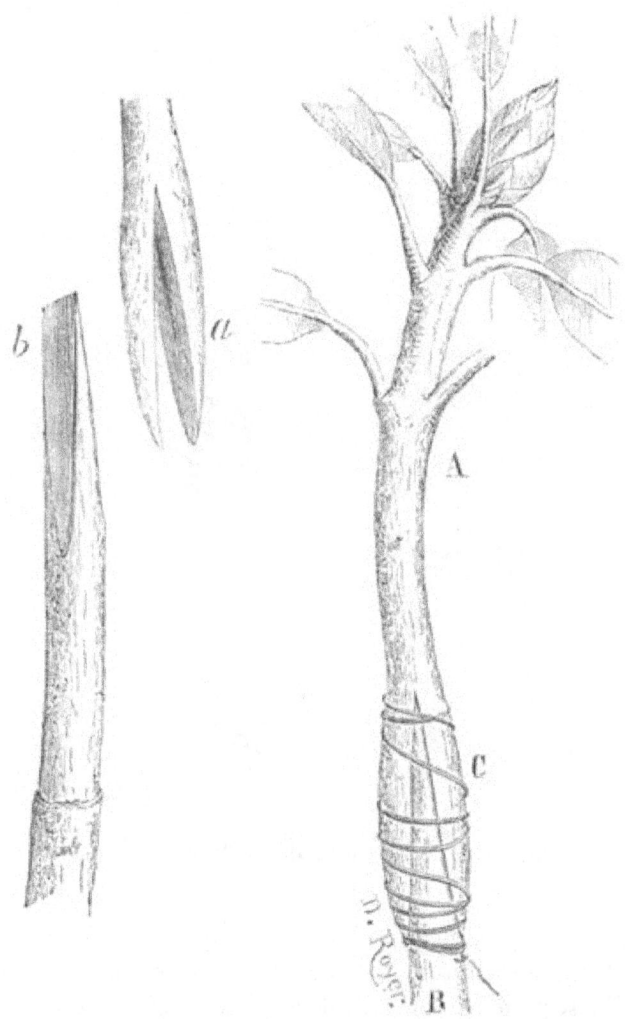

Fig. 86. — Greffe anglaise, à cheval (Rhododendron).

Greffe anglaise à cheval (*fig.* 86 et 87). — Le sujet (B, *fig.* 86) est taillé au sommet en double biseau régulier (*b*). Le greffon (A) est ouvert ou fendu à sa base en et placé à cheval sur le sujet (B) qui s'y enclave en C. Enfin ligaturer et couvrir la greffe de mastic froid.

VI. — PROCÉDÉS DE GREFFAGE

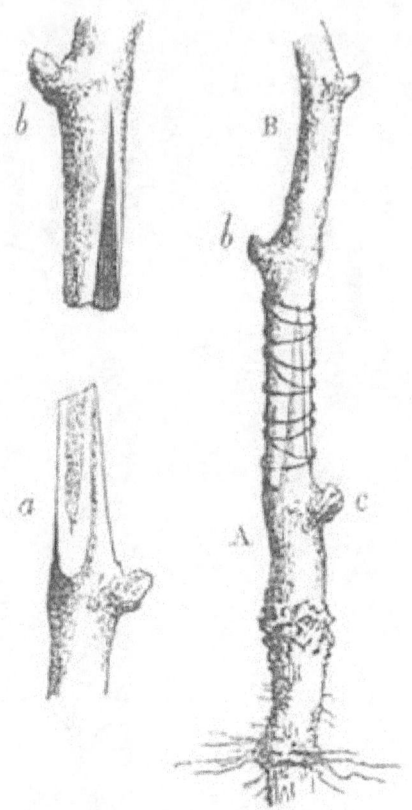

Fig. 87. — Greffe anglaise à cheval (Vigne).

Le choix d'un greffon trapu, terminé par un bouton floral, produit avec le Rhododendron un sujet immédiatement en fleurs. Le Camellia se prête à ce procédé de greffage. Voici un autre exemple appliqué à la Vigne.

Le sujet (A, *fig.* 87) est écimé à $0^m,03$ ou $0^m,04$ au-dessus d'un œil (*c*) et taillé en double biseau (*a*) formant un angle aigu, le sommet en pointe, les deux côtés commençant au coussinet d'un œil (*c*) ; le greffon (B) est taillé en sens contraire ; coupé à $0^m,04$ au-dessous d'un œil (*b*), puis fendu à sa base jusqu'à cet œil inférieur, il aura les bords intérieurs légèrement retaillés au greffoir à leur pointe ; on

Charles Baltet

le placera à cheval sur le sujet, l'œil (*b*) étant du côté opposé à l'œil (*c*). Ligaturer et mastiquer la greffe.

Soins après le greffage à l'anglaise. — Plus les deux parties greffées sont agrafées mutuellement, moins le tuteur est nécessaire ; cependant il vaut mieux accompagner le sujet d'un échalas pour le palissage de la greffe.

La strangulation par le lien est supposable, car les deux parties, étant de la même grosseur, annoncent un sujet jeune, par conséquent un sujet vigoureux. On détachera la ligature au lieu de la couper, dans la crainte de faire pénétrer le couteau dans une des jointures de la greffe.

III. — GREFFAGE PAR ŒIL OU BOURGEON

PRÉCEPTES GÉNÉRAUX

Nous considérons comme parfaitement synonymes les mots *œil* et *bourgeon* appliqués à la désignation du bouton ou gemme chez les végétaux ligneux.

L'œil ou bourgeon accompagné d'une certaine portion d'écorce, détaché d'un rameau, est le greffon de cette troisième division du greffage.

Le lambeau d'écorce qui supporte l'œil doit comprendre toute l'épaisseur de la couche corticale jusqu'à l'aubier exclusivement. Si le greffeur ne peut y arriver d'une façon rigoureuse, il vaudrait mieux entamer un peu de bois que d'oublier le moindre feuillet du liber. Le fragment cortical représente un écusson d'armoirie ou prend une forme tubulaire. De là, deux groupes : le greffage par écusson d'abord, puis le greffage en flûte.

Le sujet est un arbre en végétation, alors son écorce doit s'isoler facilement de l'aubier pour y permettre l'introduction du greffon. Les rameaux qui auraient pu gêner le travail de l'application du greffon ont été retranchés assez de temps à l'avance. Le fluide séveux doit être en pleine activité plutôt qu'en décroissance.

VI. — PROCÉDÉS DE GREFFAGE

Groupe 1.

GREFFAGE EN ÉCUSSON

Le mot écusson provient, disons-nous, de la forme du lambeau d'écorce qui accompagne l'œil, cependant le dessin en est variable : elliptique, carré, triangulaire, obtus. La désignation héraldique, *écusson*, n'en persiste pas moins.

En général, les greffons sont pris sur des rameaux de l'année courante si le greffage est fait en été, de l'année précédente s'il est fait au printemps. Un rameau-greffon de grosseur moyenne est préférable aux rameaux trop forts ou trop faibles ; les yeux doivent être bien formés.

Nous admettons deux subdivisions de la greffe en écusson, établies d'après le mode d'insertion du greffon sur le sujet : 1° par inoculation ou sous l'écorce du sujet ; 2° en placage ou à la place d'un fragment d'écorce du sujet.

ÉCUSSONNAGE SOUS L'ÉCORCE OU PAR INOCULATION

Préceptes généraux. — Le sujet doit se trouver en sève pour recevoir le greffon. On s'en assure en soulevant l'écorce avec le greffoir ; l'écorce s'isolera de l'aubier, sans déchirure, et laissera voir une légère humidité qui facilitera la soudure de l'écusson.

Il est assez important que les deux parties soient à un degré analogue de végétation ; s'il y avait inégalité, il vaudrait mieux que le sujet fût plus avancé en sève que le greffon.

Les rameaux à greffer, qui ne sont ici que des porte-greffons, ont quitté leur phase herbacée et sont déjà ligneux. Leur état de sève est à point, si, avec l'outil ou l'ongle, on isole facilement l'écorce de l'aubier ; on en reconnaît encore l'aoûtement à la nuance bien accusée de l'épiderme, à la formation de l'œil terminal, à la fermeté des tissus sous la pression des doigts.

Un rameau-greffon avancé en maturité vaut mieux que s'il était en *tendreté* ; mais il est préférable de l'avoir tel que nous l'indiquons.

Nous avons cependant réussi l'écussonnage d'yeux de Pommier levés sur un rameau encore herbacé, mais effeuillé sur pétiole, et laissé sur la terre, au soleil, pendant quelques heures.

Dans les pays froids, brumeux — les Pays-Bas, l'Angleterre, la

Norvège, le Danemark, la Russie — où l'état séveux se prolonge au détriment de l'aoûtement des tissus, il convient de préparer cette phase de lignification par le pincement préalable du rameau-greffon et l'aération donnée au sujet, à l'endroit projeté de la greffe.

Dans les pays chauds et secs, Nice, l'Algérie, l'Italie, l'Espagne, le Portugal, où l'on peut écussonner l'Oranger en pleine terre, la période de l'écussonnage est relativement plus courte, le cambium se lignifie promptement. Si la localité est fréquentée par les bourrasques, on placera l'écusson du côté du vent ; le scion qui en résultera sera moins exposé aux ruptures violentes.

Écussonnage ordinaire. — De tous les systèmes de greffage, celui-ci est le plus répandu dans les pépinières et dans les jardins.

Préparation des greffons. — Les rameaux-greffons étant choisis d'après les recommandations précédentes, on les prépare en rejetant ce qui est inutile à l'écussonnage. Disons d'abord que les yeux situés au milieu du rameau sont généralement convenables au greffage en écusson ; ceux de la base et du sommet ont souvent le défaut d'être incomplets, mous, herbacés, éteints ou trop disposés « à fleur ». Ici, un greffon de choix serait un œil bien constitué, ni latent, ni fructifère, ni avarié en aucune façon ; les rameaux anticipés, les rameaux trop florifères seraient au contraire de mauvais porte-greffons.

Toutefois, quand on n'est pas suffisamment approvisionné de bons greffons, on peut employer les yeux douteux en les doublant sur le sujet. Il y a des bourgeons qui paraissent incertains, mais qui fournissent une bonne végétation, les soins de l'ébourgeonnage aidant. Les bourgeons saillants, éperonnés, ne sont pas à dédaigner, ni ceux qui se trouvent accompagnés de plusieurs feuilles, l'œil bruni par l'insolation est mieux aoûté que l'œil verdâtre privé de soleil.

Le rameau (A, *fig.* 88) de Poirier étant choisi, on en retranche les extrémités B et C, impropres au greffage, et l'on coupe les feuilles sur leur pétiole, à $0^m,01$ de l'œil ou gemme de la partie conservée (D), de façon qu'il en résulte le greffon multiple (D'). Les stipules qui bordent le pétiole seront enlevées à la main.

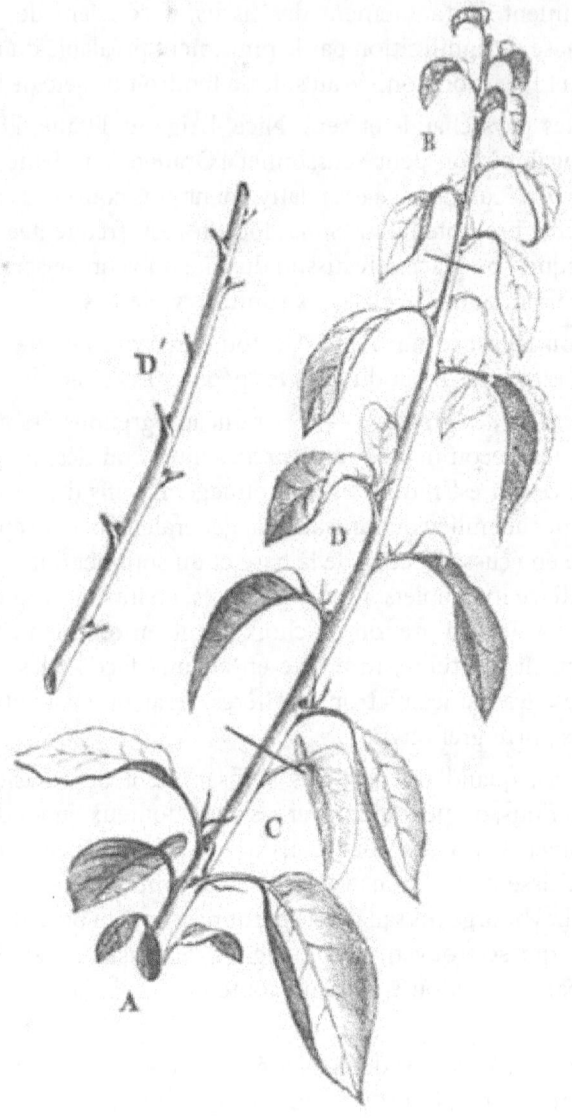

Fig. 88. — Préparation du rameau-greffon pour l'écussonnage.

Les scions ainsi préparés devront être immédiatement placés à l'ombre et au frais, leur extrémité inférieure plongée dans un vase

Charles Baltet

d'eau ou plutôt dans la mousse humide. Dans l'eau, le rameau ne doit pas rester au delà de cinq ou six heures, à moins qu'il ne soit ridé ou desséché ; alors on pourrait le laisser pendant une journée le pied dans l'eau, à l'ombre, et une nuit dans la mousse pour lui rendre l'humidité naturelle qu'il aurait perdue.

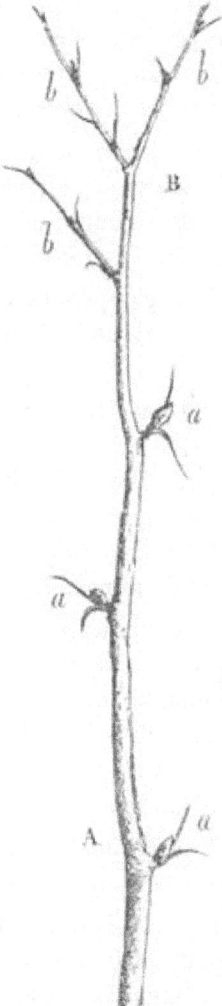

Fig. 89. — Rameau-greffon de deux ans (Bouleau).

VI. — PROCÉDÉS DE GREFFAGE

Le pépiniériste qui prépare, dès la veille, les greffons pour le lendemain, leur fait passer la nuit dans de l'herbe fraîche ou dans un linge mouillé. Si l'on manquait d'eau dans la pépinière, on enterrerait les rameaux de toute leur longueur, en attendant qu'ils soient employés. Cet état transitoire ne saurait durer plus de vingt-quatre heures.

Les greffons d'arbres à feuillage persistant ne seront pas effeuillés ; généralement on coupe les feuilles à la moitié du limbe. Nous verrons, au chapitre VIII, quelques variétés toujours vertes, comme le Photinia, dont l'écusson pourrait être effeuillé.

Chez certains arbres, tels que le Bouleau, l'Érable, le Hêtre, le Marronnier, le Févier, l'Oranger, on peut utiliser pour l'écussonnage d'été des yeux saillants, assez courts, que l'on rencontre sur des rameaux de l'année précédente (*fig.* 89).

La partie (B) où se sont développées les ramilles (*b*) est à rejeter, tandis que les bourgeons (*a*) de la base (A) seront utilisés à l'écussonnage.

Levée de l'écusson (*fig.* 90). — Nous prenons le rameau d'une main et le greffoir de l'autre ; nous marquons les bords supérieur et inférieur de l'écusson par un coup de greffoir, à $0^m,010$ ou $0^m,015$ au-dessus de l'œil, qui tranche les couches de l'écorce, et par un trait semblable à $0^m,015$ à $0^m,020$ au-dessous de l'œil, comme on le voit en *f, f*, sur le fragment du rameau E.

Maintenant, en suivant les indications de la figure 90 pour la position des mains, nous plaçons la lame de l'outil au-dessus du trait supérieur et, l'inclinant, nous la faisons pénétrer jusqu'à l'aubier ; puis, en la faisant glisser sous l'écorce, nous arrivons au trait inférieur, après avoir suivi la ligne ponctuée (*gg*) et observé l'inflexion coudée du rameau sous l'œil (en *g'*).

Par le fait des deux incisions primitives (*f', f'*), l'écusson se trouve obtenu comme il est figuré en H, tranché net à ses deux extrémités.

Au revers, il reste un peu de bois sous le bourgeon ; ce fragment ligneux est son *germe*, pour ainsi dire ; sans lui, pas de végétation possible. S'il était accompagné d'une esquille d'aubier, en haut et en bas, nous pourrions l'enlever en la détachant vivement par la sommité ; car, en la soulevant par la base, il y aurait à craindre d'arracher ce germe, et l'œil ainsi vidé serait impropre à la végétation.

Charles Baltet

Toutefois, quand le sujet est en grande sève, il n'y aurait aucun inconvénient à laisser une mince parcelle de bois sous l'écorce de l'écusson ; elle rendrait la jonction tout aussi intime. Dans la plupart des cas, un greffeur retranche rarement ce morceau d'aubier ; il a su l'éviter et il craindrait, par cette extraction, de fatiguer l'œil ou de l'exposer trop longtemps à l'air. Quand il est suffisamment pourvu de greffons, il n'hésite point à rejeter un écusson levé d'une manière douteuse pour en détacher un autre et l'inoculer sur-le-champ. À peine prend-il le temps de recouper carrément les bords supérieur et inférieur tranchés irrégulièrement.

Fig. 90. — Manière de lever le bourgeon-écusson.

VI. — PROCÉDÉS DE GREFFAGE

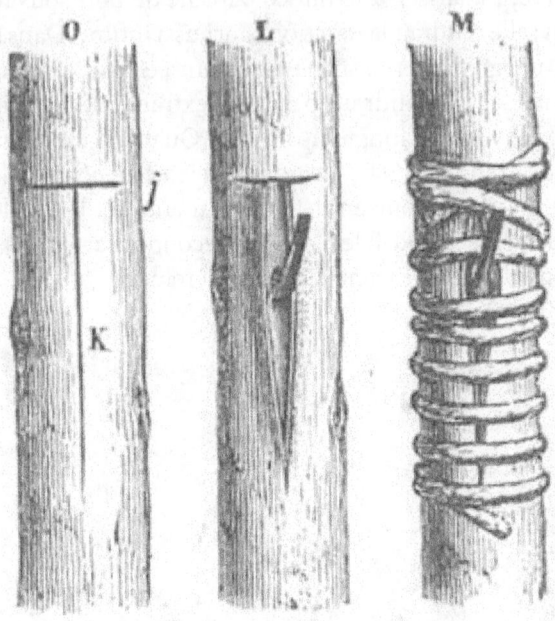

Fig. 91. — O, sujet incisé. — L, sujet écussonné. — M, sujet écussonné, ligaturé.

Inoculation de l'écusson. — L'écusson étant détaché du rameau, nous ouvrons l'écorce du sujet avec le greffoir, en pratiquant sur toute son épaisseur deux incisions représentant T (O, *fig.* 91) ; avec la spatule en ivoire de l'outil, nous soulevons les bords du trait longitudinal (K), à son point de jonction sur le trait (*j*). En même temps, la main qui tient l'écusson par le pétiole (*fig.* 92) le glisse dans l'incision, assez vivement pour que les parties internes ne souffrent point de l'action de l'air. On aura donc soin de ne lever l'écusson qu'au moment où il doit être inoculé. Il faut éviter qu'aucun corps étranger ne vienne s'introduire en même temps dans l'incision. Le greffon (*a, fig.* 92) est inoculé (en *b*), comme on le voit ici (L, *fig.* 91).

Ligature de l'écusson. — Les meilleures ligatures pour l'écussonnage sont la laine, le raphia, la feuille de massette ou de spargaine. Nous

Charles Baltet

avons dit, au chapitre des Ligatures, comment on les prépare pour qu'elles soient souples au moment de leur emploi. Avec la ligature, on fait plusieurs tours successifs en spirale autour du sujet (M, *fig.* 91). En commençant par le haut, il n'y a pas à craindre de faire remonter l'écusson et de le faire sortir de l'incision, ce qui pourrait arriver avec des greffons gros et larges.

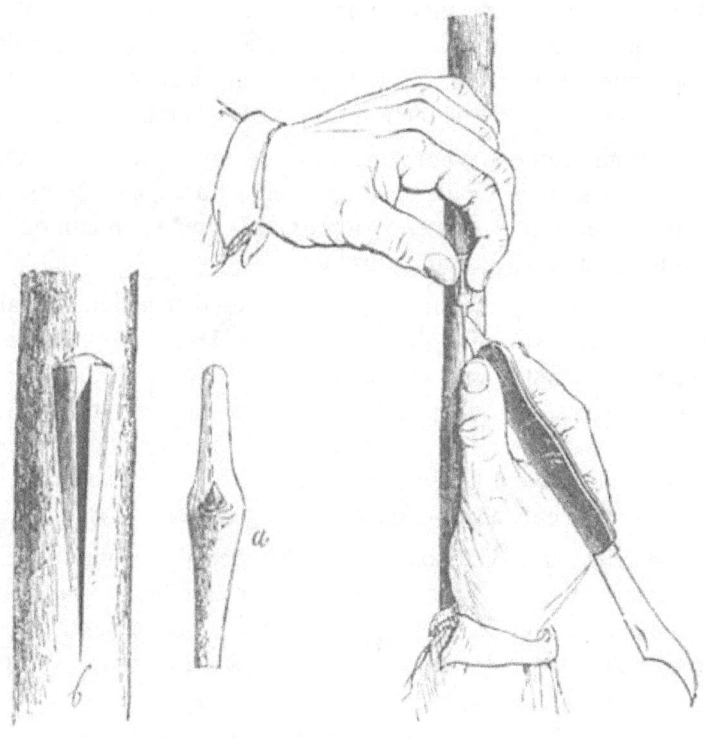

Fig. 92. — Inoculation du bourgeon-écusson.

On placera un bout de la ligature sur le trait transversal du T, et on le croisera avec deux ou trois tours du lien, en continuant à le rouler autour de la partie greffée par des spires rapprochées, jusqu'à la pointe du trait longitudinal. Le second bout de la ligature sera passé sous l'avant-dernière spire, et serré convenablement.

VI. — PROCÉDÉS DE GREFFAGE

Les points à brider plus ferme sont le sommet et la base de l'incision, la gorge de l'œil et son coussinet. Cette tension du lien a des limites ; elle ne doit pas aller jusqu'à érailler la greffe. Une ligature bien faite ne bouge pas quand on passe le doigt dessus.

Préservatifs contre la sécheresse. — Outre la ligature, on attache une feuille d'arbre sur la partie écussonnée lorsque le sujet est en espalier en plein soleil.

L'engluement est rarement employé pour l'écussonnage. Il n'y aurait que dans le cas où la ligature menacerait de se détendre ; alors l'application d'un onguent froid la maintiendrait et préserverait en même temps la greffe de l'action funeste de la température.

L'écussonnage de la Vigne nécessite souvent un apport de terre autour du sarment écussonné. Le greffage a eu lieu de mai en juillet, et l'on conserve la terre autour de la greffe pendant quinze jours. Il sera décrit et figuré plus loin.

Écussonnage en pépinière. — Dans les pépinières d'une certaine importance, le travail de l'écussonnage est l'objet d'une attention soutenue. Il faut savoir choisir l'instant propice au greffage de chaque espèce, de chaque carré, et surveiller les greffons des variétés rares pour les utiliser à temps. Les grandes chaleurs activent ou arrêtent la sève, les pluies gênent les travailleurs ; on doit profiter des beaux jours et opérer rapidement.

Habituellement, l'écussonnage se fait par deux hommes, un greffeur et un lieur. En outre, un ouvrier marche en avant pour essuyer, s'il le faut, le sujet rez terre ; le chef prépare les greffons, en opère le classement, le numérotage, la distribution, et inscrit le travail sur un registre de pépinière.

Un greffeur habile peut occuper deux lieurs : mais il vaudrait mieux qu'il appliquât lui-même les ligatures, car deux lieurs sont plutôt exposés à oublier de lier quelques écussons, qui alors se trouveraient perdus. Aussi est-il toujours de bonne précaution de ne pas quitter un rang d'arbres, nouvellement écussonnés, sans jeter un coup d'œil pour s'assurer que tous les sujets sont greffés et bien liés.

Les sujets à haute tige sont greffés avec moins de rapidité que ceux à basse tige, bien que pour ces derniers le greffeur et le lieur fonctionnent les reins en l'air et la tête en bas.

Charles Baltet

Avec les premiers greffeurs de notre établissement — à vingt ans !
— nous avons atteint le chiffre de 250 écussons dans une heure
(et même 300 avec le plant de Pommier doucin planté à 0^m,30
de distance) ; mais c'est une lutte dangereuse pour le succès du
greffage.

Cent écussons à l'heure, greffes en main, avec un bon lieur, c'est
un minimum réalisable.

Écussonnage avec incision cruciale. — Si l'on rencontrait sur le
greffon de trop gros yeux pour le diamètre du sujet, par exemple
ceux du Sorbier, du Marronnier d'Inde (A, *fig.* 93), on ne saurait
les faire tenir dans l'incision qu'en donnant à celle-ci une forme
cruciale. Les deux coups de greffoir trancheront alors l'écorce en
croix (+ au lieu de T), et le sommet de l'écusson (A) sera glissé sous
la tête de l'incision (B) du sujet ; il s'y trouvera suffisamment bridé
pour ne pas être rejeté en dehors.

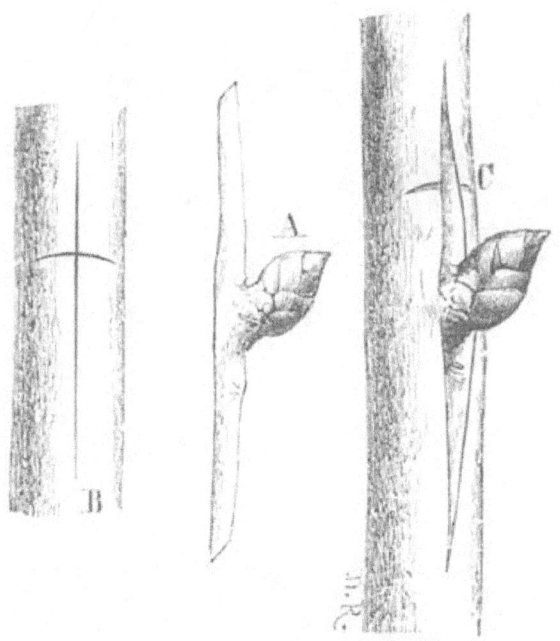

Fig. 93. — Écussonnage avec incision cruciale (Marronnier).

VI. — PROCÉDÉS DE GREFFAGE

On applique la ligature, soit en commençant par le milieu de l'incision (C) pour finir aux deux extrémités, soit d'après la méthode ordinaire (M, *fig.* 91) ; on a le soin de bien fermer les écorces.

Écussonnage avec incision renversée. — Quand la sève du sujet est trop abondante, comme chez les Érables dans les pays froids, et chez les Orangers dans les pays chauds, il y aurait à craindre que l'exubérance de liquide séveux ne vînt *noyer* l'écusson. On y met alors obstacle en ouvrant en sens renversé l'incision sur le sujet (T au lieu de T).

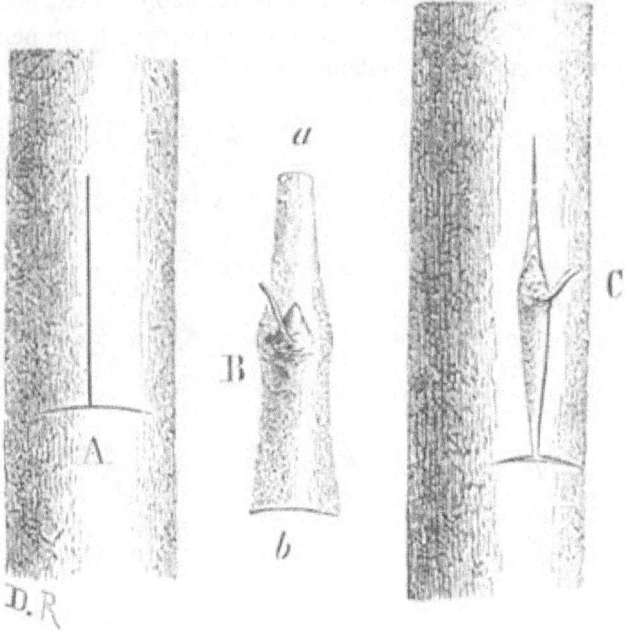

Fig. 94. — Écussonnage avec incision renversée.

Dans l'incision (A, *fig.* 94), l'inoculation du bourgeon-écusson (B) se fera donc de bas en haut (C). Le greffon (B), taillé en pointe au sommet (*a*), pénétrera mieux dans l'incision et s'y maintiendra par sa base (*b*) coupée carrément et s'adaptant au trait transversal (A) du T.

Il est bien entendu que l'incision du sujet est seule en sens inverse, l'œil-greffon aura toujours sa position habituelle.

On ligature en commençant au bas de la plaie pour finir à la tête. En agissant autrement, on pourrait faire sortir l'écusson de sa loge.

ÉCUSSONNAGE EN PLACAGE

Ce procédé est moins employé qu'au temps de son apôtre Sintard, jardinier en chef au Jardin des Plantes.

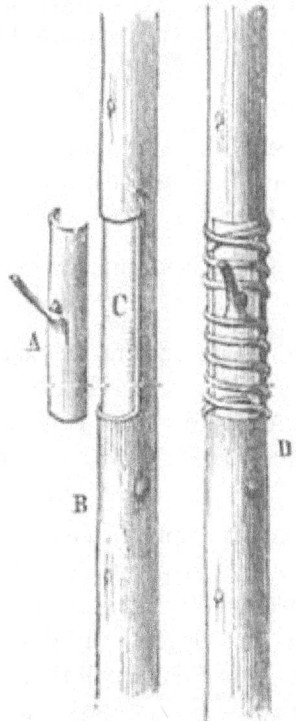

Fig. 95. — Écussonnage en placage.

VI. — PROCÉDÉS DE GREFFAGE

Un sujet d'un calibre relativement petit, ou d'une écorce épaisse et difficile à soulever, un greffon bossu, à bourgeons rapprochés, suffisent pour motiver le placage de l'œil. On l'applique au Figuier, au Mûrier, etc.

L'écusson (A, *fig.* 95) a été levé par le procédé ordinaire ou par un moyen plus primitif. Les quatre côtés du lambeau d'écorce attenant au bourgeon sont d'abord cernés avec une lame de greffoir ; on saisit ensuite le bourgeon à la base du pétiole et, par un mouvement de la main imprimé habilement, on le détache de son rameau. Si l'on craignait de vider l'œil, on s'aiderait de la spatule simple que l'on ferait glisser entre l'écorce et l'aubier.

Nous plaçons le greffon (A) sur le sujet (B), à l'endroit qui doit le recevoir. Avec l'outil, greffoir ou métro-greffe, nous y traçons la silhouette de la plaque d'écorce ; il reste à enlever les couches corticales en C, et à y plaquer le greffon. On ligature (D) avec précaution.

Laissant un peu d'aubier sous l'écorce du greffon, on obtient l'écusson boisé qui sert à la multiplication sous verre de divers végétaux : Azalée, Camellia, Rhododendron, Aucuba, etc.

ÉCUSSONNAGE COMBINÉ

En toute circonstance, il convient de doubler les chances de succès. Avec l'écussonnage, quand cela est possible, nous plaçons deux bourgeons (*a' a'*, *fig.* 96) en face l'un de l'autre. Les écussons placés ainsi à la même hauteur facilitent l'application d'une seule ligature.

L'*écussonnage double* est employé quelquefois lorsqu'il s'agit de former un arbre en éventail, en palmette double. On utilise les deux scions opposés (*fig.* 97), résultant du greffage double (*fig.* 96). Avec un troisième écusson placé de face et au-dessus des précédents, on établira les premières assises d'une palmette simple.

L'*écussonnage multiple* est applicable aux divers systèmes de greffage en écusson, par inoculation ou en placage.

Charles Baltet

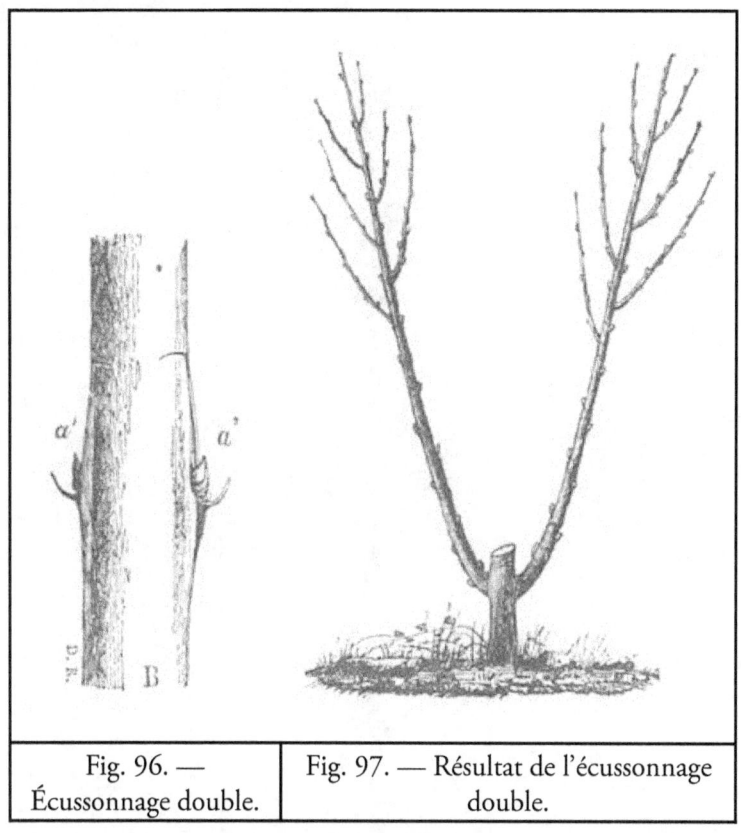

| Fig. 96. — Écussonnage double. | Fig. 97. — Résultat de l'écussonnage double. |

L'écussonnage simple ou multiple pourrait être appliqué à des végétaux que l'on tient à propager par bouture, lorsque le sujet réussit mieux au bouturage que le greffon ; ou encore lorsqu'il s'agira de greffer par rameau une variété rebelle à toute greffe, mais docile à l'écussonnage. Ce serait alors un *bouturage* ou *greffage de rameaux écussonnés* déjà recommandé en 1858 par le jardinier Constant Nivelet.

Par exemple, les variétés d'Abricotier, de Pêcher qui réussissent difficilement au greffage par rameau pourront être écussonnées en été sur des scions de Prunier (C, C, C, *fig.* 98).

VI. — PROCÉDÉS DE GREFFAGE

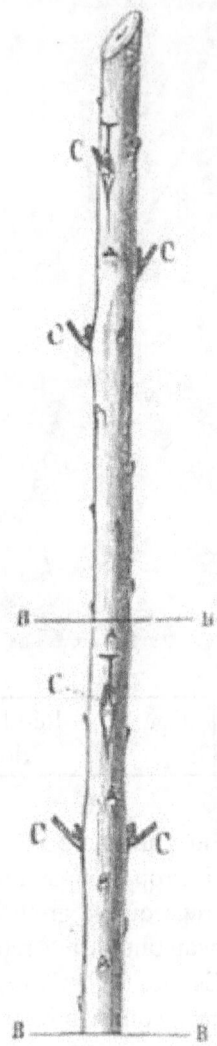

Fig. 98. — Préparation de la greffe par rameau écussonné.

Au printemps suivant, nous partageons (en BB) ce rameau *étalon* par fractions portant chacune des yeux de Pêcher ou d'Abricotier, et nous greffons par rameau, ces fragments ligneux sur le sujet, également de Prunier. Le biseau taillé sur

Charles Baltet

Prunier-greffon se soude au sujet identique ; mais, par suite de l'écussonnage préalable et de l'ébourgeonnage, ce sont des yeux de Pêcher ou d'Abricotier qui se développeront.

Par ce système combiné, on peut bouturer des rameaux d'arbustes écussonnés à l'avance en variété rare ou rebelle au bouturage. Nous en parlerons au Rosier et à la Vigne.

ÉPOQUE DE L'ÉCUSSONNAGE

Toutes les fois qu'un sujet est en sève, son écussonnage est possible ; mais deux époques distinctes caractérisent le greffage en écusson : 1° le printemps, à la montée de la sève, et lorsque l'on désire que la greffe entre immédiatement en végétation, c'est l'écussonnage à œil poussant ; 2° dans le cours de l'été, et lorsque la greffe ne doit végéter qu'au printemps suivant, c'est l'écussonnage à œil dormant.

Incontestablement, le second système est préférable ; il est d'ailleurs le plus employé.

Écussonnage à œil poussant. — L'écussonnage à œil poussant doit être pratiqué au commencement de la végétation, pour que la greffe puisse se développer suffisamment et devenir ligneuse avant l'hiver.

On ne saurait abuser de l'écussonnage à œil poussant, attendu que la végétation forcée qui en résultera pourrait être en désaccord avec l'action vitale des racines.

Assez de temps avant l'évolution de la sève, on a coupé des rameaux sur l'étalon ; on les a conservés suivant nos indications.

Quand le sujet est assez en sève pour que l'écorce puisse se détacher facilement de l'aubier, on prend les rameaux-greffons et on en écussonne les bourgeons par les procédés ordinaires.

Le Rosier se prête à ce greffage : 1° en avril avec des bourgeons de l'année précédente ; 2° en juin avec des bourgeons de l'année courante, le rameau étant préparé le jour de l'opération. On ne doit pas greffer tard à œil poussant.

Dans les pays froids, aux hivers longs et rudes, on greffe

VI. — PROCÉDÉS DE GREFFAGE

l'Abricotier, le Pêcher, le Cerisier, à œil poussant, en juin, avec des rameaux conservés dans la glacière (*fig.* 32) ; un œil dormant pourrait être fatigué par la gelée d'hiver.

Aux environs de Dammartin (Seine-et-Marne), les cultivateurs écussonnent le Cerisier à œil poussant, en avril-mai ; ils opèrent sur la tige ou sur de grosses branches avec des yeux provenant de rameaux conservés. Pour faciliter l'inoculation de l'œil, ils suppriment les couches extérieures de l'écorce jusqu'au liber avant de pratiquer l'incision en T, ou l'incision longitudinale, dans laquelle ils introduiront l'œil ; l'écusson s'y trouvera bridé. La ligature fera le reste.

Écussonnage à œil dormant. — L'écusson à œil dormant reste au repos et ne doit pas végéter avant le printemps qui succède à son inoculation. Les mois de juin, de juillet, d'août, de septembre constituent la période de l'écussonnage à œil dormant.

Le moment exact d'écussonner dépend de l'état de sève des sujets. Les plus âgés et ceux dont la végétation s'arrête de bonne heure, seront opérés les premiers ; ensuite viendront les jeunes et les vigoureux. À conditions égales, on écussonnera les arbres à haute tige avant ceux à basse tige ; le plant de l'année après le plant des années précédentes ; le Prunier et le Merisier plus tôt que le Mahaleb et l'Amandier ; le Poirier franc et l'Aubépine avant le Cognassier et le Pommier ; les Érables, les Frênes, viendront après les Marronniers, les Cornouillers, les Lilas. Chez les arbres fruitiers à noyau, le moment propice est moins facile à saisir que chez les arbres à pépins. En général, il vaudrait mieux s'y prendre plus tôt et fagoter le branchage du sujet en le greffant (*fig.* 99).

Si l'on craint que la sève du sujet ne s'arrête avant l'aoûtement des greffons, on pincera quinze jours à l'avance le sommet de ces derniers pour en faire devancer la maturation ; on pratiquera cet écimage d'autant plus court que l'on sera plus rapproché du jour du greffage. Pincés trop court et trop tôt, alors que les yeux ne sont pas apparents, les greffons se ramifient avant leur aoûtement et ne peuvent être utilisés. D'un autre côté, on pourrait prolonger la végétation active du sujet par des arrosements et des labours. Devancée ici, retardée là-bas, la sève se trouvera à peu près en harmonie dans les deux parties qui vont être rapprochées.

Charles Baltet

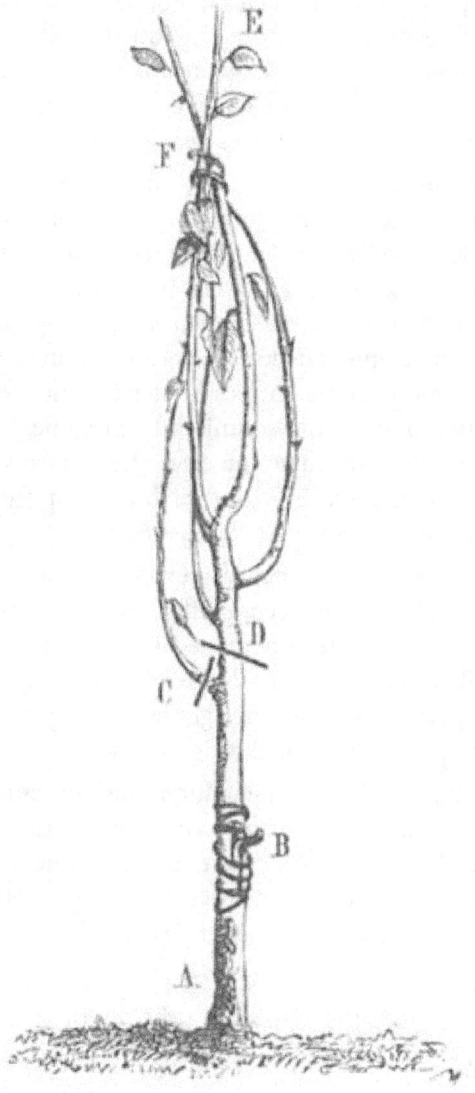

Fig. 99. — Sujet écussonné, ses rameaux liés et rognés.

Un binage donné quelques jours avant le greffage active la sève ; donné aussitôt après, il entretient la végétation et favorise

VI. — PROCÉDÉS DE GREFFAGE

l'agglutination de la greffe.

Il serait imprudent d'écussonner quand le fluide séveux est trop abondant ; l'œil serait *noyé*, ou « perdu de gaillardise », disait l'auteur Cabanis. L'insuccès est encore à redouter si l'on attend que la sève soit moins active, alors que l'écorce des rameaux ne s'isole plus de l'aubier et que les matinées deviennent fraîches.

En écussonnant de la mi-août à la mi-septembre les espèces à végétation prolongée, on prendra ses précautions pour favoriser la soudure de la greffe. Au moment d'écussonner, on réunira les branches du sauvageon en les liant. Aussitôt le greffage terminé, on coupera l'extrémité de ces branches aux trois quarts de leur longueur ; le mouvement de la sève éprouvera un temps d'arrêt et l'agglutination de la greffe en sera la conséquence. Les espèces à végétation luxuriante seront soumises à ce régime. Ici, le sujet de Prunier (A, *fig.* 99) est écussonné en B ; les rameaux sont écimés (E) et liés avec l'un d'eux (F). Nous verrons, au printemps suivant, à élaguer le rameau C et à étêter le sujet en D.

Deux ou trois semaines après le greffage, on passe en revue les écussons, et l'on recommence à greffer les sujets quand l'écusson a manqué ou s'il est resté avec une écorce noire ou ridée. Mais la circulation de la sève est déjà ralentie ; il faut, pour ainsi dire, en chercher les derniers courants à la gorge d'une branche latérale ou sous l'empâtement d'une branche vigoureuse.

L'état dormant d'un écusson peut durer plusieurs années. Dans les pépinières, on trouve des yeux *boudeurs* chez l'Abricotier, le Rosier, le Néflier, le Hêtre. En 1873, on vit au parc Monceau à Paris, sur le Frêne à fleurs, se développer, après tronçonnement du sujet, des écussons de Chionanthe inoculés en 1860.

SOINS APRÈS L'ÉCUSSONNAGE

Aussitôt l'écussonnage terminé, il convient de biner le sol piétiné par le travail.

Quelques semaines après l'écussonnage, on soulage les greffes *étranglées*, en coupant ou en retirant la ligature ; on renouvelle le lien si la soudure n'est pas achevée, ou l'on conserve

Charles Baltet

l'ancien en le desserrant. Le coton et le raphia, même la laine, pourraient être utilisés à nouveau. Il vaudrait mieux attendre que l'hiver fût passé pour *délier* ou *délainer* les greffes sensibles au froid ; mais avec les espèces fruitières à noyau et dans les localités exposées au verglas, la présence de la ligature en hiver pourrait avoir l'inconvénient d'accumuler le givre autour de l'œil ; il faudrait alors détacher le lien d'assez bonne heure ; l'écusson aurait le temps d'aoûter.

On taillera quelques branches volumineuses à la tête des sujets au-dessus de la greffe.

Avec l'aide du sécateur ou de la serpette, on commencera l'étêtage des sujets écussonnés à *œil poussant* huit jours après le greffage ; on continuera à leur retrancher successivement branches et tige, jusqu'à 0^m,10 au-dessus de la greffe, tandis qu'elle prend son évolution foliacée (voir *fig.* 102).

Sur les arbres greffés à *œil dormant*, on coupera le sujet après l'hiver et avant la végétation, à 0^{m}10 au-dessus de la greffe (D, *fig.* 99).

L'onglet conservé sert au palissage de la jeune greffe ; on le retranchera à la fin de l'été suivant (d'après la ligne B, *fig.* 103). Un scion chétif peut conserver encore son onglet.

Groupe 2.
GREFFAGE EN FLUTE

Préceptes généraux. — Le nom de greffage en flûte ou en sifflet a été donné à ce système en raison de la ressemblance que l'on trouve, quant au mode de détacher le greffon, avec la manière d'obtenir des flûtes rustiques, des chalumeaux, au moyen de tubes ou de tuyaux d'écorce enlevés sur une branche en sève.

Quoiqu'on ait remplacé cette greffe dans les pépinières par des systèmes plus expéditifs, il est cependant des personnes qui l'emploient encore pour multiplier le Châtaignier, le Noyer, le Mûrier, le Figuier, le Cerisier, l'Amandier, le Saule.

Dans certaines régions, les cultivateurs ont une telle habitude de réussir la greffe en sifflet qu'ils n'en veulent pas d'autres.

L'époque de greffer en flûte est au printemps, dès la première évolution de la sève. On pourrait encore opérer vers la fin de l'été, avant que les nouvelles zones génératrices fussent séchées par le ralentissement de la végétation.

Il y a deux modes principaux de greffer en flûte ; ils se ressemblent quant à la préparation du greffon.

Le greffon (A, *fig*. 100) est une portion d'écorce de forme tubulaire, portant au moins un œil. On l'isole du rameau-greffon en pratiquant d'abord avec le greffoir une incision circulaire à $0^m,03$ au-dessus de l'œil, et une autre au-dessous. Ces deux traits limitent la hauteur du greffon, on les relie par une incision longitudinale ; alors on prend le greffon par le coussinet, et, avec dextérité, on détache la partie d'écorce comprise entre les incisions. Si l'on craignait d'arracher les fibres (vulgairement le *germe*, la *racine*) des bourgeons, on s'aiderait de la spatule du greffoir (*fig*. 5 et 6).

Le greffon sera rapporté sur le sujet, à la place d'un cylindre d'écorce semblable en hauteur, que l'on a détaché au même instant.

Il convient de fonctionner avec habileté, par un temps calme, pour éviter de fatiguer les couches internes mises à nu.

L'étêtage préalable du sujet pour faciliter l'emmanchure du greffon donne souvent de bons résultats, mais il est plus rationnel de greffer sur le corps de la tige et de l'étêter plus tard quand la soudure sera un fait accompli.

Un sujet jeune et vivace se prêtera mieux au greffage en flûte que s'il était vieux ou endurci. Un sujet trop gros sera greffé sur ses branches plutôt que sur le corps de la tige.

En ménageant des lanières d'écorce sur les parties non recouvertes par le greffon, il est rare que l'on ait besoin d'employer la cire à greffer.

Greffe en flûte ordinaire (*fig*. 100). — Le greffon (A) détaché comme nous venons de l'expliquer est rapporté sur un sujet non étêté (A), au lieu et place (C) d'un tuyau d'écorce enlevé par le même procédé. Nous le plaçons de façon que l'œil se trouve au-dessous d'un bourgeon du sujet ; ce bourgeon attirera la sève vers la greffe et en activera la reprise. On ligature, et s'il reste quelques jointures à découvert, on appliquera un liniment froid.

Charles Baltet

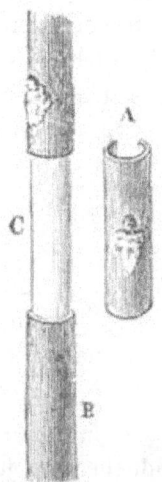

Fig. 100. — Greffe en flûte ordinaire (Noyer).

Si le greffon avait un diamètre supérieur à celui du sujet, il serait facile de remédier à cet état en retranchant au greffon une bande d'écorce d'une largeur égale à la différence.

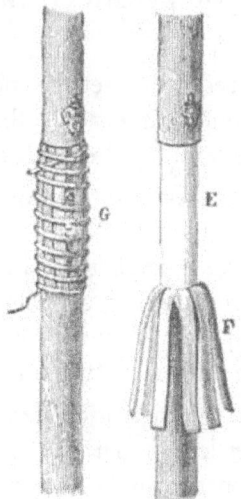

Fig. 101. — Greffe en flûte avec lanières.

VI. — PROCÉDÉS DE GREFFAGE

Greffe en flûte avec lanières (*fig.* 101). — Le greffon étant préparé de la même façon que le précédent, on coupe l'écorce du sujet par bandes longitudinales (F), adhérentes encore à leur base. On les abaisse dès que le greffon se trouve préparé. Aussitôt, on place le greffon en E ; on relève sur lui les lanières corticales (F) et on les maintient dans cette position avec une ligature (G).

Avec les lanières, on couvre les places nues laissées par un greffon trop étroit.

Soins après le greffage en flûte. — Comme dans tous les greffages, il faut surveiller la ligature et placer un tuteur qui domine la greffe. Si la tête du sujet est trop chargée de branches, on en taillera quelques-unes.

L'étêtage du sujet est basé sur la nature de la greffe ; si elle est à *œil poussant*, on étêtera graduellement jusqu'à $0^m,10$ du bourgeon supérieur, en commençant dès que la soudure est assurée. L'étêtage serait définitif et remis au printemps, si l'opération avait eu lieu dans le cours de l'été, à *œil dormant*.

Toutefois, au moment du greffage en flûte, il ne faut pas hésiter à écimer au-dessus de la greffe la tige ou la branche opérée.

VII. — TRAVAUX COMPLÉMENTAIRES DU GREFFAGE

En décrivant les procédés de greffage, nous avons indiqué les principaux soins réclamés par chacun d'eux, une fois le travail terminé. Nous les résumerons en les généralisant.

Surveillance des ligatures. — Au moins huit jours après le greffage, on veille à ce que la ligature n'*étrangle* pas la plante. Si elle pénètre dans l'écorce par l'effet de la croissance du sujet, on se hâtera de donner un coup de greffoir en travers de la ligature, à l'opposé du bourgeon inoculé ou des jointures d'écorce ; le lien, ainsi coupé, tombe sans qu'on y prête la main.

Un commencement de strangulation n'est pas toujours un motif suffisant pour détacher le lien. S'il y a trop peu de temps que le greffage est terminé, on retarde la suppression de la ligature ; il suffirait de la trancher partiellement ou de la remplacer par une autre. Une greffe ainsi serrée ou comprimée pourrait devenir *à œil*

Charles Baltet

poussant.

Lorsque la ligature étrangle le sujet, on la coupe en haut et en bas, puis on la déroule en l'extrayant minutieusement des boursouflures d'écorce qu'elle a suscitées. La moindre esquille oubliée peut occasionner des désordres chez l'individu greffé.

Il vaut mieux enlever le lien à l'automne, avant l'hiver, les épidermes et les points de jonction s'acclimateront graduellement. On laissera jusqu'au printemps la ligature des greffes sensibles au froid, sauf dans les situations exposées au verglas. La tille, la laine, le raphia enlevés assez tôt permettront à l'écorce de supporter la température et aux replis de disparaître.

La ligature des greffes de boutons à fruit (voir chap. ix) est conservée plus longtemps ; on la retire après la *nouaison* du fruit.

Dans les premiers jours qui suivent le greffage, on pourra rencontrer plus fréquemment des ligatures qui se relâchent ; il faudra les renouveler. En même temps, on rafraîchira le mastic des engluements gercés ou tombés.

On profitera de cette première surveillance pour recommencer les greffes non réussies et pour enlever les cornets de papier, feuilles et autres écrans, placés sur le greffon pour le préserver de l'action du hâle et de la sécheresse.

Étêtage du sujet. — Il s'agit ici des greffages en approche et de côté.

Les arbres greffés par approche seront soumis au sevrage. Cette opération comprend l'étêtage du sujet et la séparation de la mère ; son but est de localiser la sève dans le sujet et dans le greffon réunis et soudés.

Les sujets greffés latéralement, soit par écusson, soit par rameau — en placage, sous écorce, dans l'aubier, en flûte, — seront écimés de suite ou après l'hiver, suivant le mode de greffage, à œil poussant ou à œil dormant.

1° Si le greffage est à *œil poussant*, c'est-à-dire pratiqué assez tôt en saison pour permettre au greffon de végéter avant l'hiver, l'écimage du sujet (A, *fig.* 102) sera commencé quelques jours après le greffage ; on coupera les sommités (*b*) des branches et de la flèche ; huit jours après, on les taillera encore plus court (B), et ainsi de suite à mesure que le greffon se développera jusqu'à 0^m,10 au-dessus de la greffe (C). On ménagera des rameaux sur l'onglet pour aider le greffon à attirer la sève ; enfin l'onglet sera enlevé au ras de la greffe (*d*) vers la fin de la végétation. Désormais, l'arbre (D) est complet.

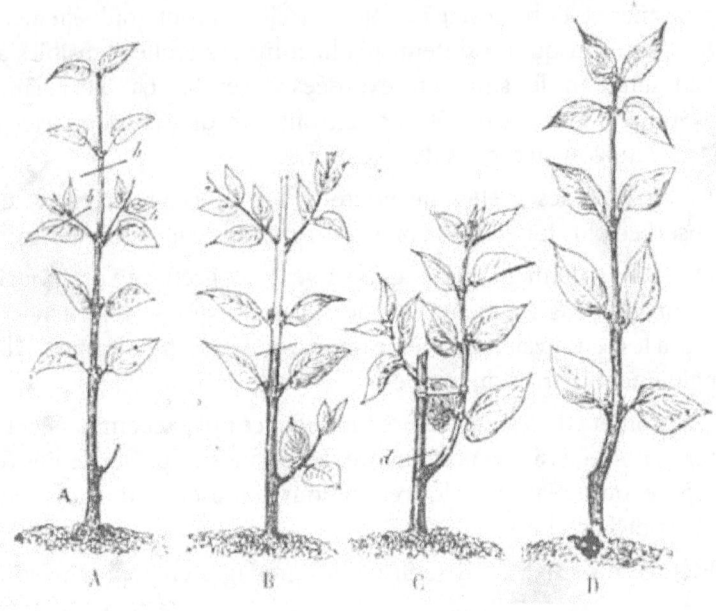

Fig. 102. — Étêtage successif de la greffe à œil poussant (Lilas).

2° Si le greffage, au contraire, est à *œil dormant*, c'est-à-dire si le greffon ne doit pas pousser avant le printemps suivant, on attendra que l'hiver soit passé, et l'on étêtera le sujet à 0^m, 10 au-dessus de la greffe (C, D, *fig.* 99).

Lorsqu'il y aura des greffes sur plusieurs branches, chaque branche sera tronçonnée comme les tiges greffées.

Le moignon conservé au-dessus de la greffe prend le nom d'onglet, de chicot. On le tiendra plus court si le greffon est douteux on muni d'yeux peu saillants ; si, au contraire, l'onglet est ramifié, on l'élague ; il suffira de deux ou trois bourgeons pour attirer la sève.

Charles Baltet

Quand les yeux du greffon sont incertains ou éteints, l'application d'une nouvelle greffe par rameau, auprès de l'ancienne, serait une bonne précaution, sans que l'arbre en soit « déshonoré », suivant une expression de l'*École du Jardin fruitier*.

L'opération de l'étêtage d'un sujet porte différents noms locaux et usuels ; le plus répandu est sevrage, comme s'il s'agissait d'isoler de la mère une greffe en approche ou une marcotte.

Ébourgeonnement du sujet. — Quand la végétation commence, il faut ébourgeonner sévèrement. Plus tard, on agit avec plus de précautions. Nous abattons avec la serpette ou avec la main les bourgeons du sujet situés entre le sol et la greffe. On pourrait en conserver sur les tiges chétives et en pincer les jeunes pousses, elles y attireraient le fluide nourricier.

Les bourgeons qui se développent sur l'onglet, autour de la greffe, seront littéralement supprimés ; toutefois, au-dessus de ce point, et afin de ne pas diminuer l'aspiration de la sève indispensable à la soudure, on conserve un ou deux bourgeons à titre d'appelle-sève, et on les pince. On les conservera plus longtemps sur les espèces dont l'onglet se dessèche vite, comme l'Érable, le Cytise, le Févier, le Hêtre, le Sophora. On les élaguera lorsque le jeune scion pourra se passer d'auxiliaire.

L'ébourgeonnage est renouvelé dès que l'on remarque une végétation de jets étrangers à la greffe. On modère à chaque fois l'opération sur les arbustes fluets, souffrants, et l'on cesse quand le greffon-écusson persiste à rester engourdi. Avec certaines espèces, l'Abricotier, le Rosier, si l'on taille l'onglet à ras d'une greffe dormante à l'excès, on a la chance d'en exciter la végétation immédiate ou de faire développer de nouveaux rameaux du sauvageon ; ceux-ci, à leur tour, seraient écussonnés ultérieurement. Cette taille de l'onglet est une solution radicale et décisive.

Des sujets greffés en tête sur tige ou sur branches préalablement tronquées seront ébourgeonnés jusqu'au sol, sur la tige et sur les branches greffées. Çà et là, on ménagera provisoirement quelques petites ramifications ou des bourgeons, dans le but d'appeler le fluide séveux vers la greffe ou vers les parties faibles.

En tout temps, on extirpera soigneusement, jusqu'à leur naissance, les drageons et les rejets souterrains qui affameraient la greffe.

VII. — TRAVAUX COMPLÉMENTAIRES DU GREFFAGE

Destruction des insectes. — En même temps que l'ébourgeonnement, aura lieu la surveillance à l'égard des insectes et leur destruction. Ce sera d'ailleurs un soin continuel, attendu que le mal est permanent.

On trouve les insectes au centre des feuilles roulées, dans les plaies, sous la ligature, contre les tuteurs. Leurs attaques sont généralement plus vives à l'égard des bourgeons de la greffe. Si l'on négligeait de les détruire, la jeune plante serait gravement compromise.

Nous insistons pour une surveillance de tout instant, quelle que soit la température. Les animaux nuisibles — comme tous autres — sont plus actifs au printemps ; les uns agissent pendant la pluie, les autres sous l'action de la chaleur ; ceux-ci le matin ou le soir, ceux-là en plein midi.

Chenilles, larves, papillons, lisettes, charançons, hannetons, coupe-bourgeons, pique-bourgeons, mouches, allantes, fourmis, etc., seront impitoyablement écrasés avec la main ou sous le pied, aux différentes phases de leur existence.

On détruira le tigre, le kermès, les pucerons par des lavages à l'eau de savon noir, avec des infusions de tabac ou de plantes aromatiques, ou par des projections de poudre insecticide, et le puceron lanigère au moyen de frictions a l'huile ou du pralinage à la chaux. Les corps gras sont appliqués sur le greffon, avant qu'il bourgeonne, ou lorsqu'il est bien développé, et non aux premières évolutions de la sève.

Les limaces et les escargots seront attirés sous des tas d'herbages, des feuilles de choux, des planches pourries, etc., et écrasés aussitôt. Un cordon de cristaux ou de poussières de sulfate de cuivre n'est jamais franchi par les mollusques.

Nous avons dit que l'emploi d'accessoires : tuteurs, coffres, paillassons, toiles, etc., imprégnés de compositions cupriques, n'était pas favorable à l'existence des insectes et des colimaçons.

Palissage de la greffe. — Sur les arbres écimés avec onglet, dès que les rameaux de la greffe atteignent $0^m,10$, nous commençons à les palisser en les accolant contre l'onglet.

La figure 103 montre le palissage du jet de l'écusson contre l'onglet (D) du sujet. Pour les espèces d'arbres où l'onglet ne suffirait pas, on

Charles Baltet

ajouterait un tuteur qui serait d'abord lié au collet du sujet, puis à la greffe (A, *fig.* 104). Les arbres susceptibles de se *décoller* à la greffe, ceux qui donnent des tiges fortes ou tourmentées, ont besoin d'un tuteur dès leur début.

Pour un jeune arbre greffé en tête (*fig.* 105), sans onglet, une baguette flexible (A) réunie par les deux bouts sur la tige servira au palissage des rameaux (B, B) de la greffe.

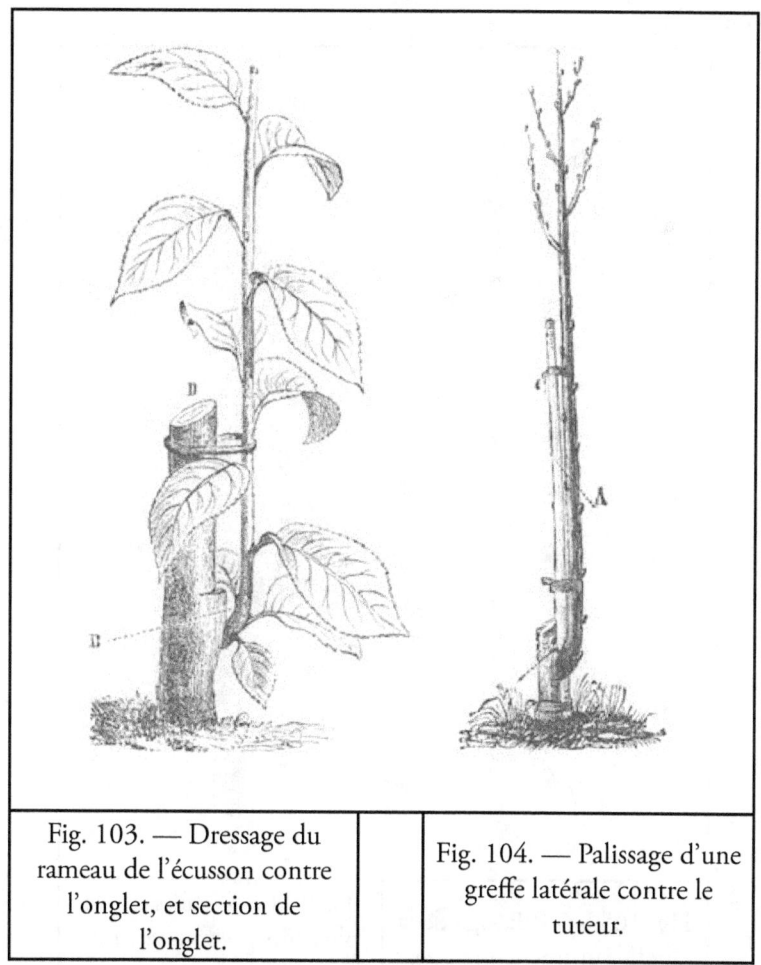

| Fig. 103. — Dressage du rameau de l'écusson contre l'onglet, et section de l'onglet. | Fig. 104. — Palissage d'une greffe latérale contre le tuteur. |

Si la tige porte plusieurs greffons (*fig.* 106), il faudra un support à chacun d'eux, soit une latte ou un petit bâton plus ou moins

VII. — TRAVAUX COMPLÉMENTAIRES DU GREFFAGE

ramifié, attaché au tronc par deux liens.

Les sujets greffés en basse tige seront accompagnés d'un tuteur ayant une dimension calculée sur la végétation de la greffe en première année. Dans les pépinières, on conserve sur les arbres greffés les lattes et les baguettes pendant au moins une année. Si l'arbre est destiné à voyager, on renouvelle le palissage au moment de sa déplantation, ce qui garantira suffisamment la greffe dans l'emballage.

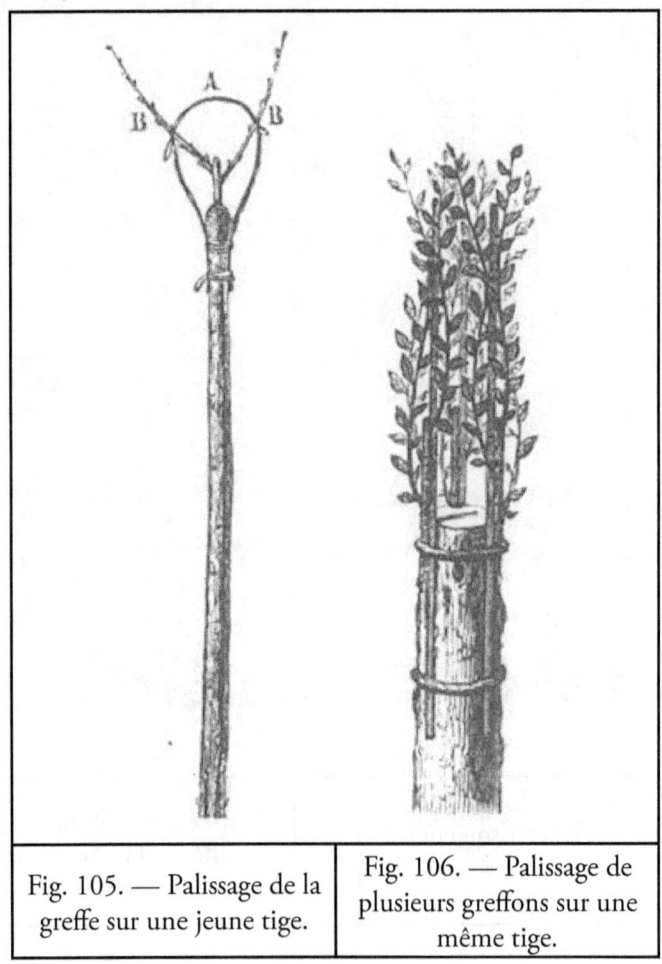

| Fig. 105. — Palissage de la greffe sur une jeune tige. | Fig. 106. — Palissage de plusieurs greffons sur une même tige. |

Les jeunes scions de la greffe sont palissés avec du jonc. Les baguettes et les tuteurs sont attachés au sujet avec deux osiers, au moins ; un seul osier ou plusieurs liens en jonc ou en paille ne seraient pas assez solides. Quand le rameau de la greffe devient ligneux, on peut l'accoler avec du gros jonc, de l'osier, avec de la tille, du raphia, de la spargaine, de la paille mouillée, avec des lanières d'écorce ou de jeunes tiges de lin ou de chanvre résultant d'un semis dru.

On palisse avec soin en évitant de trop comprimer le rameau, d'en froisser l'épiderme ou d'en tourmenter les feuilles.

Les tuteurs sont en bois arrondi plutôt qu'en brin fendu, le sulfatage en augmente la durée. On place l'échalas de préférence à la face nord du sujet ; de cette façon, il ne gênera point l'action des rayons solaires sur les tissus de l'arbre.

Un tuteur placé contre un arbre à haute tige doit toujours être assez élevé pour dépasser le point greffé. Trop court et attaché à la tige sans soutenir la greffe, il exposerait davantage cette dernière à être brisée par le vent ; il serait préférable alors de ne pas mettre de tuteur, mais disons encore que le sujet et la greffe résisteront mieux aux bourrasques avec l'appui d'un support commun (C, *fig.* 45).

Des tampons de mousse, de cuir ou de liège entre le tuteur et l'arbre seront nécessaires pour éviter toute meurtrissure.

Au moment des orages, on redoublera de vigilance et, si des greffes étaient trop agitées par le vent, on chercherait à y remédier par de nouveaux supports et même par l'écimage ou l'effeuillage des rameaux les plus allongés.

Suppression de l'onglet. — Après une année de végétation, on retranche l'onglet de la greffe ; en le laissant plus longtemps, il meurt et la carie attaque le sujet. Si on le coupe à l'époque du déclin de la sève, la plaie se cicatrise, et le coude formé au point de jonction ne tarde pas à disparaître. Cependant, il n'y aurait aucun danger à conserver pendant deux ans l'onglet d'une greffe faible en végétation.

Dans les pépinières, l'ablation de l'onglet se fait en août et en septembre, quand le travail de l'écussonnage se termine. On commence par les greffes dont la liaison pourrait être moins intime ; par exemple, lorsque deux genres différents sont greffés l'un sur l'autre : le Poirier sur le Cognassier, le Cerisier sur le

VII. — TRAVAUX COMPLÉMENTAIRES DU GREFFAGE

Mahaleb, l'Abricotier ou le Pêcher sur le Prunier ou sur l'Amandier, le Néflier sur l'Aubépine ou sur le Cognassier, le Lilas sur le Troène.

On coupera l'onglet en biais, suivant la ligne B de la figure 103, et celle (*i*) de la figure 109, la section étant dirigée sur un plan oblique dont la base commence en face du *talon* de la greffe pour finir à la *gorge* même de cette greffe. Si l'onglet était gros et sec, ou placé entre deux scions (*fig.* 97), on emploierait la scie et l'on parerait ensuite avec une lame fine. Dans les cas ordinaires, la serpette à désongletter (*fig.* 4) est la plus convenable pour les arbres à basse tige. — L'opérateur arc-boute son pied au collet de l'arbre ; mais le coup de serpette doit être donné avec une certaine habileté, respectant la jeune pousse et ne fatiguant pas le sujet.

Un petit chicot pourrait être enlevé au sécateur ; on planerait ensuite la coupe à l'aide de la serpette, en retenant la lame avec la main pour ne point attaquer la greffe.

L'application de boue, d'onguent sur la plaie est favorable à la cicatrisation.

En même temps qu'on supprime l'onglet, on retranche les scions complémentaires résultant d'un greffage multiple. La solidité de la greffe y gagnera.

Fig. 107. — Réduction du bourrelet de la greffe.

Réduction du bourrelet de la greffe. — Lorsqu'il se manifeste, à la naissance de la greffe, un bourrelet proéminent (A, *fig.* 107) au détriment de la libre circulation de la sève, nous cherchons à l'atténuer par quelques incisions longitudinales données au printemps, partant du bourrelet de la greffe (C) pour se continuer sur le sujet chétif (B). Le cambium dégorge par ces issues, dilate les couches génératrices et vient aider à leur accroissement.

Les incisions sont produites par un simple coup de greffoir ; elles seront prolongées çà et là sur la tige, dans les endroits faibles, et renouvelées modérément dans le cours de la végétation, s'il y a lieu.

Par un procédé analogue, nous utilisons le bourrelet du Poirier sur Cognassier au profit de la vigueur de l'arbre. Le poirier (D, *fig.* 108), trop gros relativement au sujet (E) sur lequel il est greffé, ralentit sa vigueur et sa production. Nous y remédions en pratiquant dans le bourrelet (F), au printemps, de petites incisions longitudinales ; nous buttons en H avec du sable ou de la terre amendée, entretenue humide par l'arrosage, un paillis ou une couverture de tannée usée. Des radicelles (*g*) ne tarderont pas à sortir des fissures du bourrelet (F') sur la greffe ; elles deviendront racines et alimenteront l'arbre directement.

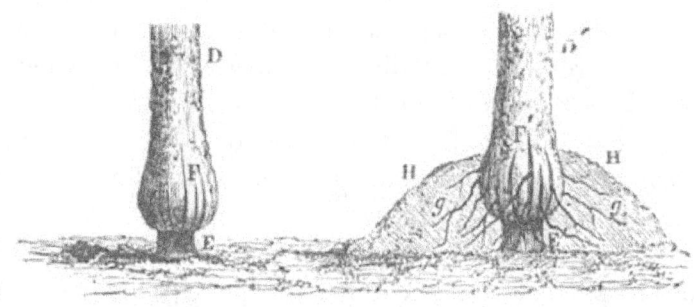

Fig. 108. — Affranchissement du Poirier sur cognassier.

Le Poirier (D') ainsi affranchi reprendra une vigueur nouvelle, tandis que le tronc (E) appartenant au sujet de Cognassier périclitera et finira par disparaître avec ses racines. Le bourrelet de la greffe, riche en tissu cellulaire, peut être alors assimilé au talon de la bouture crossette (*fig.* 21).

VII. — TRAVAUX COMPLÉMENTAIRES DU GREFFAGE

VIII. — VÉGÉTAUX À MULTIPLIER PAR LA GREFFE; ARBRES, ARBRISSEAUX, ARBUSTES.

Il ne suffit pas de savoir greffer, il faut encore connaître les végétaux qui se soumettent au greffage, la nature du sujet qui leur convient et les procédés à employer.

Ce chapitre, consacré aux principales essences ligneuses du climat de la France ou des régions tropicales, en donnera l'indication.

Les procédés de greffage sont inscrits dans l'ordre de leur importance relative. Nous y ajoutons le mode de reproduction du sujet et quelques observations dictées par l'expérience.

Abricotier (*Armeniaca*).
Famille des Amygdalées.

Sujet. — Prunier, *Prunus domestica*, var. Saint-Julien et Damas noir (semis). — Prunier cerise ou mirobolan, *P. cerasifera* ou*mirobolana* (semis, bouture). — Dans la zone du vignoble, on le greffe encore sur Abricotier franc, *A. vulgaris*, sur Amandier, *Amygdalus communis*, même sur Pêcher, *Persica vulgaris* (semis).

Greffage. — En écusson (*fig.* 91) ; juillet-août. — Anglaise simple (*fig.* 80). — En incrustation (*fig.* 59) ; mars-avril. — En pied ou sur tige.

Suivant les milieux, l'Abricotier se greffe sur divers genres voisins énumérés plus haut. Commençons par le plus répandu, le Prunier.

Greffage sur Prunier. — Les espèces sympathiques à l'Abricotier sont les Pruniers de *Saint-Julien*, *Damas* et *Mirobolan* ; celui-ci se multiplie par semis et par bouture, les autres par semis, souvent par cépée. Le greffage en pied se pratique à $0^m,15$ du sol sur de jeunes plants trapus ; on a d'abord attaché entre elles les branches du sujet et, la greffe terminée, on les écimera et fagotera (*fig.* 99).

Biner le sol, par un beau temps, aussitôt le greffage achevé et

Charles Baltet

surveiller les ligatures.

Les mêmes plants soumis au recepage donneront des sujets propres à être greffés sur tige, deux ou trois ans après cette opération. S'ils étaient d'une nature rabougrie, on aurait recours au greffage intermédiaire d'une espèce vigoureuse et sympathique à l'Abricotier, par exemple les Pruniers *Reine-Claude de Bavay, Sainte-Catherine, Quetsche*, ou une forme du Prunier *de Saint-Julien*, celui de *Montlignon* ou tout autre adopté dans les pépinières.

La figure 109 représente un sujet de Prunier (*e*) sur lequel est greffé l'intermédiaire (*f*) ; le surgreffage de l'Abricotier est appliqué en tête. À 0^m,20, la jeune greffe a été pincée (*g*), elle s'est ramifiée (*o*) ; avant la chute des feuilles, l'onglet sera coupé (*i*).

C'est ici le cas d'employer le greffage mixte des rameaux du Prunier préalablement écussonnés (*fig.* 98). M. Bruant, à Poitiers, applique ce système aux rameaux de Prunier *Mirobolan* qu'il écussonne sur pied, en Abricotier, pour les fractionner à l'automne, les enjauger et les multiplier ensuite par la voie du bouturage.

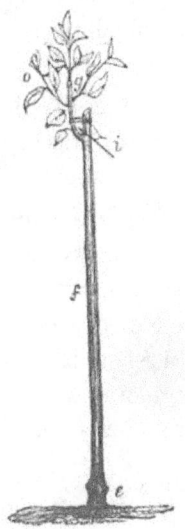

Fig. 109. — Surgreffage de l'Abricotier.

On rencontre encore d'autres espèces de Prunier sympathisant

VIII. — VÉGÉTAUX À MULTIPLIER PAR LA GREFFE...

avec l'Abricotier. Les Anglais emploient le Prunier *Brussel*, sauf pour l'Abricotier pêche et ses sous-variétés. Les Hollandais ont adopté le Prunier *Grosspflaum*. À Metz, on emploie le Prunier *Quetsche*, élevé par cépée.

Greffage sur Abricotier, Amandier et Pêcher. — Parcourons notre région centrale et la région méridionale où l'Abricotier réussit sur les espèces indiquées, Abricotier, Amandier, Pêcher, comme sur le Prunier.

Nous quittons la Bourgogne qui semblerait être la limite nord du succès de l'Abricotier greffé sur Pêcher ou sur Amandier.

Le greffage de l'Abricotier sur Pêcher franc, à demi-tige, se pratique dans une partie du Lyonnais, cantons de l'Arbresle et de Tarare, notamment à Besenay où un abricot *blanc*, à confiture, est cultivé dans les vignes.

Dans le département de l'Ain, sur les bords de la Saône, l'Abricotier vit avec le Pêcher ; vers la région froide des étangs, il préfère le Prunier.

Dans le Dauphiné, surtout aux environs de Valence, l'Amandier est employé comme sujet pour les cultures en plein vent. On greffe également sur Abricotier franc les variétés robustes, connues sous les noms d'Abricotier *d'Ampuis* et d'Abricotier *Luizet*.

En Provence, on adopte le sujet Prunier *mirobolan* (semis), dans les terrains profonds ou arrosés, et le sujet Abricotier *franc* lorsque le sol, humide, s'égoutte difficilement.

Sur les bords de la Méditerranée, dans les terrains secs et arides, non abrités du vent violent qui casse les jeunes greffes, on soustrait l'Abricotier à son action par un greffage intermédiaire. L'Amandier est d'abord écussonné en pied avec une variété vigoureuse de Pêcher ; celle-ci s'élèvera à tige et recevra le bourgeon d'Abricotier. Sur Pêcher, la greffe d'Abricotier se décolle moins facilement que sur Amandier, et ce dernier sujet convient aux terrains secs de la région méridionale.

Dans l'Aude, il paraît que l'Abricotier greffé sur l'Abricotier franc, en pied, élevé à tige par l'évolution même de la greffe, est plus robuste que s'il était greffé en tête.

En suivant le cours de la Garonne, nous rencontrerons çà et là des

Abricotiers greffés sur Amandier, d'autres sur Abricotier franc, et la majeure partie sur Prunier, comme ils le sont dans l'est, l'ouest et le nord de la France.

Observations. — Les rameaux-greffons de l'Abricotier, bien aoûtés, de grosseur moyenne et récoltés en plein vent sont préférables. Il convient de rejeter les yeux de la base qui se développeraient mal ; ceux du sommet sont difficiles à employer pour le greffage par bourgeon.

Vérifier l'écussonnage quinze jours ou trois semaines après la première opération. Doubler l'écusson pour augmenter les chances de succès ; mais pendant la sève, il conviendra de tenir court, par le pincement, le scion qui se trouve moins bien placé et de le retrancher lors du, *désonglettage* ou suppression de l'onglet.

Dans les pépinières, si l'on craint la non-réussite de l'Abricotier, on pose sur le sujet un second écusson de Prunier ou d'une espèce similaire, Amandier, Pêcher.

Détacher la ligature à l'automne.

Détruire au printemps les lisettes et les colimaçons, friands des bourgeons d'Abricotier.

Palisser rigoureusement, à plusieurs reprises.

Désongletter quelques mois avant l'hiver.

Abutilon (*Abutilon*).
Famille des Malvacées.

Sujet. — Abutilon à fleurs striées, *Abutilon striatum* (semis, bouture).

Greffage. — En demi-fente sur collet (*fig.* 110). En placage (*fig.* 118) ; mars-avril, sous verre.

Observations. — Il convient de choisir un sujet d'une nature vigoureuse, à feuille verte quand le greffon est à feuille verte, et à feuille panachée ou maculée quand le greffon est d'une espèce à feuillage bigarré, — si l'on veut éviter une perturbation dans les résultats du greffage.

Victor Lemoine, l'habile multiplicateur de Nancy, ayant greffé l'*Ab. Thompsoni fol. variegatis* sur l'*Ab. vexillarium*, celui-ci émit, au-dessous de la greffe, des pousses à feuilles panachées. Une autre fois, la première de ces variétés devint le porte-greffe de nouveautés à feuillage vert, mais elles produisirent une bigarrure telle, qu'elles furent mises au commerce sous les noms de *Caprice* et de *Caméléon*. Greffées à leur tour, sur des Abutilons verts, ces dernières provoquèrent la panachure de leur sujet.

Ailleurs, chez Van Houtte à Gand, la panachure blanche d'un sujet devint jaune au contact d'un greffon de cette nuance : la couleur primitive revint au sujet après suppression du greffon.

Ces faits appellent l'attention du physiologiste.

Alaterne (*Rhamnus Alaternus*).
Famille des Rhamnées.

Sujet. — Alaterne à large feuille, *Rhamnus Alaternus latifolius* (semis).

Greffage. — En placage (*fig.* 55, 56) ; octobre. — En pied ; sous verre.

Observations. — Choisir des plants de deux ans, ayant la grosseur d'une plume d'oie, — le plant d'un an serait trop fin ; s'il était plus âgé, sa tige, trop grosse, sympathiserait moins bien avec les rameaux fluets du greffon.

La soudure étant assez lente, on maintient la greffe à l'étouffée pendant deux mois environ.

Les Alaternes se propagent facilement par le marcottage ; mais, dans les sols légers comme ceux de la Champagne, l'Alaterne à feuille panachée de blanc, *Rh. alaternus albo-variegatus*, végète mal ; de là, sa multiplication par la greffe. Dans nos pépinières, cette variété est plus vigoureuse, greffée, que multipliée par le couchage.

Charles Baltet

Alisier (*Aria*).
Famille des Pomacées.

Sujet. — Aubépine blanche, *Cratægus oxyacantha* (semis).

Greffage. — En écusson (*fig.* 91) ; juillet. — En fente (*fig.* 69). — En incrustation (*fig.* 59) ; mars-avril. — En pied.

Observations. — Greffer rez terre, pour éviter la difformité d'un sujet plus étroit que la greffe et la végétation de pousses affamantes sur la tige du sauvageon.

Rejeter du rameau-greffon les yeux de la base, d'un développement incertain, et ceux du sommet, trop disposés à fleurir.

Nous avons vu, au Jardin des Plantes de Paris, de beaux Alisiers greffés sur Cognassier.

Althéa (*Hibiscus*).
Famille des Malvacées.

Sujet. — Ketmie des jardins, *Hibiscus syriacus* ou *Althæa frutex* à fleur simple (semis ; bouture ; fragment de racine).

Greffage. — En fente (*fig.* 110). — À l'anglaise (*fig.* 81). — En incrustation (*fig.* 60). Sur collet de racine (*fig.* 115) ; avril. — En pied.

Observations. — Les rameaux, préparés à l'avance, seront enterrés peu profondément avec du sable sec, parce qu'ils craignent la pourriture ; il sera prudent de les abriter de la gelée. Quand l'hiver n'est pas à redouter, on peut couper, au moment du greffage, les rameaux sur le sujet étalon. Dans un climat froid, il est indispensable d'empailler les porte-greffons.

Greffer le plant (A, *fig.* 110) rez terre, plutôt au-dessous, ou choisir comme sujet un fragment de racine. Veiller à l'ébourgeonnage.

On peut greffer en hiver, à l'abri, puis enjauger à la cave l'arbuste greffé (B), pour le transplanter au premier printemps.

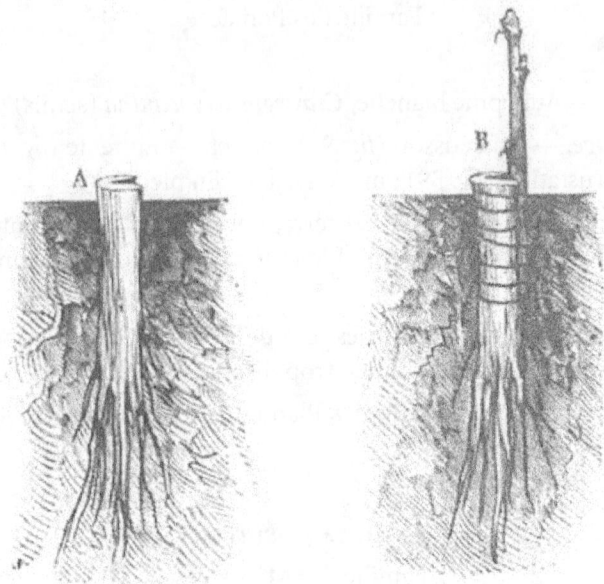

Fig. 110. — Greffe en demi-fente au collet (Althéa).

Amandier (*Amygdalus*).
Famille des Amygdalées.

Sujet. — Amandier à coque dure, *Amygdalus communis* (semis). — Prunier, *Prunus domestica* (semis ; marcottage par cépée).

Greffage. — En écusson (*fig.* 91) ; août. — En fente (*fig.* 69) ; mars. — En pied ou sur tige.

Observations. — L'écussonnage en pied, à œil dormant, est préférable sur un jeune sujet ; le plant greffé sera fagoté, écimé ensuite (*fig.* 99).

En Provence, on greffe en flûte, à œil poussant, l'Amandier à coque tendre ou à coque demi-dure sur l'Amandier commun.

Dans les terrains secs ou arides de la région méditerranéenne, on écussonne l'Amandier *princesse*, avec étêtage immédiat du sujet, pour forcer le bourgeon de la greffe à se développer, avant les

Charles Baltet

grandes chaleurs ; sans cette précaution, l'œil écussonné resterait dormant et se dessécherait au lieu de végéter.

Ce procédé est pratiqué en juin, alors que les bourgeons sont formés. La section du sujet, huit jours après, excite la végétation d'une greffe réussie ; s'il y avait doute, il vaudrait mieux ne pas étêter. En tout cas, la ligature n'est enlevée que lorsque la jeune greffe peut se défendre contre les vents ; dans ces conditions, son accolage est une précaution nécessaire.

Si la contrée est gélive, le sujet Prunier est préféré au sujet Amandier pour la propagation des Amandiers *à coque tendre*. L'arbre n'y aura pas une longue durée ; mais l'Amandier franc de pied se plairait moins sous un climat froid.

Dans les pépinières, on greffe souvent à titre supplémentaire l'Amandier en plein carré de Pruniers, de Pêchers ou d'Abricotiers.

Les variétés d'ornement seront greffées en pied, par écusson, sur Amandier ou sur Prunier, en pépinière ou dans la serre, avec des sujets vigoureux et de moyenne grosseur.

Andromède (*Andromeda*).
Famille des Éricacées.

Sujet. — Andromède (semis), type de l'espèce on variété à reproduire.

Greffage. — En placage (*fig.* 118) au collet ; février, sous verre.

Observations. — L'Andromède du Japon à feuille panachée se multiplie de cette façon sur son type robuste et toujours vert, l'Andromède du Japon ou *Pieris japonica*.

Surveiller le drageonnage.

Aralia (*Aralia*).
Famille des Araliacées.

Sujet. — Aralia épineux, *A. spinosa* (racine). — Aralia réticulé, *A. reticulata* (bouture).

VIII. — VÉGÉTAUX À MULTIPLIER PAR LA GREFFE...

Greffage. — En demi-fente (*fig.* 110). En incrustation (*fig.* 115) ; sur racine ou au collet, sous verre. Février ; août.

Observations. — Les Aralias se multiplient par le bouturage de racines ou de rameaux ; le greffage est appliqué aux types récalcitrants. Le sujet est une racine de l'Aralia épineux ou un plant racine des *A. reticulata, Guilfoylei, filicifolia,* élevé par bouture ; ceux-ci conviennent aux espèces de serre, les *A. elegantissima, leptophylla, Veitchi* et var. *gracillima.*

Le greffon est introduit au collet du plant ou en tête de la racine-sujet et ligaturé solidement.

Empoter les plantes greffées à fleur de terre avec un compost de bonne terre franche, sable et terre de bruyère, puis les placer sous cloche dans la serre à multiplication. Une fois soudées, elles seront portées sur couche tiède, sous verre ou en serre tempérée.

Quelques variétés d'Aralias et de genres similaires se propagent par la greffe sur leurs propres racines. — L'Aralia *de Chabrier* s'élève mieux, enté sur lui-même, le sujet étant un rameau-bouture et le greffon pris sur tête.

Araucaria (*Araucaria*).
Famille des Conifères, § *Araucariées.*

Sujet. — Araucaria (semis, bouture).

Greffage. — De côté avec incision oblique (*fig.* 67). — En placage (*fig.* 113) ; février, août. — En pied ; sous verre.

Observations. — Le groupe des Araucarias se subdivise en Colymbea, Eutacta, Dammara. Les Colymbea *imbriqué* et *du Brésil,* les Eutacta *élevé* et *de Cunningham* en sont les porte-greffes. Au Brésil, on greffe parfois l'Araucaria *du Brésil* sur l'Araucaria *imbriqué* (Colymbea).

Lorsqu'on manque de sujets, on pourrait en créer, par un bouturage de têtes ; mais le nombre de rameaux nés par suite du tronçonnement de la flèche étant restreint, et le bouturage n'étant pas d'une réussite aussi certaine que le greffage, on commencera par bouturer des rameaux *de côté* ; plus tard, on greffera ces sujets de bouture avec des greffons *de tête.*

Charles Baltet

Les greffons de tête sont des jets qui naissent à l'aisselle du verticille supérieur de branches, la flèche ayant été écimée à cet effet.

Le *Dammara ovata* réussit sur son type, de semis, et sur l'Araucaria *imbriqué*.

L'*Ar. Rulei* prend sur *Ar. excelsa* (Eutacta).

L'*Araucaria excelsa*, de semis, lorsqu'il est fluet, sera rendu trapu par le greffage de la tête du jeune arbuste sur son propre collet.

Arbousier (*Arbutus*).
Famille des Éricacées.

Sujet. — Arbousier des Pyrénées, *Arbutus unedo* (semis, cépée).

Greffage. — En placage (*fig.* 55, 56) ; février, septembre. — En pied ; sous verre.

Observations. — Choisir de jeunes plants âgés de deux ans, il vaut mieux opérer sur des tissus jeunes. Greffer sous cloche ou sous châssis ; tenir le sujet greffé à l'étouffée pendant deux mois et l'amener ensuite graduellement à l'air libre en le faisant passer par les abris (*fig.* 36).

Dans le Midi où l'Arbousier croît spontanément, on préfère le plant de cépée pour le greffer par approche, en plein été et à l'air libre.

Arthrotaxis (*Arthrotaxis*).
Famille des Conifères, § *Séquoiées*.

Sujet. — Cryptomeria du Japon (semis).

Greffage. — De côté dans l'aubier (*fig.* 67). En placage (*fig.* 113) ; août-septembre, sous verre.

Observations. — Le greffage se fait à l'étouffée, sous cloche et à froid.

L'Arthrotaxis *imbriqué* réussit à la greffe d'août sur le Cryptomeria *élégant*.

D'après Keteleer, on évitera d'entailler trop les greffons

d'Arthrotaxis.

Aubépine (*Cratægus oxyacantha*).
Famille des Pomacées.

Sujet. — Aubépine blanche (semis).

Greffage. — En écusson (*fig.* 91) ; juillet. — En fente (*fig.* 69, 71). Anglaise (*fig.* 81) ; mars. — En couronne (*fig.* 51, 54) ; avril. — En pied.

Observations. — Écussonner sur des plants de grosseur moyenne.

Les greffages se font à basse tige, assez près de terre, à cause des nombreux rameaux qui se développent sur le sauvageon.

On greffe à haute tige sur des sujets jeunes, bien constitués et droits les variétés à bois fin, à rameaux étalés ou retombants. Cependant, à cause de la tige noueuse de l'Aubépine commune, il conviendrait de pratiquer une double opération : 1° on grefferait on pied, sur le sauvageon, une sorte vigoureuse, soit l'*Épine à fleur rose double*, le *Néflier de Smith*, le *Sorbier des oiseaux* ; 2° une fois celle-ci élevée à tige, on la surgrefferait avec la variété délicate d'Aubépine.

Surveiller l'ébourgeonnement du sauvageon.

Sur l'Aubépine dite de race américaine, Ergot-de-coq, *Cr. crus galli*, plant de semis, nous obtenons une belle végétation de sa congénère plus modérée, Épine Petit-Corail, *Cr. corallina*.

L'**Azerolier**, *Cr. Azarolus*, se greffe sur Épine indigène ou américaine, rez terre, et les variétés délicates, par surgreffage sur leur type.

Aucuba (*Aucuba*).
Famille des Cornées.

Sujet. — Aucuba du Japon (bouture).

Greffage. — En placage (*fig.* 118). De côté dans l'aubier (*fig.* 66). En demi-fente (*fig.* 111) ; d'octobre à février. — En pied ; sous verre.

Observations. — Lorsqu'on manque de sujets racinés, on

Charles Baltet

confectionne des boutures d'Aucuba ; en même temps on les greffe avec la variété à propager. On les place sous cloche ; la soudure s'accomplira tandis que la bouture prendra racine.

Le sujet (T, *fig.* 111) est un fragment d'Aucuba préparé pour le bouturage ; la base (U) mise en pot (Y) est coupée sous un œil et le sommet porte un bourgeon d'appel et une feuille (V). Le greffon (X) a ses grandes feuilles coupées, les petites sont laissées entières ; il est inséré en demi-fente ou par incrustation. On a ligaturé avec un lien souple, sans engluement.

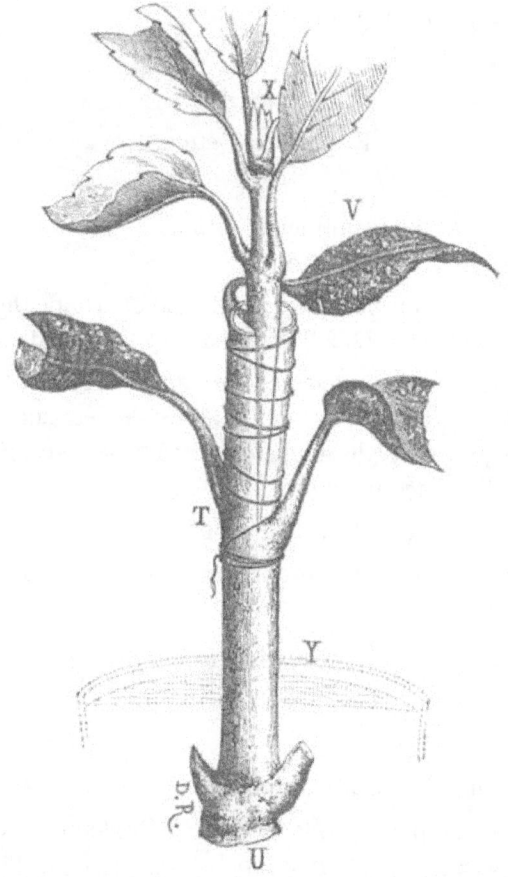

Fig. 111. — Greffe par rameau-bouture (Aucuba).

VIII. — VÉGÉTAUX À MULTIPLIER PAR LA GREFFE...

La plante est placée sous cloche, à chaud, jusqu'à la sortie des racines ; alors on aère en soulevant la cloche, ensuite la plante est placée sur la tablette de la serre, à froid. Plus tard, on la portera sous châssis où elle hivernera ; enfin, au printemps, la plantation à l'air libre se fera par l'intermédiaire de l'abri-ombrelle (*fig.* 36).

La greffe en placage (*fig.* 55), la greffe de côté dans l'aubier (*fig.* 66) sont généralement employées. Veiller aux ligatures. Au cas d'insuccès, la greffe latérale laisse le sujet plus facilement utilisable que si elle était pratiquée en tête.

La figure 133 indique le moyen de rapprocher les deux sexes de l'Aucuba sur la même plante.

Aulne (*Alnus*).
Famille des Bétulacées.

Sujet. — Aulne glutineux, *Alnus glutinosa*. — Aulne blanchâtre, *Alnus incana* (semis).

Greffage. — En approche (*fig.* 38, 42). En couronne (*fig.* 52) ; mai-juin. — En fente (*fig.* 72, 78) ; mars-avril. — En pied ou en tête.

Observations. — Les greffages par rameau réussissent avec des greffons dont le bois est âgé de un an ou de deux ans ; mais il est préférable que le bois du sujet étêté soit âgé de deux ans au moins, à l'endroit du tronçonnement.

Les variétés se greffent sur leur type.

Les opérations sous verre seront pratiquées de juillet en septembre.

Avocatier (*Persea*).
Famille des Laurinées.

Sujet. — Laurier Avocat. *P. gratissima* (semis).

Greffage. — En placage (*fig.* 55 et 125). En demi-fente (*fig.* 114) ; automne, sous verre. — En approche (*fig.* 42), à l'air libre, après la période des pluies et des vents du nord.

Observations. — Ce bel arbre toujours vert de l'Amérique

intertropicale, déjà acclimaté en Algérie sera ainsi propagé dans ses dispositions vigoureuses et fructifiantes.

Aux Antilles, des planteurs ont réussi le greffage par rameau de l'Avocatier, sur franc, en opérant au retour de la sève, les pluies étant passées et la greffe recouverte d'une sorte de cloche en treillis de fibres de Palmier.

Azalée (*Azalea*).
Famille des Éricassées.

Sujet. — Azalée du Pont, ou pontique, *A. pontica* (semis), pour les variétés dites d'Amérique, à feuillage caduc. — Azalée de Chine, *A. sinensis* ou *mollis* (semis), pour les variétés de Chine et du Japon, à feuille caduque, de pleine terre. — Azalée de l'Inde, *A. indica*, (semis, bouture) pour les variétés dites de l'Inde, à feuillage persistant, de serre ou d'orangerie.

Greffage. — En placage (*fig.* 55 et 118). En demi-fente (*fig.* 110 et 114) ; mai-juin ; septembre. — En pied ou sur tige ; sous verre.

Observations. — Les *Azalées de pleine terre* se propagent généralement par le marcottage ; cependant, on greffe les variétés rares ou peu fournies de bois pour le couchage.

L'Azalée pontique recevra la greffe des espèces américaines et asiatiques ; celles-ci (*A. sinensis*) donneraient de bons plants, par le semis, mais on préfère les garder pour la culture de pied franc et greffer la variété à propager sur l'Azalée pontique, moins intéressant en fleurs.

L'Azalée de Chine (*A. mollis*) s'obtient à tige, soit naturellement, soit par son greffage sur une variété vigoureuse d'Azalée pontique, ou même de Rhododendron pontique. L'*Az. pontica invectissima* fournit par le semis des plants vigoureux pour la culture directe ou pour l'élevage des sujets à tige.

On greffe au mois d'août, en placage (*fig.* 55). ou en demi-fente (*fig.* 110), au collet du sujet ; le greffon est semi-ligneux, ses feuilles lui seront conservées ; opérer rapidement pour qu'il ne puisse faner. La greffe au printemps réussit mal.

Ces deux espèces, Azalée pontique et Azalée de Chine, sont

VIII. — VÉGÉTAUX À MULTIPLIER PAR LA GREFFE...

préférables de pied franc, par couchage ; robustes en pleine terre, elles ont résisté aux 25° de froid de l'hiver 1879-1880.

Azalée de l'Inde. — L'Azalée de l'Inde, à feuille persistante, riche en variétés florales dites de serre ou de jardin d'hiver, se multiplie par quantités considérables en France, en Belgique, en Angleterre. Nous indiquerons les méthodes que nous avons suivies à Angers, à Versailles, à Gand et à Cherbourg. La culture anglaise se rattache à ces divers procédés.

Méthode angevine. — Nous devons les renseignements suivants à M. Émile Boyau, à Angers, cultivateur de l'Azalée de l'Inde.

Les sujets sont de l'*Az. phœnicea*, le meilleur type, ou de l'*A. rosea elegans*, à tige vigoureuse.

On choisit les sujets âgés d'un an ; la greffe en demi-fente (*fig.* 114) sera pratiquée sur le bois déjà lignifié, quoique étant encore en végétation.

L'opération peut se faire au printemps, mais on préfère la deuxième quinzaine de septembre, en serre tempérée et sous cloche, ou sous châssis de un mètre carré, placé dans une serre fermée ; toutefois, l'étouffée sous, cloche est le procédé le plus usité.

Voici quelques précautions nécessaires après le greffage : 1° *Sous châssis.* Le plant greffé est placé assez près du verre, même « à toucher le verre ». Chaque matin, le châssis sera levé légèrement ; on donnera « un doigt d'air » pendant une demi-heure, pour permettre l'évaporation de l'humidité, puis la plante sera recouverte. 2° *Sous cloche.* Ici encore, tous les matins, on lève la cloche, la buée est essuyée et la plante reste à découvert pendant une demi-heure. Lorsqu'il y a disette de sujets de bouture, on couche en avril ou en mai de grosses touffes d'*Azalea phœnicea* ; les bourgeons produisent alors, en septembre, des plants de $0^m,20$ à $0^m,30$ de haut, forts, que l'on peut greffer à mesure qu'on les lève de la pleine terre. Une fois les greffes soudées, après les soins indiqués précédemment, les plantes restent en pleine terre dans le châssis froid, jusqu'au mois de mai, et elles pourront y rester pendant dix-huit mois.

D'autres horticulteurs non moins habiles dans la multiplication de l'Azalée, à Angers, greffent en mai-juin et au mois de septembre, jamais plus tard ; l'opération est en demi-fente avec œil d'appel

Charles Baltet

en tête du sujet. Le greffage est appliqué aux bonnes variétés peu vigoureuses ou lentes à pousser, tandis que le bouturage à chaud au printemps, à froid en été, est préféré pour *Alba perfecta striata, Antoine Chantin, Auguste Delfosse, Belle Gantoise, Comtesse de Flandre, Charles Enke, Clémentine Vervaene, Duc de Nassau, Dieudonné Spae, Étendard de Flandres, Jean Verschaffelt, Louise-Marie, La Victoire, Liliiflora, Louise Margottin, La Paix, Madame Van der Cruyssen,* Rosea punctata, *etc.*

Ces deux dernières variétés sont, au contraire, soumises au greffage à Versailles. Dans cette ville, on obtient facilement sur tige de bonnes plantes marchandes en trois ans ; la première année est consacrée au bouturage du sujet, la seconde année au greffage, la troisième au développement de la greffe. Nos amis Truffaut, Duval, Moser, emploient encore à titre de sujet les *Az. phœnicea* et *concinna*. M. Veitch, à Chelsea (Angleterre), les y utilise également.

Méthode gantoise. — L'horticulture gantoise produit et vend annuellement 300 000 Azalées. Voici comment la multiplication s'opère, d'après Édouard Pynaert, savant horticulteur de Gand, qui nous a guidé dans nos explorations :

En hiver, on bouture les sauvageons en serre chaude ou tempérée, sous cloche ou en bacs carbonisés recouverts d'une vitre, et dans du sable pur. On emploie, comme bouture, les bourgeons qu'on enlève du sujet ayant un an de greffe, vers février ou mars, alors qu'ils ont de $0^m,04$ à $0^m,06$ de longueur et l'on en met 15 par potée. — En mai, du 10 au 20, suivant la température, on plante les boutures racinées en pleine terre de bruyère ou dans un terreau de feuilles.

Au mois d'août ou en septembre, on relève les plants les plus forts et on leur donne des pots de $0^m,06$; les gros greffons leur sont réservés. Quinze jours après, du 15 août au 30 septembre, on peut les greffer.

Le plant à $0^m,15$ est convenable ; trop faible, il sera opéré au collet ou ajourné au printemps.

Le greffage d'automne ou d'hiver se fait à froid, avec + 6° ou 8° au plus.

Le mode plutôt employé est la demi-fente, herbacée. On coupe la tête du sujet dans la partie encore tendre en face d'une feuille ;

VIII. — VÉGÉTAUX À MULTIPLIER PAR LA GREFFE...

le greffon est choisi dans les mêmes conditions, semi-herbacé, suffisamment aoûté, sans être ligneux. On ligature avec un fil de coton, en quatre ou cinq tours, sans engluement.

Les plants greffés sont placés droits sous cloche ou inclinés sous châssis, tenus hermétiquement fermés, avec une humidité suffisante sous le verre et une température de + 15°.

Au bout de quatre semaines, en août, et de cinq à six semaines, en septembre, les greffes sont soudées ; alors on peut commencer l'aération.

En hiver, les Azalées veulent une serre bien éclairée, des arrosements réguliers, une température s'élevant de zéro à 3° ou 4° pendant qu'il gèle, et avant le chauffage de la plante.

Les jeunes greffes sont mises en pleine terre le plus tôt possible, en mai, et préservées des gelées tardives au moyen de nattes placées le soir des journées claires.

Il ne faut pas ménager le soleil et l'eau, même l'engrais liquide (bouse de vache délayée). On pince les jeunes plantes, trois ou quatre fois, et l'on obtient une tête branchue, ramifiée.

En octobre, premier rempotage pour passer l'hiver en serre. Un pot de 0^m,11 à 0^m, 12 convient à une Azalée d'un an de greffe.

Les sujets porte-greffes sont l'*Az. phœnicea* pour produire des plantes fortes et l'*Az. concinna* pour des végétations plus modérées ; quelques maisons de Belgique sont satisfaites des sujets *Az. macrantha* et *Verschaffeltii*.

Azalée de l'Inde en pleine terre. — Sous le climat privilégié de Cherbourg, où l'on propage par marcotte l'Azalée *de l'Inde*, on greffe seulement les variétés nouvelles et les variétés à fleurs panachées. Le mode de greffage est le placage (*fig.* 55) sur plant levé en motte. On opère en juillet, sous châssis froid, chez notre collègue Cavron, et l'on tient les greffes à l'ombre.

Azalées de l'Inde, robustes au froid. — Pendant la guerre de 1870-71, MM. Thibaut et Keteleer ayant dû abandonner leurs établissements de Sceaux et du Plessis-Piquet, furent surpris de trouver en rentrant après l'hiver, des Azalées de l'Inde qui avaient bravement supporté les − 25°, en conservant indemnes leurs rameaux et boutons à fleur. Telles étaient les Azalées *Amœna*

Charles Baltet

rosea et *pulchella, Aphrodite, Beali rosea, Fortunei, Madame Wagner, Melusine, Mozart, Narcissiflora, Obtusa, Prolifera, Souvenir de l'Exposition, Thaclea,* les *Vittata alba, rosea* et *punctata* ; aujourd'hui, on les multiplie par le bouturage au mois d'août, en opérant en pleine terrine mise en terre et sous cloche. Pendant l'hiver, la terrine est rentrée dans la serre froide et les jeunes sujets sont mis en pot, au printemps.

Après une saison dans les abris-ombrelles, on a de bonnes plantes pour la culture en pleine terre ; mais on peut continuer à les greffer sur tige pour la culture en pot.

Baguenaudier (*Colutea*).
Famille des Légumineuses, § *Papilionacées*.

Sujet. — Baguenaudier ordinaire, *Colutea arborescens* (semis).

Greffage. — En écusson (*fig.* 94) ; août. — Anglaise (*fig.* 84) ; mars. — En pied.

Observations. — Choisir en hiver des plants plutôt faibles et les planter dans une terre très ordinaire, comme qualité ; une végétation modérée se prête mieux à la soudure.

Faire la chasse aux colimaçons.

Bibacier (*Eriobotrya*).
Famille des Pomacées.

Sujet. — Cognassier commun, *Cydonia vulgaris* (bouture avec talon ; marcottage par cépée). — Aubépine blanche, *Cratægus oxyacantha* (semis). — Bibacier ou Bibassier du Japon (semis).

Greffage. — En demi-fente (*fig.* 114) ; avril. — Par approche, en tête (*fig.* 42) ; mai. — En pied ; à l'air libre ou sous verre.

Observations. — Le greffon du Bibacier pris sur un rameau de deux ans est plus convenable que s'il était choisi sur un rameau de l'année.

Si l'on opère à l'air libre, on coupe les feuilles du greffon sur leur pétiole ; embouer la greffe ou l'envelopper avec un écran jusqu'à ce qu'elle commence à bourgeonner.

En greffant à l'abri, sous verre, on conserve, les feuilles, mais légèrement tronquées.

Greffer à fleur de terre.

Les Japonais multiplient le Bibacier type, par semis, et greffent sur ce sujet, par approche, les sous-variétés qu'ils en ont obtenues.

En Provence et en Algérie, on greffe le Bibacier sur franc, sur Aubépine ou sur Cognassier.

Greffé sur Cognassier, le Bibacier, sous le climat de Paris, vit plus longtemps que greffé sur Aubépine et devient plus robuste au froid que s'il était franc de pied.

Bignone (*Tecoma*).
Famille des Bignoniacées.

Sujet. — Bignone de Virginie, *Tecoma radicans* (fragment de racine).

Greffage. — En fente ou en incrustation sur racine (*fig.* 112) ; avril-mai.

Observations. — Les fragments de racine sont longs de $0^m,10$ (A, *fig.* 112) ; une fois greffés, on les met en terre, de manière que les tronçons soient couverts totalement jusqu'à l'œil supérieur de la greffe.

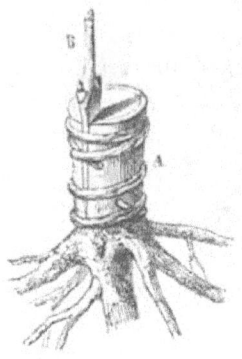

Fig. 112. — Greffe sur fragment de racine (Bignone)

Charles Baltet

Le greffon (B) porte un œil ou deux yeux.

La première végétation pourrait être excitée avec l'aide d'une cloche, sur couche tiède.

Avec un greffon, rameau à fleur, on obtient un arbuste moins disposé à *grimper*. Ces rameaux se rencontrent au sommet des Bignones déjà âgées, leur port est plutôt droit et non *tourmenté* ; ils seront insérés en fente ou par incrustation.

Biota (*Biota*).
Famille des Conifères, § *Cupressinées*.

Sujet. — Biota d'Orient, vulg. Thuia de Chine, *Biota orientalis* (semis).

Greffage. — En placage (*fig.* 113). De côté dans l'aubier (*fig.* 67) ; février, septembre ; sous verre. — En bifurcation (*fig.* 77) ; avril-mai.

Observations. — Le greffage sous verre se fait sous cloche à froid, avec les soins indiqués au chapitre v.

Les sujets greffés en variétés d'une végétation modérée, *Biota aurea, minima, semper aurea*, falcata nana, filiformis erecta, *etc., pourraient* être greffés et replantés sans être mis en pot, les racines ne se développant guère. Une variété vigoureuse réussit mieux en pot ; si cependant elle est greffée à racine nue, il convient de l'empoter dès qu'on la relève de l'étouffée.

Choisir un sujet trapu, sain de racines.

Au moyen de la greffe en bifurcation (*fig.* 77), certaines variétés pourront être transportées sur tige de Biota de Chine ou de Thuia du Canada.

Bouleau (*Betula*).
Famille des Bétulacées.

Sujet. — Bouleau blanc, *B. alba* (semis).

Greffage. — De côté par rameau (*fig.* 48, 50) ; août. — En approche (*fig.* 37, 42) ; de mai en août. — En écusson (*fig.* 89, 91) ; août. — En demi-fente herbacée (*fig.* 114) ; juillet-août, sous verre. — En pied ou sur tige.

Observations. — Chez les Bouleaux à forts rameaux, comme le Bouleau à canot, *B. papyracea*, on choisit l'œil-écusson saillant, aoûté, à la base d'un scion de l'année. Avec les variétés à rameaux effilés du Bouleau blanc, comme les Bouleaux *lacinié, pyramidal, pleureur*, l'œil greffon sera pris sur un rameau de l'année précédente ; l'œil est renflé et non développé (*fig.* 89). Avec d'autres variétés, par exemple les Bouleaux *pourpre, nain, de Young*, on utilise les yeux âgés d'un an ou de deux ans suivant le diamètre d'un rameau-greffon. On peut même greffer à œil poussant.

L'écussonnage offre cet avantage aux pépiniéristes que, au cas d'insuccès, le sujet reste vendable comme Bouleau ordinaire. Cependant, on greffe sur flèche de l'année, par approche en tête ou à l'anglaise, en mars-avril, des greffons dont le diamètre s'adapte à celui du sujet. Ce procédé est suivi en Belgique et en Hollande.

En plein air, le Bouleau est également greffé au mois de juillet :

1° En fente, sur une jeune flèche obtenue par la taille au printemps précédent ;

2° En placage, avec des greffons déjà lignifiés et munis de leurs feuilles coupées à moitié.

L'établissement Simon Louis, à Metz, réussit le Bouleau en plein air, à l'anglaise, avec greffon ramifié de deux ans, ramilles tenues court.

Desfossé-Thuillier d'Orléans, a travaillé le Bouleau pourpre de la manière suivante. Le sujet, mis en pot un an à l'avance, a été recepé au printemps ; vers juin, le greffeur introduisit en fente herbacée et sur la jeune flèche miligneuse, un greffon au même, degré de *tendreté*.

Bourgène (*Rhamnus*).
Famille des Rhamnées.

Sujet. — Bourgène ou Nerprun bourdaine, *Rhamnus frangula*, à feuille caduque (semis). — Bourgène à feuille d'olivier, *Rh. oleifolius*, à feuille persistante (semis).

Greffage. — En fente (*fig.* 72, 114) ; février, août-septembre. — En pied ; sous verre.

Observations. — Ici, le greffage est plutôt employé à l'égard du *Rhamnus oleifolius* et du *Rh. incana*, Bourgène blanchâtre, qui ne reproduisent point exactement leurs caractères par le semis ; alors on emploie, comme sujet, le plant de *Rh. oleifolius. Le greffage se fait en fente, à* l'étouffée, sous châssis.

Les autres variétés se greffent sur leur type, par le même système, si la reproduction en est impossible par la semence ou par la marcotte.

Les variétés à feuille caduque seront greffées sur Bourgène bourdaine, *Rhamnus frangula.*

Buisson-Ardent (*Pyracantha*).
Famille des Pomacées.

Sujet. — Cognassier commun, *Cydonia vulgaris* (bouture avec talon ; cépée).

Greffage. — En demi-fente (*fig.* 110, 114) ; mars-avril. — En pied.

Observations. — Habituellement, on multiplie le Buisson-Ardent, *Pyracantha coccinea*, par semis ou par bouture ; mais on obtient des arbustes vigoureux en pépinière, par le greffage rez terre sur Cognassier.

Les horticulteurs de Dijon élèvent des carrés spéciaux de Cognassier ; ceux de Metz se contentent des souches devenues trop grosses pour le greffage du Poirier, ils y greffent le Buisson-Ardent directement.

Un rameau-greffon de deux ans est convenable. Quelquefois, l'Aubépine employée comme sujet a donné toute satisfaction.

Le *Buisson-Ardent de Lalande*, recherché par les amateurs, réussit mieux au greffage sous verre, en août, comme au bouturage de fin été.

Broussonnetier (*Broussonnetia*).
Famille des Morées.

Sujet — Broussonnetier, dit Mûrier à papier, *Broussonnetia papyrifera* (semis).

Greffage. — En incrustation (*fig.* 59, 60). En fente (*fig.* 72), à l'air libre ; en avril. Greffage semblable au collet (*fig.* 110) ou sur fragment de racine (*fig.* 115), sous verre ; de février en avril. — En pied ou sur tige.

Observations. — Le Broussonnetier *à feuille laciniée* réussit sur racine avec ou sans collet, sous cloche, à chaleur modérée. Si l'on opère en plein air, on choisira de petits sujets et de gros greffons, pour équilibrer les deux parties à rapprocher.

Le Broussonnetier *à feuille cucullée* réussit avec les greffes en fente et en incrustation.

Le Broussonnetier de Kæmpfer, d'une espèce différente, *B. Kæmpferi*, a l'inconvénient de donner des scions trop florifères ou sensibles à la gelée. Dans ce cas, pour l'opération à l'air libre, on a recours aux rameaux formés de bois de deux ans, moins disposés à la floraison et à l'annulation des yeux. Avec le greffage sous verre, il n'y a pas les mêmes inconvénients ; on prendra du plant à racine nue et, aussitôt greffé, on le repiquera sous châssis, à l'étouffée.

Caféier (*Coffea*).
Famille des Rubiacées.

Sujet. — Caféier d'Arabie, *C. arabica*), et Caféier de Libéria, *C. Liberica*) (semis).

Greffage. — En demi-fente (*fig.* 110. 114). — En placage (*fig.* 55) ; au printemps, sous cloche et dans la serre, sans chaleur de fond.

Observations. — En Europe, on a réussi le greffage du Caféier. Nous citerons deux exemples : Aux environs de Paris, M. Keteleer, horticulteur, a greffé le Caféier d'Arabie *à feuille panachée* sur son type, par le mode en placage (*fig.* 55). Dans les Pays-Bas, M. Witte, du Jardin botanique de Leyde, a greffé en fente, au collet, (*fig.* 110), sur cette même espèce si populaire dans les colonies françaises et néerlandaises, le Caféier *à feuille de myrte*, rebelle au bouturage. Les deux opérations ont été pratiquées sous verre, dans la serre, à froid.

Le greffage dans la grande culture du Caféier d'Arabie a sa raison d'être, pour faciliter la reproduction de variétés perfectionnées qui, jusqu'alors, n'ont pu être fixées par le semis.

Le greffage rez terre donne de bons résultats. On le pratique au moment où la sève quitte la période de repos et s'apprête à fournir un nouveau bourgeonnement.

Les sujets obtenus par le semis des graines auront une année de pépinière. — Les greffons, jeunes rameaux ; cueillis au moment de leur emploi seront greffés, au collet du plant, en plein air ou à l'abri.

Couper les feuilles à demi limbe ; ligaturer, engluer, butter et ombrager la greffe.

À Ceylan, un caféiculteur japonais sème en mai les graines de la première récolte et en élève le plant de pied franc. Le semis des autres récoltes est greffé de côté (*fig.* 65 et 67) au réveil de la sève, par un temps calme.

En Haïti, un de nos amis a tenté avec succès l'écussonnage à œil poussant, après la saison des vents du nord.

Le greffage en approche est pour les élèves semés autour de la plante à reproduire.

On étudie au rôle de sujet, le Caféier de Libéria, plus rustique. Attendons les suites.

Callistémon. — Métrosidéros.
Famille des Myrtacées.

Sujet. — Callistémon lancéolé, *Callistemon lanceolatum* (semis).

Greffage. — En demi-fente (*fig.* 114). En placage (*fig.* 118) ; février-mars, juillet-août ; sous verre.

Observations. — Toutes les variétés de Callistémon se greffent sur le *C. lanceolatum*.

VIII. — VÉGÉTAUX À MULTIPLIER PAR LA GREFFE...

Un genre voisin, le **Métrosidéros**, qui a beaucoup d'analogie avec le Callistémon, se multiplie par le greffage sur ce dernier et, plus souvent encore, par le semis de ses graines.

Callitris. — Frenela.
Famille des Conifères, § *Cupressinées*.

Sujet — Biota de Chine, *B. orientalis* (semis).

Greffage. — En placage (*fig.* 113). Dans l'aubier (*fig.* 65, 67) ; septembre, sous verre.

Observations. — À défaut du Biota, le Thuia d'Occident et le Cyprès fastigié peuvent être employés aux fonctions de sujet.

Choisir des greffons bien caractérisés.

L'**Actinostzobus**, de la même tribu, se soumet à ce mode de multiplication.

Camellia (*Camellia*).
Famille des Ternstrœmiacées.

Sujet — Camellia à fleur simple, *Camellia japonica* (semis ; bouture).

Greffage. — En placage (*fig.* 55). En fente dans l'aubier (*fig.* 65) ; juillet à septembre. — Anglaise à cheval (*fig.* 86) ; septembre, avril. — En pied.

Observations. — Le Camellia se forme bien et boutonne mieux lorsqu'il est greffé. À part quelques variétés qui réussissent de pied franc — *Contessa Lavinia Maggi, Donkelaari, Halleyi, Nobilissima, Noisetti, Tricolor*, — il est préférable d'appliquer le greffage à la première éducation de toutes les variétés de Camellia.

Deux procédés de multiplication donnent de bons résultats ; la différence est dans la nature du sujet, rameau-bouture ou plant raciné.

Greffe sur rameau-bouture. — MM. Marie et Treyve, horticulteurs à Moulins, multiplient le Camellia avec un succès remarquable par la greffe de rameau-bouture, de la manière suivante. Au commencement de septembre, ils enlèvent sur des variétés vigoureuses de Camellia, des rameaux-boutures âgés d'un an ou quelquefois de deux ans, munis de feuilles, et les fractionnent en tronçons de $0^m,10$; le bout inférieur est taillé carrément, le supérieur reçoit sur-le-champ la greffe de la variété à propager.

Il est à remarquer que, sur le bois d'un an, on placera un greffon d'un an ; sur celui de deux ans, un greffon ayant deux années de pousse, portant quelques brindilles. Quand le sujet-bouture et le greffon sont de même grosseur, on emploie la greffe anglaise à cheval (*fig.* 86). Quand la bouture est plus grosse, on a recours à la greffe en demi-fente (*fig.* 114), ou en placage (*fig.* 55).

Il suffira de ligaturer par quelques tours de fil et de traiter les plants greffés comme de simples boutures, sous châssis, placés sur couche tiède et en terre de bruyère sableuse. Tenir à l'étouffée, ombrer pour atténuer l'effet des rayons de soleil sans priver de lumière, maintenir le sol légèrement humide. Environ six semaines après, les sujets sont racinés et les greffes soudées ; on les conserve sous châssis jusqu'en juillet-août, alors on lève les sujets en motte pour les mettre en pot. Pendant dix mois, on les traitera comme des plantes adultes et les châssis seront remplacés par des claies.

Greffe sur plant raciné. — Le plant raciné provient de bouture ou de semis. Examinons successivement les deux procédés, en commençant par le plus expéditif.

1° *Sujet par bouture racinée.* — Le plant de bouture est fourni par des pieds vigoureux du *Camellia* type à fleur rouge, ou de ses variétés *Mathotiana alba*, *Targioni*, *Althœiflora*. Les rameaux courts à feuille bien verte, munis de leur talon, sont les meilleurs ; on opère à l'étouffée dans la serre, sous abri vitré à + 15°, en janvier-février ou en juillet-août. Les boutures faites ainsi en godet, ou repiquées en pot après six semaines d'étouffée, seront propres au greffage à 2 ou 3 ans ; un diamètre de $0^m,005$ suffit. Un plus fort sujet produit une plante plus forte, dite « plante d'exposition » dans le langage des praticiens.

La greffe en placage est généralement adoptée ; soit avec greffon taillé à plat (*fig.* 55, 118), soit taillé à l'anglaise (*fig.* 56), le biseau

VIII. — VÉGÉTAUX À MULTIPLIER PAR LA GREFFE...

ayant $0^m,02$, la tête portant 2 ou 3 feuilles. La greffe dans l'aubier (*fig.* 65) donne à son tour de bons résultats. Dans les deux cas, on opère en juillet-août. La ligature est du coton filé.

Les plantes greffées sont placées dans des coffres sous verre, enterrées dans de la cendre fine ou de la tannée bien consommée, à une température de + 15° au plus. Tenir les greffes bien étouffées ; éviter les arrosages fréquents ; essuyer les verres chaque jour. Au cas de soleil, il faut ombrager les plantes et le vitrage.

La reprise des greffes s'accomplit en trente ou quarante jours ; on coupe alors le sujet à $0,^{m,05}$ au-dessus, et à ras, un mois après, la végétation étant suffisante. — La plante hivernera dans la serre et sera mise sous bâche, au printemps. Son rempotage se fera en juin-juillet.

Ce procédé adopté en France, en Angleterre, en Belgique, en Hollande, en Allemagne, a été décrit par un spécialiste, Adolphe Van Den Heede, horticulteur à Saint-Maurice-Lille.

2° *Sujet par semis*. — Les sujets sont de jeunes plants de semis mesurant de $0^m,020$ à $0^m,030$ de tour au collet ; la graine provient du type à fleur simple, le plant est élevé en pot de $0^m,12$. Au moment du greffage, fin juillet et août, le sujet est coupé à $0^m,10$ du sol et opéré par incrustation avec une rainure longue de $0^m,04$ et peu profonde. Le greffon est une sommité de rameau de l'année, taillé *ad hoc* ; il vient s'enchâsser dans cette rainure (*fig.* 119). Ligaturer avec le raphia et engluer au mastic froid.

Les plants greffés sont aussitôt placés dans une bâche de la serre ; un second châssis fermant hermétiquement produira l'étouffée ; l'ombrage est nécessaire. Deux mois après, la reprise est complète ; l'aérage continue et, au printemps suivant, la plante sera livrée à la pleine terre.

Greffage à l'air libre. — Dans les environs de Nice, on greffe encore le Camellia en plein air, par rameau inoculé (*fig.* 48), avec œil terminal.

Sur le littoral et vers l'Ouest, le Camellia vit en terre de bruyère, à mi-ombre, ou au soleil, à l'air libre ; on le livre en pleine terre, au printemps qui suit sa reprise à la greffe. Dans ces conditions de jardin libre ou vitré, on a quelquefois recours à la greffe en approche ou à la greffe en fente avec rameau d'appel — et feuilles

Charles Baltet

au greffon — pour garnir les tiges dénudées ou changer la variété du Camellia.

Ce serait l'occasion de grouper sur la même plante des variétés similaires en végétation, mais distinctes quant au coloris de la fleur : *Alba plena* et *Imbricata rubra* ; *Donkelaari* et *Tricolor*, etc. et à la fois *Miniata de Low, Mistress Cope, Reine des Belges* ; etc.

Cannellier (*Cinnamomum*).
Famille des Laurinées.

Sujet — Cannellier ou Cinnamome de Ceylan, *C. Zeylanicum* (semis, bouture).

Greffage. — En placage (*fig.* 55) ; automne, sous verre. — En approche (*fig.* 42) ; à l'air libre, après la saison des pluies.

Les Japonais greffent par approche, sur franc, la variété à feuille panachée.

Observations. — La greffe permet de modifier le sexe de l'arbre, et mieux encore de propager les types plus profitables par la qualité de leur écorce industrielle.

Caragana (*Caragana*).
Famille des Légumineuses, § *Papilionacées*.

Sujet — Caragana en arbre, *C. arborescens*. — C. altagan, *C. altagana* (semis).

Greffage. — En fente (*fig.* 72). En incrustation (*fig.* 59) ; mars-avril. — En écusson (*fig.* 91) ; juillet-août. — En pied ou en tête.

Observations. — Le sujet pourrait être déplanté dans l'hiver qui précède le greffage.

Les jeunes plants à racines nues seront opérés par incrustation et placés dans la bâche vitrée. Le bourgeon d'appel en tête du sujet empêche le dessèchement de la greffe

Les variétés à rameaux délicats seront greffées à la hauteur fixée pour le branchage. Elles semblent préférer le sujet Caragana *en arbre.*

Dans les pépinières Looymans, en Hollande, le Caragana est soumis à l'écussonnage.

Le **Halimodendron** et le **Calophaca**, genres voisins, seront greffés sur le Caragana.

Caroubier (*Ceratonia*).
Famille des Légumineuses, § *Césalpiniées.*

Sujet. — Caroubier à silique, *C. siliqua* (semis).

Greffage. — En écusson (*fig.* 94). En placage à l'anglaise (*fig.* 56), à œil poussant ; avril.

Observations. — Le Caroubier étant dioïque, le but du greffage est de rassembler les deux sexes sur un même arbre ou de donner aux jeunes semis le caractère mâle ou femelle, à volonté.

Catalpa (*Catalpa*).
Famille des Bignoniacées.

Sujet. — Catalpa commun, *C. bignonioïdes* (semis).

Greffage. — En fente (*fig.* 72) ; avril. — En tête dans l'aubier (*fig.* 62) ; avril. — En couronne (*fig.* 53) ; mai. — En écusson (*fig.* 91) à œil poussant ; avril-mai. — En pied ou en tête.

Observations. — Pour le greffage par rameau, on choisit des greffons munis de bois de deux ans, en totalité ou à leur base. On les coupe peu de temps avant de les employer, et on les place dans du sable sec (*fig.* 32).

Le sujet étant chargé de moelle, l'insertion du greffon pourrait se faire de biais, la tente côtoyant l'étui médullaire, suivant les préceptes de Calvel, tel que nous l'indiquons à la greffe en tête dans l'aubier, avec biseau plat (*fig.* 62), ou avec biseau de biais (*fig.* 63, 64).

M. Henri Desfossé, à Orléans, nous a montré un carré de Catalpas écussonnés à œil poussant, ayant produit des jets de 1 mètre. —

Charles Baltet

L'œil greffon, bien formé, est choisi sur un rameau plutôt mince, parfaitement aoûté et coupé sur l'arbre étalon, le jour même de l'écussonnage.

Le Catalpa *de Kœmpfer* et le Catalpa *doré* greffés en pied, pourront s'élever à tige ; mais le Catalpa *boule* doit être greffé à la hauteur fixée pour la tête de l'arbre.

Céanothe (*Ceanothus*).
Famille des Rhamnées.

Sujet. — Céanothe d'Amérique, *Ceanothus americanus* (semis ; fragment de racine).

Greffage. — En fente, sur tronçon de racine (*fig.* 112, 115). En placage (*fig.* 124, 125) ; août-septembre. — En pied ; sous verre.

Observations. — Choisir pour sujet de jeunes plants ou des tronçons de racine, et conserver le chevelu qui en garnit l'extrémité.

Couper les feuilles du greffon par la moitié.

Placer les sujets greffés sous cloche ou sous châssis ; leur agglutination s'opère au bout de cinq ou six semaines.

En 1879 Léopold Vauvel, étant alors chef des pépinières au Muséum de Paris, greffait le joli Céanothe azuré, *Gloire de Versailles*, de la façon suivante.

Cette variété ne se reproduisant point par semis et des éléments de bouturage faisant défaut, il en sema clair les graines au printemps, en pleine terre. Au mois d'août, les jeunes plants ont été arrachés, étêtés et greffés au collet, dans la serre à multiplication.

Le greffon, mi-herbacé, est cueilli sur l'arbuste-étalon que l'on a préalablement taillé pour en obtenir de nouvelles pousses ; l'insertion se fait par demi-fente, placage ou incrustation.

Le sujet greffé est aussitôt mis en pot et étouffé sous châssis. Une fois repris, on le place sous cloche, en attendant la pleine terre.

À défaut de plants de semis, on emploie des plants de bouture, enracinés, de la grosseur d'une plume d'oie, et on les greffe au collet.

Le Céanothe, ainsi fabriqué par la greffe, constituera, après hivernage, une bonne plante de massif ou de marché.

VIII. — VÉGÉTAUX À MULTIPLIER PAR LA GREFFE...

Cèdre (*Cedrus*).

Famille des Conifères, § *Abiétinées*.

Sujet. — Cèdre du Liban, *Cedrus Libani* (semis).

Greffage. — En placage (*fig.* 113). En fente oblique, de côté dans l'aubier (*fig.* 67) ; septembre. — En pied, sous verre.

Observations. — Choisir, pour greffon, des sommités de branches latérales. On les greffe sans étêter le sujet ; deux mois après, on peut découvrir le plant et l'amener progressivement à l'air libre.

Le Cèdre du Liban est un sujet robuste pour le greffage des formes ou sous-variétés des *cedrus atlantica, Deodara* et *Libani.* À son défaut, on prendra le Cèdre de l'Atlas, *C. atlantica* ; mais le *C. deodara* pourrait être le porte-greffe de ses propres variations.

Cerisier (*Cerasus*).

Famille des Amygdalées.

Sujet. — Cerisier Merisier, *Cerasus avium.* — Cerisier odorant ou de Sainte-Lucie, *Cerasus Mahaleb.* — Cerisier franc. *C. communis* (semis).

Greffage. — En écusson (*fig.* 91) ; été. — En flûte (*fig.* 100) ; juin. — En couronne (*fig.* 54). — Sous écorce à l'anglaise (*fig.* 49) ; mai. — Anglaise (*fig.* 84) ; printemps. — En fente (*fig.* 72). En incrustation (*fig.* 59) ; automne. — En tête pour le C. Merisier ; en pied pour le C. Mahaleb.

Il importe, pour les greffages du printemps, de couper sur l'étalon, avant le mois de janvier, les rameaux greffons de Cerisier et de les conserver sous terre. (Voir *fig.* 32). Greffage sur Merisier. — Le C. *Merisier* à fruit rouge est plus docile à l'écussonnage que le Merisier à fruit noir. On le greffe en tête et non en pied : 1° en écusson, lorsque l'activité de la sève commence à se ralentir ; 2° en fente, vers la fin de l'été, avant que la sève ne soit arrêtée.

Si la priorité du greffage d'automne revient, d'après Thouin, à un amateur lyonnais, Rast-Maupas, son application au Cerisier aurait été pratiquée vers 1833 par Pierre Bertin, de Versailles ;

Charles Baltet

puis Audusson-Hiron, à Angers, Jamin (Jean-Laurent), à Bourg-la-Reine, Baltet (Lyé-Savinien), — notre père vénéré — à Troyes, ont propagé dans leurs régions ce procédé de multiplication du Cerisier.

La greffe réussit mieux sur le Merisier lorsqu'il est dans une situation aérée ; c'est pourquoi, dans les pépinières, on le plante souvent en bordure.

La greffe anglaise pratiquée sur la jeune flèche laisse rarement de traces du bourrelet au point de jonction.

Comme cela se pratique en Belgique, on peut greffer le Merisier au mois de juin, sous écorce, à œil poussant. On choisit des greffons semi-ligneux à la base des pousses nouvelles, et on les couvre de boue. Dans ces conditions, on peut accepter encore l'écusson boisé.

Sous le climat de Paris, l'écussonnage à œil dormant du Merisier est le plus employé.

Greffage sur Mahaleb. — Le Cerisier *odorant, Mahaleb* ou *Sainte-Lucie,* vient en terrain sec ; il sera greffé en pied et non à haute tige, plutôt par écusson. Si la variété à propager ne pouvait s'élever d'elle-même à tige, on aurait recours à un procédé combiné. Greffer d'abord en pied une variété vigoureuse, par exemple de Bigarreautier, de Guignier ; quand celle-ci sera à tige, au moins deux ans après, on y greffera en tête la variété de Cerisier.

Le système de *surgreffage* des arbres fruitiers destinés à la haute tige a été pratiqué en grand, dès 1840, par notre grand-oncle, Lyé Baltet-Petit, dans ses pépinières troyennes.

Le plant de Mahaleb, de grosseur moyenne, est à préférer : on l'écussonne à $0^m,10$ du sol, dès la première année, par un temps chaud, vers la fin de la période consacrée à l'écussonnage. La sève se maintiendra assez longtemps pour nécessiter l'assemblage des rameaux en tête du sujet au moment où il se trouvera greffé (*fig.* 99).

Quinze jours après, on vérifie les ligatures et la réussite des greffes.

Étêter le sujet après les froids.

Désongletter ayant la chute des feuilles.

Aux Riceys (Aube), les vignerons greffent avec les Cerisiers *Anglaise* et *Montmorency*, les C. Mahaleb de leurs friches, par la greffe en flûte, avec étêtage immédiat du sujet (*fig.* 100). Ils opèrent vers la Saint-Jean, par un temps couvert ; la greffe ne tarde pas à se développer.

Le Bigarreautier réussit en fente sur le Mahaleb ou Sainte-Lucie, plutôt rez terre.

Greffage sur Cerisier franc. — Le *Cerisier franc*, résistant à la rigueur des grands hivers (de 25° à 30°), est un sujet à utiliser dans les pays froids ; on l'emploie également dans les vallées arrosées du midi de la France où le Mahaleb ne réussit pas. Commun dans notre région, il se couronne en demi-tige et se reproduit par semis ou par drageon dans les vignes et les jardins. Ajoutons que ce type vivra mieux de pied franc, alimenté par ses racines traçantes. On peut donc l'utiliser comme sujet et non comme greffon.

Cerisiers d'ornement. — Les Cerisiers d'ornement, *C. serrulata, pseudo-Cerasus, C. Chamæcerasus, semperflorens*, à rameaux effilés, étalés ou retombants, réussissent sur Merisier : 1° au printemps, par l'écussonnage à œil poussant ; 2° en août, par le greffage à œil dormant de bourgeons écussons, ou de sommités de rameaux glissés sous l'écorce du sujet (*fig.* 48), même avec insertion à l'anglaise (*fig.* 49).

Ils réussissent encore en pied, sur Mahaleb.

Les Mahaleb d'ornement seront greffés sur le type, C. Mahaleb odorant ou de Sainte-Lucie, à la hauteur fixée pour le branchage.

Chalef (*Elæagnus*).
Famille des Éléagnées.

Sujet. — Chalef à rameaux réfléchis, *Elæagnus reflexa* (bouture ; semis).

Greffage. — En placage (*fig.* 55, 118). En fente oblique dans l'aubier (*fig.* 65, 67) ; août. — En pied ; sous verre.

Observations. — On opère sous cloche, dans la serre à multiplication ou sous châssis, à l'étouffée ; six semaines après, on découvrira le plant greffé comme il est dit au greffage sous verre.

Charles Baltet

Le **Shepherdia** se greffe ainsi sur l'Argousier Griset, *Hippophae rhamnoides.*

Chamécerisier (*Chamæcerasus*).
Famille des Caprifoliacées, § *Lonicérées.*

Sujet. — Chamécerisier de Tartarie, *Chamæcerasus tatarica* (semis ou bouture).

Greffage. — En placage (*fig.* 56). — Anglaise simple (*fig.* 80) ; mars-avril.

Observations. — Les Chamécerisiers se multiplient de bouture, mais quelques espèces, — le Ch. des Alpes notamment, joli arbrisseau touffu, aux gros fruits rouges, — sont parfois greffées à demi-tige et produisent un bel effet.

Chamæcyparis. — Retinospora.
Famille des Conifères, § *Cupressinées.*

Sujet. — Chamæcyparis de Boursier, *Ch. Boursieri.* — Biota de Chine, *Biota orientalis.* — Thuia du Canada, *Thuia occidentalis* semis).

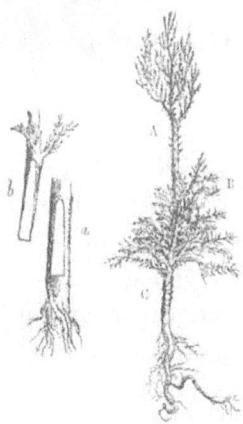

Fig. 113. — Greffe en placage du Retinospora sur le Biota.

VIII. — VÉGÉTAUX À MULTIPLIER PAR LA GREFFE...

Greffage. — En placage (*fig.* 113). Dans l'aubier avec fente droite (*fig.* 65) ou oblique (*fig.* 67) ; septembre, sous verre. — Sur bifurcation (*fig.* 77) ; mai et août. — En pied ou en tête.

Observations. — Les greffes en placage et de côté se pratiquent en serre ; la soudure a lieu au bout de six semaines.

Les *Chamæcyparis Boursieri* (ou *Cupressus Lawsoniana*) et *Ch. Nutkaensis* (ou *Thuiopsis borealis*) sont employés comme sujets, concurremment avec le *Biota orientalis*, pour le greffage de leurs sous-variétés.

Le *Ch. de Boursier* est généralement recherché. — Le *Ch. obtusa pygmæa*, greffé sur ce sujet, prendra une forme élancée, tandis que ses branches resteront traînantes, s'il est greffé sur Biota ou sur Thuia.

Les **Retinospora** seront greffés sous verre, en placage (fig. 113), sur le Biota.

Les Retinospora *squarrosa* et *juniperoides* sont, de préférence, multipliés par le bouturage.

On peut pratiquer le greffage sur Thuia d'Occident, en tête, par la fente sur bifurcation (*fig.* 77), en plein air.

Choisir, pour ces deux genres, des rameaux-greffons dont les *caractères* soient bien accusés.

Charme (*Carpinus*). — Ostrya
Famille des Cupulifères.

Sujet. — Charme commun, *Carpinus Betulus* (semis).

Greffage. — En fente (*fig.* 69) ; mars-avril. — En approche (*fig.* 38 et 42) ; mai à juillet. — En pied ou sur tige.

Observations. — Le greffage sur tige est plutôt employé à l'égard du *Charme pleureur* ; le greffage en pied convient aux variétés cultivées pour leur port érigé ou pour leur feuillage particulier.

La greffe par approche à l'anglaise faite en tête (*fig.* 42) est applicable au Charme.

On peut avoir recours au greffage sous verre, en mars, sur plants en arrachis.

Charles Baltet

L'**Ostrya**, genre voisin, et ses variétés seront greffés de même sur le Charme commun.

Châtaignier (*Castanea*).
Famille des Cupulifères.

Sujet. — Châtaignier commun, *Castanea vulgaris* (semis).

Greffage. — En fente (*fig.* 72). Sur bifurcation (*fig.* 78). Anglaise (*fig.* 81). Placage à l'anglaise (*fig.* 56) — En écusson (fig. 91) ; août-septembre. En pied ou sur tige.

Observations. — Les variétés du Châtaignier se reproduisent par la greffe.

Le mode de greffage le plus ancien et le plus populaire des régions montagneuses, où le Châtaignier joue un rôle si important dans l'économie rurale, est la greffe en flûte au printemps. Certains sauvageons à petite feuille, lente à tomber, sont plus rebelles à la greffe.

Dans les pépinières, on réussit la greffe en placage à l'anglaise (*fig.* 56), au départ de la sève, et même l'écussonnage en août-septembre, si le sol conserve la sève assez longtemps.

La greffe terminale sur l'œil de flèche (*fig.* 73) pourrait être appliquée sous verre.

Le Châtaignier accepte parfois le greffage sur Chêne, au moyen de jeunes plants semés en place ou nouvellement repiqués. On les greffera rez terre, en fente ordinaire ou sur bifurcation ; il est alors préférable de greffer à fleur du sol. Il existe un assez bel exemplaire de ce genre, greffé sur Chêne, au Jardin botanique de Dijon. En 1838, Jaumard greffait ainsi à la pépinière départementale de la Gironde. Les exemples cités n'ont pas été avantageux à la fructification.

Chêne (*Quercus*).
Famille des Cupulifères.

Sujet. — Chêne blanc ou pédonculé, *Q. pedunculata*, pour les

VIII. — VÉGÉTAUX À MULTIPLIER PAR LA GREFFE...

variétés indigènes. — Chêne chevelu ou de Bourgogne, Q. *Cerris*, pour les variétés d'Amérique. — Chêne vert, *Quercus Ilex*, pour les variétés à feuillage persistant (semis).

Greffage. — En fente sur bifurcation (*fig.* 78). Anglaise (*fig.* 81) ; mars-avril. — En approche (*fig.* 39 et 42) ; mai-juin. — En pied ou en tête.

Observations. — Les Chênes à feuille caduque seront greffés sur le Chêne commun, pédonculé, Q. *pedunculata*, ou sur le Chêne sessile, rouvre, Q. *sessiliffora* ou *Robur*, greffe en fente (fig. 69), ou sur bifurcation, au printemps et à l'air libre.

Engluer le greffon. — La greffe en placage, fin été, est pour les opérations sous verre.

Le Chêne pédonculé résiste aux grands hivers mieux que les autres espèces ; le Chêne sessile y est plus sensible ; cependant les sous-variétés préfèrent leur espèce comme sujet.

Les variétés du Chêne chevelu, Q. *Cerris*, seront greffées sur leur type, en placage simple ou à l'anglaise, vers juillet-août, et à l'étouffée.

Les Chênes verts seront greffés en demi-fente (*fig.* 114) ou dans l'aubier (*fig.* 67) sur Q. *Ilex*, et même sur Q. *Cerris*, aux mois de mars ou de juillet-août, sous cloche, ou encore en avril à l'air libre. On coupera les feuilles au greffon, sur leur pétiole.

Dans la zone nord de l'aire géographique du Chêne, son greffage se pratique sous verre ; quelquefois, le greffage au galop (*fig.* 84) avec greffon de deux ans, a donné toute satisfaction.

M. Arbeaumont, à Vitry-le-François, greffe ses plants de Chêne dans la serre à multiplication, fin de l'été ; au printemps suivant, lorsque le greffon se développe, il lui emprunte quelques jeunes pousses semi-ligneuses pour les greffer en plein air, en fente ou en couronne.

À Majorque, les habitants propagent les types de bon rapport du Chêne à gland doux, Q. *Ballota*, par la greffe en couronne, à la montée de la sève, sur les jeunes sauvageons en pleine forêt. Le greffon est effeuillé un mois à l'avance et couché en terre. On lui taille un biseau de $0^m,10$ portant deux yeux qui pénétreront sous l'écorce du sujet, incisée ou fendue dans ce but.

Charles Baltet

Chionanthe (*Chionanthus*).
Famille des Oléacées.

Sujet. — Frêne à fleur, *Fraxinus Ornus*. — Frêne commun, *Fraxinus excelsior* (semis).

Greffage. — En incrustation (*fig.* 60). En fente (*fig.* 72) ; mars-avril. — En écusson (*fig.* 91) ; juillet-août. — En pied ou en tête, à l'air libre ; greffage sous verre, dans les pays froids.

Observations. — Le Chionanthe, *Ch. virginica*, greffé au collet, est plus fleurissant.

Le Frêne à fleurs, *Fraxinus Ornus*, comparé au Frêne commun, *Fraxinus excelsior*, est plus sympathique au greffage du Chionanthe.

Clématite (*Clematis*).
Famille des Renonculacées.

Sujet. — Clématite d'Italie à fleur bleue, *Clematis viticella cærulea* (racine).

Greffage. — En fente sur fragment de racine, sous verre (*fig.* 115 et 120), avril, mai, août.

Observations. — Le meilleur greffage se fait en mai, le greffon étant demi-herbacé, choisi plus tendre que dur. Le sujet est une fraction radiculaire assez grosse, sur laquelle on conserve le chevelu qui se trouve aux extrémités.

Les greffons sont des pousses de l'année, aussi courtes que possible, les feuilles étant coupées à moitié du limbe.

Ligature au coton ; pas d'engluement.

On préfère la terre de bruyère un peu fraîche autour de la racine greffée, parce qu'elle nécessite moins d'arrosage.

Lorsqu'on peut rentrer en serre la plante-étalon, sa végétation d'hiver fournira des greffons semi-herbacés qui pourront être utilisés de février en avril. Le sujet-racine, une fois greffé, est mis en godet de 0^m,025 à 0^m,04, sous cloche et sur la bâche légèrement chauffée de la serre à multiplication. Quinze jours après, la soudure est complète et le chevelu se développe. On rempote alors en godet plus grand que l'on place sous verre, dans une bâche non chauffée.

En mai-juin, la plante sera sortie à l'air libre et livrée au commerce dès le mois de septembre.

Sur jeune plant de la Clématite des haies, *Cl. vitalba*, plant de semis, la greffe en placage, un peu au-dessus du collet, produit une plante vigoureuse ; mais la Clématite d'Italie précitée a l'avantage de ne pas drageonner, de bien entretenir la plante en sève et de fournir un plus grand nombre de sujets ; les plus petites racines pourraient attendre une année en terre leur grossissement et le développement du chevelu.

Au mois d'août, on greffe encore la Clématite ; la soudure en étant plus lente, la plante sera placée sous châssis à froid, en terre de bruyère. Au printemps suivant, aura lieu la mise en pot et la continuation de l'abri vitré.

Les Anglais greffent même en décembre et janvier ; le greffon court « à bois sec » porte un seul œil. Les plants greffés sont aussitôt mis en pot avec terre de bruyère, et enterrés dans le sable d'une couche chauffée de 20 à 25°, chaleur de fond ; quinze jours après, ils sont entrés en sève, alors on les retire de la couche chaude pour les placer dans un lit de sable préparé sur une tablette de la serre, et plus tard, sous un abri vitré plus froid. Au printemps, nouveau rempotage en godets de $0^m,08$ et mise en planches, dehors.

Cognassier (*Cydonia*). — Chænomeles.
Famille des Pomacées.

Sujet. — Cognassier ordinaire, *Cydonia vulgaris* (bouturage à talon, fig. 21 ; marcottage ou éclatage par cépée, fig. 17). — Aubépine blanche, *Cratægus oxyacantha* (semis).

Greffage. — En écusson (*fig.* 91) ; juillet-août. — En fente (*fig.* 69). Anglaise (*fig.* 82, 84) ; avril. — Au collet.

Observations. — L'écussonnage se fait avec des sujets jeunes ; on attend, pour cette opération, que la force de la sève soit calmée. Une fois greffé, on lie les branches du sujet (*fig.* 99).

Éviter d'employer les yeux à peine visibles placés à la base des

Charles Baltet

rameaux-greffons.

Lors de la végétation de la jeune greffe, on l'accole contre l'onglet ou sur un tuteur.

Désongletter avant la chute des feuilles.

Nous avons vu, dans quelques pépinières de Hollande, et en France dans le Lyonnais et le Mâçonnais, greffer le Cognassier de Portugal, *Cydonia lusitanica*, sur Aubépine blanche, en pied. L'arbre y vit longtemps et prospère dans un terrain sec.

Le Cognassier de Chine, *C. sinensis*, plutôt d'ornement, sera greffé en pied sur le Cognassier ordinaire.

Le Cognassier du Japon, **Chænomeles**, arbuste drageonnant, se propage par le bouturage de racines au printemps, ou de rameaux en août ; on peut greffer ses variétés sur un type vigoureux, *C. ombiliqué*, à fleur rose. — Greffer en demi-fente, en placage ou en écusson plaqué sur collet ou sur racine, sous verre, en juillet-août. Surveiller le drageonnage.

Cornouiller (*Cornus*).
Famille des Cornées.

Sujet. — Cornouiller à fruits, *Cornus mas* (semis). — Cornouiller à fruit blanc, *Cornus alba*. — Cornouiller sanguin, *Cornas sanguinea* (semis ; marcotte), suivant la variété à propager.

Greffage. — Par rameau de côté sous écorce (*fig.* 48 et 50) ; juillet. — En écusson (*fig.* 94) ; juillet-août. — En pied ou sur tige.

Observations. — Le greffage de côté sous écorce (*fig.* 48), convient au Cornouiller à fruits, *C. mas* ; on choisira s'il est possible, pour greffons, des rameaux longs de $0^m,08$ à $0^m,10$, munis de bois de deux ans à leur base.

Le greffage de côté par rameau avec embase (*fig.* 50) est applicable à cette espèce.

Éviter de greffer trop tard : le cambium durcit assez vite chez le Cornouiller.

Les autres espèces de Cornouiller réussissent par la greffe sous écorce et par écusson en plein air, sur leur type, le *C. sanguinea*, indigène, le *C. alba*, fruit blanc, le *C. sibirica*, de Sibérie.

Corossolier (*Anona*).
Famille des Anonacées.

Sujet. — Corossolier, *Anona americana* (semis).

Greffage. — En demi-fente (*fig.* 110, 114). — En placage (*fig.* 55, 56). — En approche (*fig.* 46). — En couronne (*fig.* 53). — De côté dans l'aubier (*fig.* 65). — À l'air libre, au réveil de la sève ; sous verre, en toute saison.

Observations. — Le genre Anona comprend une série d'espèces et de variétés dont le fruit, pomme de corossol, de cannelle, cherimolia, etc., est recherché sur les marchés aux Antilles, au Mexique, au Brésil, au Pérou, à la Guyane, à Java, aux Canaries, en Egypte, en Algérie. Les greffeurs javanais, nous écrit Ottolander, réunissent par la greffe, sur le même plant, les *Anona muricata* et *squamosa*.

Au Jardin d'essai d'Alger, Charles Rivière a obtenu l'*Anona cherimolia* par les greffes en couronne (fig. 53) et de côté dans l'aubier (*fig.* 65), à l'air libre, sur des plants peu fertiles. Mêmes résultats avantageux obtenus aux îles Canaries, où les indigènes emploient la greffe en approche.

D'après l'avis de botanistes voyageurs et de D. Bois, du Muséum d'histoire naturelle, les Anona squamosa (*pomme de cannelle*) et *cherimolia* (corossol, des Malais) seraient plus particulièrement recherchés par nos Jardins d'études et par les planteurs.

Correa. — Crowea. — Eriostemon. — Zieria.
Famille des Cupulifères.

Sujet. — *Correa alba* et *ruffa* (bouture).

Greffage. — En placage (*fig.* 118), sous verre ; février-mars. — Au collet du sujet.

Observations. — Les variétés d'*Eriostemon*, de *Boronia*, de *Crowea*, de *Zieria* et de *Correa* se greffent sur les *Correa alba* et *ruffa* dans la serre, sous cloche et à froid, en février-mars. Deux mois après, les jeunes plantes seront placées dans une bâche, puis au nord d'un abri (fig. 36).

Le *Correa alba* est le sujet le plus employé ; cependant les *Correa bicolor, cardinalis, picta superba, rosea, speciosa,* semblent avoir des préférences pour le porte-greffe *Correa ruffa.*

Cotonéaster. — Amélanchier.
Famille des Pomacées.

Sujet. — Aubépine, *Cratægus oxyacantha.* — Cotonéaster commun, *C. vulgaris* (semis).

Greffage. — En écusson (*fig.* 91, 95). Sous écorce avec rameau simple (*fig.* 48, 49) ; été. — En demi-fente (*fig.* 110, 114). En incrustation (*fig.* 119) ; mars-avril. — En pied.

Observations. — Greffer très près du sol, plutôt au-dessous qu'au-dessus. Choisir des greffons bien aoûtés. Ébourgeonner sévèrement.

Greffer l'Amélanchier sur tronc radicellaire.

Les Cotonéasters toujours verts greffés sur une tige d'Aubépine ou de Sorbier sont jolis, mais ne vivent pas longtemps.

Le Cotonéaster *de Simons* s'y plaît mieux ; on choisit un sujet d'Aubépine qui n'ait pas la tige noueuse.

Les autres variétés seront greffées au collet, sous cloche à froid, en août-septembre.

Le Cotonéaster réussit encore sur Cognassier.

Cryptoméria (*Cryptomeria*).
Famille des Conifères, § *Cupressinées.*

Sujet. — Cryptoméria du Japon, *Cryptomeria japonica* (semis).

Greffage. — Placage (*fig.* 113). Dans l'aubier (*fig.* 67) ; février, août. — En pied ; sous verre.

Observations. — Employer comme sujet des plants assez jeunes, élevés en pot.

VIII. — VÉGÉTAUX À MULTIPLIER PAR LA GREFFE...

Greffage de côté, sans étêlage immédiat. Deux mois après, on commencera l'aération.

Cyprès (*Cupressus*).
Famille des Conifères, § *Cupressinées*.

Sujet. — Cyprès pyramidal, *C. fastigiata.* — Biota ou Thuia de Chine, *Biota orientalis* (semis).

Greffage. — En placage (*fig.* 113). Dans l'aubier, de côté (*fig.* 67) ; février-septembre. — En fente sur bifurcation (*fig.* 77) ; avril.

Observations. — Greffer en placage à l'étouffée ; la reprise est complète à deux mois. Pour le greffage de côté, on peut inciser le sujet obliquement (*fig.* 67). — Choisir des greffons qui aient perdu leur caractère « juvénile ».

Sous notre latitude, le sujet Cyprès gèle et grossit lentement ; le Genévrier de Virginie réussit, mais forme bourrelet.

Le Biota est plus avantageux comme sujet.

Cytise (*Cytisus*).
Famille des Légumineuses, § *Papilionacées*.

Sujet. — Cytise des Alpes, C. Laburnum *(semis).*

Greffage. — En écusson (*fig.* 91, 94, 95) ; juillet-août. — En fente (*fig.* 69, 110, 114). Anglaise (*fig.* 80, 84). En incrustation (*fig.* 119) ; avril. — En couronne (*fig.* 51, 54) ; mai. — En pied ou sur tige.

Observations. — Les Cytises (*Cytisus*) abois fin, *C. pourpre, rose, blanc, carné, noir, élégant, à trois feuilles, versicolore,* etc., ne réussissent guère qu'au greffage en fente, à cause de la ténuité des rameaux. On insérera le greffon sur le sujet, en face d'un œil d'appel, à la hauteur fixée pour le branchage, la tête de ces espèces se ramifie sans pouvoir monter davantage.

Les Cytises (*Laburnum*) à gros bois, *C. Adam, bifère, odorant, à grande fleur, à feuille sessile, à feuille bullée, à feuille de chêne,* etc., se multiplient par l'écussonnage, ou par les greffes à l'anglaise, en fente, en incrustation. Les rameaux sont assez vigoureux pour que,

Charles Baltet

se trouvant insérés à fleur de terre, ils s'élèvent à tige.

Lorsqu'on étête le Cytise pour le greffer, il faut absolument conserver un bourgeon au sommet du sujet, à l'opposé ou sur le côté de l'insertion du greffon. La fonction de ce bourgeon est d'appeler la sève et d'entretenir la vie sur l'arbuste pendant la première année.

Il vaut mieux détacher les rameaux-greffons de l'arbre-étalon peu de temps avant le greffage ; dans les localités exposées aux gelées d'hiver, on peut couper à l'avance les rameaux des Cytises à bois fin et les conserver en terre (*fig.* 32).

Les petits *Cytisus Attleyanus* et *Everestianus*, plantes « de quai », qui prennent mal de bouture, se greffent sous verre, sur le *C. racemosus*.

Les variétés de l'**Ajonc**, *Ulex*, et de **Bugrane**, *Ononis*, peuvent être greffées sur le Cytise à gros bois, *Laburnum*.

Dacrydium (*Dacrydium*).
Famille des Conifères, § *Podocarpées*.

Sujet. — Dacrydium faux-cyprès, *Dacrydium cupressinum* (bouture).

Greffage. — En placage (*fig.* 113). Dans l'aubier (*fig.* 67) ; septembre, sous verre.

Observations. — Ce genre de Conifères est de serre froide, sous le climat de Paris. Greffé, le Dacrydium élevé, *D. elatum*, entre autres, est plus élancé que franc de pied.

Soins habituels prodigués aux greffes sous verre.

Daphné (*Daphne*).
Famille des Thymélées.

Sujet. — Daphné Lauréole, *Daphne Laureola*. — Daphné Mézéréon, *D. Mezereum* (semis).

Greffage. — En demi-fente (*fig.* 110, 114) ; février-mars ; août. —

Sous verre.

Observations. — Les variétés à feuilles caduques, lentes à monter, seront greffées sur petite tige de Daphné Mézéréon, ainsi que les variétés rebelles ou difficiles au bouturage, comme le Daphné *à feuille pourpre* (greffage en août).

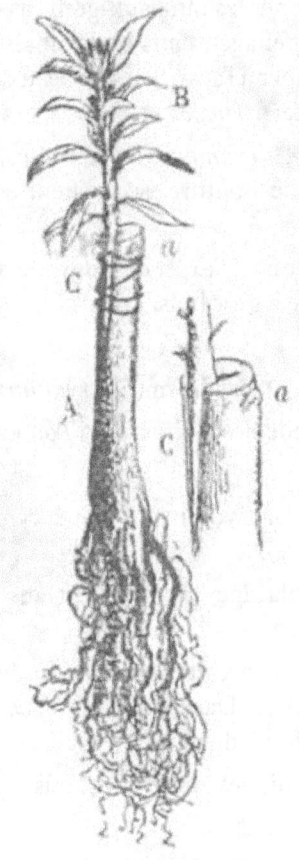

Fig. 114. — Greffe du Daphné en demi-fente.

Les variétés à feuilles persistantes sont greffées sur le Daphné Lauréole ; cependant elles réussissent aussi bien que les autres, lorsqu'elles sont greffées sur le Daphné Mézéréon, espèce plus

Charles Baltet

commune et moins sujette à pourrir.

Le sujet (A, *fig.* 114) fendu à moitié, en tête, reçoit le greffon (B) et on ligature (C). Le bourgeon (a) servira d'appelle-sève.

Les Daphnés *Dauphin, des collines, odorant*, de serre, se propagent de cette façon, greffés sur petite tige de leur congénère, Daphné Lauréole et quelquefois sur le Daphné Mézéréon.

Dierville (*Diervilla*).
Famille des Caprifoliacées, § *Lonicérées*.

Sujet. — Dierville rose, *Diervilla* ou *Weigela rosea* (semis ; bouture racinée).

Greffage. — En demi-fente (fig. 110, 114). Dans l'aubier (fig. 66) ; avril et août, sous verre. — En pied, rez terre.

Observations. — Le Dierville rose ou Weigela se propage par bouture ; mais pour augmenter la multiplication d'une variété rare, on a recours à la greffe. On se sert de boutures racinées faites au printemps ; le greffage est pratiqué sous verre, en août, avec des greffons semi-ligneux. Les plants sont opérés au collet, en demi-fente et placés sous cloche à froid, sur le sable.

En chauffant des touffes de l'espèce sujet et de la variété qui doit être multipliée, on obtient de part et d'autre des rameaux forcés que l'on unira, sous verre, en mars-avril ; ce sera alors une greffe-bouture de rameaux semi-herbacés.

Diosma (*Diosma*).
Famille des Diosmées.

Sujet. — Diosma à ombelle, *D. umbellata* (bouture).

Greffage. — En demi-fente (*fig.* 114), en serre ; février-mars. — Au collet.

Observations. — La greffe du Diosma est spéciale au *D. fragrans*, qui prend mal de bouture.

Épine-Vinette (*Berberis*). — **Mahonia** (*Mahonia*).

Famille des Berbéridées.

Sujet. — Épine-vinette ordinaire, *Berberis vulgaris* (semis).

Greffage. — En fente (*fig.* 110, 114). En placage (*fig.* 118) ; août-septembre, sous verre. — En pied.

Observations. — Choisir des plants qui paraissent moins disposés au drageonnage.

Greffer au collet du sujet. Quand la soudure sera complète, on plante le jeune arbuste, greffe en terre, pour l'exciter à prendre racine ; sans cette précaution, le tronc pourrait affamer la plante par son émission de rejets.

Édrageonner rigoureusement.

Érable (*Acer*).

Famille des Acérinées.

Sujet. — Le type des variétés et des sous-variétés que l'on désire propager (semis).

Greffage. — Écusson ordinaire (*fig.* 89, 91). Écussonnage avec incision renversée (*fig.* 94). Par rameau avec embase (*fig.* 50) ; août. — En pied ou sur tige.

Observations. — L'Érable champêtre, *Acer campestre*, reçoit par greffage ses sous-variétés.

En général, l'Érable sycomore, *A. pseudoplatanus*, est le sujet qui sympathise avec les divers groupes ; ainsi l'*Acer Ginnala*, sous-variété de l'*Acer tataricum*, se greffe mieux sur l'Érable sycomore que sur son type.

L'Érable rouge, *A. rubrum*, et ses variétés, ont plus d'affinité avec l'Érable sycomore et semblent gagner en robusticité à son contact.

L'Érable jaspé, *A. pensylvanicum*, vit sur le Sycomore par l'écussonnage de bourgeons anticipés, ou de petits rameaux munis de leur embase (*fig.* 50). Ici, le greffage en pied met en évidence la tige ornementale de l'arbre par son épiderme veiné et coloré.

Charles Baltet

L'écussonnage des variétés de l'Érable plane, *Acer platanoides*, réussit à œil poussant avec des rameaux détachés en hiver et conservés (fig. 32). Les variétés à feuille pourpre, *de Schwedler* et *de Reitenbach*, forment avec le Sycomore un bourrelet plus prononcé qu'avec l'Érable plane. Il en est de même des autres variétés : *en colonne, en boule, à feuille laciniée* ou *digitée*, on *panachée*.

L'Érable lisse, *A. lævigatum*, greffé sur l'Érable plane, est plus vigoureux que franc de pied.

L'Érable de Wagner, *A. Wagneri*, « prend » sur l'Érable à fruit cotonneux, *A. eriocarpum*.

L'Érable de Colchide *tricolore* se reproduit par l'écussonnage sur son type et non sur d'autres.

Les variétés très vigoureuses d'Érable seront greffées, en plein air, par écusson avec incision renversée (*fig.* 94) ; l'œil greffon sera simple ou choisi sur des rameaux de l'année précédente (*a, fig.* 89). Réunir et écimer alors les rameaux du sujet dès qu'il sera écussonné (*fig.* 99).

L'onglet de l'Érable ayant le défaut de se dessécher promptement, il faudra réserver, au début de la végétation, quelques rameaux herbacés sur cet onglet pour y appeler la sève ; on les pincera à trois yeux et on les supprimera quand la greffe sera suffisamment développée.

Pour le greffage sous verre, on prend du jeune plant de Sycomore ; on l'empote pour le greffer en fente, vers février-mars.

Les variétés d'Érables *polymorphe* et *palmé* sont greffées dans l'aubier, de biais (*fig.* 67), à l'étouffée, sur le type *Acer polymorphum*, que l'on multiplie par couchage et par bouture. Les Japonais les traitent par approche en travers et par écusson boisé. — On greffe surtout les plants de semis, peu intéressants, et qui s'écartent trop de leur « mère ».

Au Japon, la greffe réunit sur le même sujet des variétés différant par le coloris, par la forme ou par la disposition du feuillage.

Eucalyptus (*Eucalyptus*).
Famille des Myrtacées.

VIII. — VÉGÉTAUX À MULTIPLIER PAR LA GREFFE...

Sujet — Eucalyptus *amygdalina, robusta, resinifera* (semis).

Greffage. — En approche (*fig.* 39, 42), mai-juin et août, à l'air libre. — En placage (*fig.* 118) ; février, septembre — En pied ; sous verre.

Observations. — La greffe en approche se pratique à la montée de la sève, ou un mois avant son déclin, le greffon étant encore dans son état « juvénile ». Nous en avons vu quelques beaux exemples dans la Provence maritime.

Eugenia. — Goyavier. — Jambosa.
Famille des Myrtacées.

Sujet. — *Eugenia.* — *Psidium.* — *Jambosa.*

Greffage. — En demi-fente, (*fig.* 114). En placage (*fig.* 118). Anglaise (*fig.* 80, 81) ; février-mars et août-septembre, sous verre.

Observations. — Les sujets sont de jeunes semis, vigoureux ; les greffons ont été cueillis, au moment du greffage, sur des étalons de choix.

Les deux parties à rapprocher doivent être, autant que possible, à l'état semi-herbacé.

La soudure de ces divers genres exotiques sur le Myrte a été obtenue dans les serres françaises.

Dans quelques colonies, l'*Eugenia* a réussi à la greffe. Cette opération a été favorable au **Goyavier**, *Psidium*, en Algérie, sous une bâche vitrée, ou dehors, avec la claie-abri de roseaux.

En Cochinchine, on a transformé, par la greffe en fente herbacée, le **Jambosier** *à feuille de myrte* en arbrisseaux de plus grand rapport.

Les Jambosa *vulgaris* et *australis* sont de bons sujets porte-greffe.

Il serait intéressant d'essayer le greffage du **Giroflier**, *Caryophyllus*, arbre de cette Famille, lent à se multiplier ; on propagerait ainsi les plants productifs que les exploitants de « clou de girofle » remarquent aux Moluques, à la Réunion, à Sumatra, aux Antilles, à la Guyane, etc.

Charles Baltet

Eurya (*Eurya*).

Famille des Ternstrœmiacées.

Sujet. — Eurya de Siebold, *E. Sieboldi.*

Greffage. — En demi-fente (*fig.* 114). En placage (*fig.* 118) ; février-mars, août ; sous verre.

Observations. — Les Euryas se multiplient de bouture à l'étouffée, ou peuvent être greffés sur les Eurya *Sieboldi* et *angustifolia.*

Févier (*Gleditschia*).

Famille des Légumineuses, § *Césalpiniées.*

Sujet. — Févier d'Amérique, *Gleditschia triacanthos* (semis).

Greffage. — En couronne (*fig.* 52) ; mai, — En fente (*fig.* 72) ; avril. — En pied, mieux en tête.

Observations. — Choisir, pour greffon, une partie mixte, bois de deux ans à la base, bois de l'année au sommet (*fig.* 52) ; lors du greffage, on badigeonnera de mastic le rameau-greffon contre l'action de l'air.

Il est indispensable de conserver en face de la greffe un bourgeon ou petit rameau appelle-sève, soumis au pincement, — la tige de Février étant disposée à se dessécher rapidement.

En opérant fin d'avril ou courant de mai, on peut encore greffer le Févier en fente, avec des rameaux fraîchement coupés et employés aussitôt. Le Févier pleureur de Bujot, *Gleditschia Bujoti*, est plus robuste, greffé eu tête.

L'écussonnage à œil poussant du Févier est praticable. La tête du sujet écimée au printemps produira deux ou trois rameaux destinés à l'écussonnage. Le bourgeon-écusson est un œil renflé, pris sur rameau de l'année précédente (*a, fig.* 89) ; on greffe en juillet et, trois semaines après, la soudure étant certaine, les rameaux écussonnés seront étêtés successivement pour forcer le développement du greffon. L'ébourgeonnage en sera fait avec mesure.

Figuier (*Ficus*).
Famille des Artocarpées.

Sujet. — Figuier, *F. carica* (bouture ; cépée).

Greffage. — En flûte (*fig.* 100, 101). En couronne (*fig.* 54) ; avril-mai. — Au collet et sur racine.

Observations. — Il est rare que l'on ait recours au greffage du Figuier, étant donnée sa propagation facile par bouture et par marcotte.

Le greffage se fait « entre deux terres » ; on tronçonne le sujet et l'on attend, pour greffer, que le suintement du suc laiteux soit arrêté.

Le greffage sur racine détachée se fait à froid, sous cloche ou sous châssis.

Pour utiliser tous les yeux et petits rameaux des nouveautés, nous avons vu appliquer le greffage forcé, sous verre, au printemps.

L'écusson avec incision renversée (*fig.* 94) est parfois employé dans le Midi.

En Provence, on greffe en flûte sur plant étêté, mais on place un second anneau greffon au-dessus du premier pour préserver celui-ci du dessèchement, et l'on couvre la plaie de mastic.

On greffe parfois le *Ficus elastica*, de serre froide, sur racine de notre Figuier, *F. carica*. Au Tonkin, on a tenté l'opération inverse.

Louis Noisette déclare avoir obtenu des effets « très pittoresques » par le greffage des *Ficus bengalensis* et *nervosa* sur le *Ficus elastica*.

Frêne (*Fraxinus*).
Famille des Oléacées.

Sujet. — Frêne commun, *F. excelsior* (semis).

Greffage. — En écusson (*fig.* 91) ; juillet. — En fente (*fig.* 71). Anglaise au galop (*fig.* 84, 85) ; mars-avril. — En pied ou sur tige.

Observations. — Rejeter les yeux de la base des rameaux, ils se développeraient difficilement. Lors de l'écussonnage, on utilisera les sommités des rameaux moyens en les inoculant sous l'écorce par la greffe de côté simple (*fig.* 48) ou à l'anglaise (*fig.* 49).

Les variétés au branchage rabougri, à rameaux fins et courts, Frêne crépu, *Fr. atrovirens*, Frêne nain, *Fr. nana*, seront greffées à la hauteurprojetée du branchage. Les Frênes dimorphe, globe, etc., sont dans ces conditions.

Les Frênes à rameaux retombants, dits pleureurs, variétés du Frêne commun, *Fr. excelsior*, du Frêne à feuille de lentisque, *Fr. parvifolia*, seront greffés en tête, pour former un parasol de branches. En les greffant au pied du sujet, et en dressant la flèche du greffon, les branches latérales retombantes donneront à l'arbuste un aspect original.

Il convient de greffer en pied les variétés cultivées : 1° pour la nuance de leur épiderme, Fr. doré, *Fr. aurea*, Frêne jaspé, *Fr. jaspidea* ; 2° pour leur feuillage, Fr. à feuille d'Aucuba, *Fr. hispida*, Frêne à feuille cucullée, *Fr. cucullata* ; 3° les jolies espèces de Frêne d'Amérique, Frêne de la Nouvelle-Angleterre, *Fr. novæangliæ*, Frêne à feuille de noyer, *Fr. juglandifolia*, Frêne de Californie, *Fr. californica* ; 4° les types vigoureux, les Frênes à une feuille, *Fr. heterophylla*, *Fr. imbricaria*, *Fr. simplicifolia*.

Au début de la végétation de la greffe, on ébourgeonnera sévèrement le sujet tout en conservant, çà et là, des bourgeons foliacés pour attirer et entretenir la sève.

Les variétés du Frêne à fleur, *Fraxinus Ornus*, seront greffées sur le type, assez tôt en saison, par les procédés ci-dessus indiqués.

M. Le Vardois, amateur à Caen, a constaté que le *Fr. Ornus longiscupis* est beau et vigoureux, s'il est greffé sur le *Fr. excelsior*, mais étiolé et gélif lorsqu'il est franc de pied.

Fusain (*Evonymus*).
Famille des Célastrinées.

Sujet. — Fusain d'Europe, *Evonymus enropæus* (semis), pour les variétés à feuilles caduques. — Fusain du Japon, *Evonymus japonicus* (bouture), pour les variétés à feuilles persistantes.

Greffage. — En écusson (*fig.* 91). Par rameau sous écorce (*fig.* 48,

49) ; juillet. — En placage (*fig.* 56, 118). En demi-fente (*fig.* 110, 114) ou par incrustation (*fig.* 119) : février-avril, sous verre. — En pied ou sur tige.

Observations. — Nous avons deux sections de Fusains : les variétés à feuilles persistantes, les variétés à feuilles caduques.

Fusains à feuilles persistantes. — Bien que ce groupe soit de multiplication facile par le bouturage, on a recours quelquefois à la greffe, pour les plants à basse tige.

En hiver, on greffe en demi-fente, en placage et par incrustation, dans la serre, les variétés du Fusain du Japon. À défaut de plants racinés, on emploie, comme sujets, des rameaux-boutures. On peut encore opérer sur des plants à racines nues, en les soumettant au greffage à l'étouffée.

Pour maintenir la panachure des Fusains à feuille persistante, on greffe les variétés à feuille panachée sur plant enraciné, ou sur rameau-bouture, de l'ancien Fusain du Japon *argenté*.

Les Fusains toujours verts greffés sur tige et formant une boule de verdure sont obtenus par le greffage d'un type japonais sur l'espèce originaire, à feuillage persistant, ou sur Fusain d'Europe à feuille caduque ; l'opération reste la même. Commençons par le sujet indigène.

Pendant l'hiver, on met en pot des Fusains d'Europe à tige, et on les enterre en plein air. Au mois d'août suivant, on les greffe en fente ou en incrustation, à la hauteur fixée pour le branchage et on les transporte sous verre, dans une serre ou une bâche, ou dans un coffre sous châssis. Suivant leur taille, ils sont placés droits, inclinés ou couchés ; ils restent ainsi à l'étouffée jusqu'à ce que la reprise de la greffe soit complète ; alors on les aère graduellement, pour les livrer à l'air libre avant les gelées. — En plein air, cette éducation aurait moins d'efficacité.

Le greffage du Fusain toujours vert, sur tige à feuille persistante, offre cet avantage que le branchage de la tête greffée conservera plus longtemps et plus régulièrement sa verdure perpétuelle. On choisit un type vigoureux pour sujet et l'opération se fait comme nous l'avons dit.

Fusains à feuilles caduques. — On peut greffer le sujet avant sa mise en pot, et employer des greffons déjà ramifiés.

Charles Baltet

Le Fusain d'Europe reçoit, en plein air, rez terre ou sur tige, le greffage des variétés à feuille caduque, pourpre ou panachée, à feuille étroite, à large feuille. L'écusson boisé ou plaqué, la greffe par rameaux sous écorce (*fig.* 48) ou avec embase (*fig.* 50) nous donnent de bons résultats.

Gainier (*Cercis*).
Famille des Légumineuses, § Césalpiniées.

Sujet. — Gainier ordinaire, *Cercis siliquastrum* (semis).

Greffage. — En écusson (*fig.* 91 et 93) ; août. — En pied ou sur tige.

Observations. — Aussitôt l'écussonnage fait on réunira les rameaux du sujet par un lien, et on coupera les extrémités (*fig.* 99) ; il n'y aurait pas d'inconvénient à éclairer le branchage par un effeuillement assez modéré.

Le Gainier du Canada, *Cercis canadensis*, utilisé comme sujet, résistera au froid (– 30°).

Gattilier (*Vitex*).
Famille des Verbénacées.

Sujet. — Gattilier commun, *Vitex agnus-castus* (plant de semis ; fragment de racine).

Greffage. — En demi-fente (*fig.* 110). Sur racine (*fig.* 115), en septembre ; sous verre.

Observations. — On greffe indistinctement sur racine, sur plant de semis et au collet. En déplantant une touffe du type, on divisera les racines qui constitueront autant de sujets.

Les jeunes plants de semis sont en arrachis ; on les met en pot aussitôt le greffage, puis à l'étouffée sous verre. Au printemps suivant, ils pourront être livrés à la pleine terre.

Louis Neumann, du Muséum, a greffé le **Clerodendron** *splendens*, plante de cette Famille, sur les *Clerodendron squamatum* et *fallax*.

VIII. — VÉGÉTAUX À MULTIPLIER PAR LA GREFFE...

Genêt (*Genisia, Spartium, Sarothamnus*).

Famille des Légumineuses, § *Papilionacées*.

Sujet. — Genêt d'Espagne, *Spartium junceum.* — Cytise ébénier, *Cytisus Laburnum* (semis).

Greffage. — En fente ou demi-fente (*fig.* 69 et 114) ; mars-avril. — En pied ou sur tige.

Observations. — Prendre pour greffons des rameaux de l'année avec un talon de deux ans. On greffe sur le Cytise ébénier, *Labumum*, le Genêt multiflore blanc, *Spartocytisus albus*, les *Spartium*, les *Genista*, par exemple les *G. americana, præcox, sibirica* et le Genêt *André*, une jolie variété de l'espèce Sarothamnus.

La réussite est plus certaine en mars, sous châssis, avec des plants à racine nue. Les sujets seront de grosseur moyenne ; on leur conservera un œil au sommet du tronçonnement. Au cas de hâle, on entoure la greffe d'un écran.

Tuteurer et pincer tes jeunes pousses.

Détruire les colimaçons, ils recherchent volontiers les arbustes de cette Famille.

Genévrier (*Juniperus*).

Famille des Conifères, § *Cupressinées*.

Sujet. — Genévrier de Virginie, *Juniperus Virginiana* (semis).

Greffage. — En placage (*fig.* 113) ; février et septembre. — En bifurcation (*fig.* 77) ; avril.

Observations. — Greffer en placage (*fig.* 113), ou de côté en fente oblique (*fig.* 67), sous cloche et sous châssis, avec de jeunes plants bien racines ; deux mois après, la soudure est assurée. Voir les soins ultérieurs.

La greffe sur bifurcation se fait en plein air, sur la flèche ramifiée du sujet (fig. 77).

Plusieurs variétés de Genévrier, greffées, sont plus vigoureuses que de pied franc.

Charles Baltet

Ginkgo (*Ginkgo*).
Famille des Conifères, § *Taxinées*.

Sujet. — Ginkgo bilobé, *Ginkgo biloba* ou *Salisburia adianthifolia* (semis ; bouture).

Greffage. — En fente (*fig.* 72) ; mars-avril, en plein air. — En placage (*fig.* 56) ; au collet et sur tronçon de racine (*fig.* 115, 120) ; septembre, sous verre. — En pied ou en tête.

Observations. — Le greffage permet de réunir sur le même individu les deux sexes du Ginkgo, arbre dioïque, et d'en obtenir une fructification. C'est ainsi que Delile, professeur de botanique à Montpellier, aurait obtenu le premier en France, vers 1835, la fructification du Ginkgo. Il fut imité à Trianon, puis à Strasbourg, ensuite à Tours, etc.

Le semis du Ginkgo produit une forte proportion de plants mâles ; plus tard, on pourra enter sur leurs tiges ou sur leurs branches des greffons du type femelle.

On propage les variétés de cet arbre par la greffe, sur racine, de sommités de rameaux.

Glycine (*Wistaria*).
Famille des Légumineuses, § *Papilionacées*.

Sujet. — Glycine de Chine, *Wistaria sinensis* (fragment de racine).

Greffage. — En fente ou en incrustation, sur racine (*fig.* 115) ; avril-mai.

Observations. — Choisir pour sujet des morceaux de racines longs de $0^m,10$, et les greffer en fente ou en incrustation. On plante les sujets greffés sous châssis, de manière que le tronc radiculaire soit complètement enterré ; plus tard, ils seront livrés à l'air libre.

Le greffage au collet du plant offre les mêmes chances avec des sujets complets.

Fig. 115. — Greffe sur fragment de racine (Glycine).

Grenadier (*Punica*).

Famille des Granatées.

Sujet. — Grenadier ordinaire, *Punica granatum* (semis ; bouture).

Charles Baltet

Greffage. — En fente (*fig.* 110, 114) ; avril. — En incrustation (*fig.* 119) ; août, sous verre.

Observations. — Dans les climats chauds, le Grenadier supporte les procédés du greffage en plein air, particulièrement la greffe en fente, sur le collet. En Provence, on greffe sous verre, à tige, les variétés naines ou à fleur double.

Sous le climat de Paris, on le greffe dans la serre, à froid, de juillet à septembre, au moyen du placage si le sujet est en arrachis, ou de l'incrustation s'il est élevé en pot.

On emploie le plant de semis, âgé de deux ans, du Grenadier acide, et on a le soin de ménager un bourgeon d'appel à l'opposé de la greffe.

Grévillea (*Grevillea*).
Famille des Protéacées.

Sujet. — Grévillea robuste, *G. robusta* (semis). — Grévillea de Mangles, *Gr. Manglesi* (semis ; bouture).

Greffage. — En demi-fente (*fig.* 110, 114). En incrustation (*fig.* 119) ; février-mars, sous verre.

Observations. — Sous un climat chaud, le Grévillea se propage par semis. Dans le rayon de Paris, on greffe sur le Grévillea robuste les variétés à grand développement : *Gr. Banksi*, *Gr. Hillii*, etc. ; les variétés moins vigoureuses, *Gr. flexuosa*, *Gr. pteridifolia*, sont greffées sur le Grévillea de Mangles, élevé par bouture.

Quelques autres genres de cette Famille, tels que le **Hakea** et le **Lambertia** peuvent se greffer sur le Grévillea, avec des chances variables.

Groseillier (*Ribes*).
Famille des Grossulariées.

Sujet. — Variété de l'espèce à propager. — Groseillier doré, *R. aureum* (bouture ; semis).

Greffage. — En écusson (*fig.* 91) ; juillet. — De côté (*fig.* 48, 49) ;

VIII. — VÉGÉTAUX À MULTIPLIER PAR LA GREFFE...

août. — En fente (*fig.* 72, 110) ; septembre, en plein air. — Anglaise simple (*fig.* 80, 117), janvier ; sous verre.

Observations. — Le Groseillier se multiplie si facilement par bouture que l'on a rarement recours au greffage. Toutefois on peut, par la greffe, utiliser un œil isolé, un rameau délicat, et même changer la physionomie de la planté.

Greffer aussi près que possible des racines. Tel était, en 1829, l'avis de Thory, auteur de la *Monographie du Groseillier*.

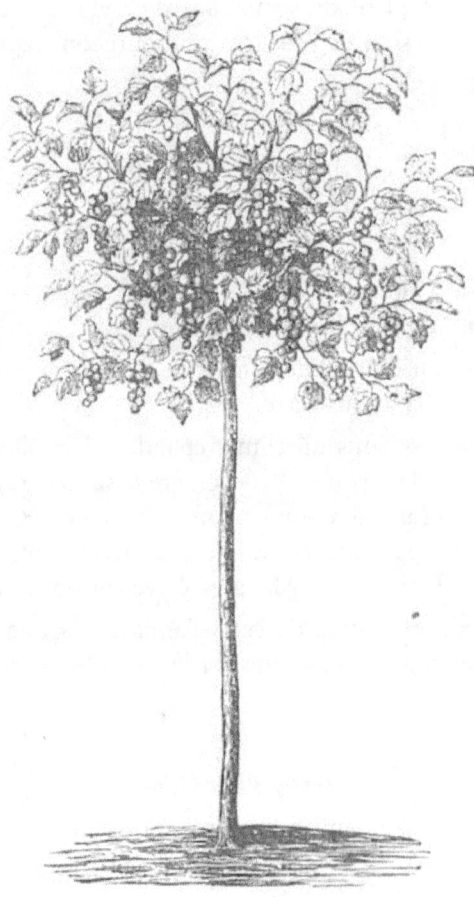

Fig. 116. — Groseiller à grappes, greffé sur une tige de Groseiller palmé.

Charles Baltet

Un rameau-bouture de Groseillier à grappes peut recevoir la greffe du Groseillier à maquereau, en demi-fente (*fig.* 110) ou par rameaux préalablement écussonnés (*fig.* 98) ; cette tribu serait un bon entre-greffe sur le Gr. *doré.*

L'intérêt du greffage réside surtout dans l'éducation de l'arbuste élevé sur tige. Le Gr. doré, *R. aureum,* sujet, est préféré aux *R. révolutum* et *R. tenuifolium,* qui drageonnent davantage ; il se soumet, en plein air, aux greffages en écusson, de côté sous écorce et en fente d'automne ; mais le greffage sous verre est plus certain.

Fig. 117. — Greffe du Groseillier épineux sur Groseillier palmé.

VIII. — VÉGÉTAUX À MULTIPLIER PAR LA GREFFE...

Dès l'année 1862, Franz Slaby recommandait le greffage des Groseilliers à fruit comestible sur l'espèce ornementale, à fleur jaune. Depuis, cette culture a pris une certaine extension en deçà et au delà du Rhin. Les Groseilliers à grappes, *R. rubrum* (*fig.* 116), et à maquereau, *R. uva crispa* (*fig.* 117), se cultivent greffés sur tige, comme le Rosier sur tige d'Églantier.

Le sujet est fabriqué par bouture simple, par bouture herbacée, par semis et surtout au moyen de la cépée. Le plant, en pépinière, pousse en toute liberté ; on se borne à l'édrageonner. En février-mars, on le recèpe et, par l'ébourgeonnement, un seul brin est conservé.

Au mois d'octobre, on l'arrache pour l'empoter, après lui avoir retranché tous les bourgeons souterrains. Les pots sont mis en pleine terre dehors, et bien paillés, contre l'action des gelées. En même temps, on prépare les rameaux-greffons que l'on place à la cave ou en terre, pour les retarder (*fig.* 32).

Le mois de janvier arrivé, on rentre les Groseilliers en pot dans une serre chauffée à + 8° ou + 12°. Le greffage, sera pratiqué en février, à l'anglaise simple (C, *fig.* 117), à cheval (*fig.* 87) ou en incrustation (*fig.* 60). Ligaturer et engluer à froid.

L'étouffée s'obtient par une cloche ou par un châssis fermé sur la bâche de la serre.

Les sujets plus gros pourraient être greffés sur branches latérales ; on conserverait des yeux au sommet pour tirer la sève de l'arbuste. Ainsi la tige (A, *fig.* 117), bifurquée, recevra les greffons (E, E) à l'opposé d'un œil sur chaque branche.

Le sujet (B) est une tige ou une branche du Groseillier *doré* supportant le greffon (R) du Groseillier à *grappes*, avec œil d'appel.

Quand les bourgeons de la greffe se développent, on transporte les plantes sous châssis ou en serre froide ; elles y séjourneront jusqu'en mai, époque de leur mise en pleine terre.

Hêtre (*Fagus*).
Famille des Cupulifères.

Sujet. — Hêtre commun, *F. sylvatica* (semis).

Charles Baltet

Greffage. — En fente sur bifurcation (*fig.* 78) ; mars-avril. — Par rameau sous écorce (*fig.* 48) ; juin-juillet. — En écusson à œil poussant. En approche (*fig.* 39) ; juin. — En pied ou sur tige.

Observations. — Les greffons du Hêtre sont des rameaux simples ou ramifiés, de deux ans ; le biseau en sera fortement aminci vers la pointe, et la tête enduite de boue ou de mastic.

Le jeune bois du sujet supporte mieux le greffage que le vieux bois. D'ailleurs, il faut opérer assez tôt pour avoir une bonne sève.

On réussit l'écussonnage à œil poussant du Hêtre, au mois de juin, en employant des yeux choisis sur des rameaux de l'année précédente (*a, fig.* 89). Si l'on coupe l'œil principal, les sous-yeux se développent. On étête le sujet huit ou quinze jours après l'écussonnage ; le greffon ne tarde pas à entrer en végétation.

La greffe par approche de côté ou en tête (*fig.* 42), au printemps, a toutes chances de succès.

Pour la greffe en fente, on emploiera des rameaux âgés de deux ou trois ans, les brindilles du greffon seront taillées à l'empâtement.

Les Hêtres *à feuilles pourpres* et les variétés du Hêtre d'*Amérique* se reproduisent par la greffe sur notre espèce indigène.

Houx (*Ilex*).
Famille des Ilicinées.

Sujet. — Houx commun, *I. aquifolium* (semis).

Greffage. — En écusson (*fig.* 91) ; mai, août. — Dans l'aubier, en fente oblique (*fig.* 67) ; juillet. — En placage (*fig.* 55), et à l'anglaise (*fig.* 56). Anglaise simple (*fig.* 80) ; sous verre ; août-septembre et mars-avril. — En pied ou sur tige.

Observations. — L'écussonnage se fait en plein air : à œil poussant, en mai ; à œil dormant, en août. On retranche sur son pétiole la feuille qui accompagne l'œil-greffon.

Dans les pépinières de Boskoop, en Hollande, l'écusson de cet arbre étant posé en août reste dormant pendant vingt mois. On étête le sujet au mois d'avril de la seconde année qui suit le greffage, et sans laisser d'onglet ; mais on tuteure de suite, et le bourgeon écussonné se développe plus vigoureusement que s'il eût été « forcé à la pousse » l'année précédente.

Les greffes d'automne se font sous cloche, dans la serre, ou sous châssis froid ; on laisse les feuilles au greffon (*fig.* 67). Le sujet ainsi travaillé en août-septembre reste environ trois mois à l'étouffée pour la reprise de la greffe.

L'opération réussit parfaitement lorsque le sujet est mis en pot au moment du greffage.

Pour la greffe en fente, on choisit un rameau âgé de deux ou trois ans. Les yeux se développent tard, parfois en juillet, mais avec vigueur.

Idésia (*Idesia*).
Famille des Bixacées.

Sujet. — Idésie polycarpe, *I. polycarpa* (semis).

Greffage. — En fente (*fig.* 110 et 114) ; avril, en plein air ; août-septembre, sous verre.

Observations. — Sur l'Idésia, arbre dioïque, la greffe facilite la production du fruit. En transportant une branche de l'espèce mâle sur l'arbre femelle, la fructification des grappes florales s'imposera, après fécondation, bien entendu.

If (*Taxus*). — **Cephalotaxus**. — **Torreya**.
Famille des Conifères, § *Taxinées*.

Sujet. — If. — Cephalotaxus. — Torreya ; suivant l'espèce à propager (semis ; bouture).

Greffage. — En placage (*fig.* 113) ; février, septembre. — En pied ; sous verre.

Observations. — On peut fabriquer des sujets au moyen de boutures de branches ; plus tard, on les greffera avec de jeunes rameaux qui naissent sur la tête écimée de l'étalon, au verticille supérieur du branchage. On a recours à ce procédé pour propager certaines variétés, lorsqu'on ne possède pas de sujets de semis.

Charles Baltet

La même plante fournira donc les sujets par le bouturage de ses branches latérales, et les greffons par ses bourgeons du sommet étêté.

L'If commun, *Taxus baccata*, élevé par semis, est un bon type pour recevoir le greffage de ces trois genres résineux.

Indigotier (*Indigofera*).
Famille des Légumineuses, § *Papilionacées*.

Sujet. — Indigotier *Dosua* (semis).

Greffage. — En fente (*fig.* 110). En incrustation (*fig.* 115) ; mars, sous verre.

Observations. — On applique le greffage à l'Indigotier blanc élégant, *Indigofera decora alba* ; l'opération se fait à l'étouffée.

On pratique la greffe sur le collet du plant, en arrachis ou en pot, et sur racine.

Jasmin (*Jasminum*).
Famille des Jasminées.

Sujet. — Jasmin blanc, *Jasminum officinale* (bouture).

Greffage. — En demi-fente (*fig.* 114) ; janvier-avril. — Anglaise simple (*fig.* 80, 117) ; août, sous verre. — En pied ou sur petite tige.

Observations. — Choisir un plant en arrachis et supprimer les rudiments d'yeux de la partie souterraine, on évite ainsi le drageonnage futur ; greffer en fente, puis étouffer sous verre.

On greffe particulièrement sur jeune tige les Jasmins à *fleur double, d'Arabie, d'Espagne,* Poiteau, *à feuille glauque, à feuille panachée, arbustes d'orangerie, pour les convertir en sujets plus ramifiés, moins volubiles et susceptibles d'être dressés en boule sur petite tige.*

À Ollioules (Var), le Jasmin d'*Arabie* dit « Sambac », cultivé pour le commerce des fleurs, est greffé en mai sur le Jasmin *blanc*.

Dans la région méditerranéenne, on plante le Jasmin *officinal*, en bouture, par carrés de la surface d'un châssis, ce qui permet de le couvrir l'hiver. Au mois d'avril, on le greffe en fente ; pas de ligature, mais un engluement d'argile pétrie à la main. Étouffer le plant aussitôt, au moyen d'un châssis incliné ; plus tard, aérer.

En août, les plants réussis sont levés en motte, mis en pot et étouffés à nouveau dans une serre tenue ombragée. Vingt jours après, les sujets ont repris leur végétation et peuvent être livrés au commerce ou à la pleine terre.

Sous ce climat, favorable au Jasmin, on pratique encore l'écussonnage, soit à œil poussant, en mai-juin, soit à œil dormant, en août, à $0^m,05$ de terre.

Laurier (*Laurus*). — Camphrier (*L. Camphora*).
Famille des Laurinées.

Sujet. — L'espèce type des variétés ou sous-variétés à propager (semis ; bouture).

Greffage. — En placage (*fig.* 55, 118) ; février ou fin juillet, sous verre.

Observations. — Le Laurier noble, L. sauce, L. d'Apollon, *Laurus nobilis*, et ses variétés se propagent par semis, par marcotte, par bouture ; quelquefois, on greffe les variétés nouvelles sur leur type. Le procédé adopté est le placage au collet, sous cloche.

Le Camphrier, *Laurus Camphora*, bel arbre acclimaté dans notre région du sud et en Algérie, aura ses « formes » intéressantes greffées ainsi sur ses propres semis.

Libocèdre (*Libocedrus*).
Famille des Conifères, § Cupressinées.

Sujet. — Biota de Chine, *B. orientalis*. — Genévrier de Virginie, *Juniperus Virginiana* (semis).

Greffage. — En placage (*fig.* 113). En fente oblique dans l'aubier (*fig.* 67) ; août et février, sous verre.

Observations. — Le greffage sous verre a lieu avec les soins indiqués pour les Conifères.

Charles Baltet

Il arrive fréquemment en France que le Libocèdre greffé est plus vigoureux qu'à l'état de semis ; le *L. chilensis* et le *L. decurrens* (vulg. Thuia gigantesque, *Carr.*), greffés sur Biota, en fournissent la preuve.

Lierre (*Hedera*).

Famille des Araliacées.

Sujet. — Lierre commun, *Hedera hélix.* — Lierre d'Irlande, *H. helix hibernica* (bouture).

Greffage. — En placage (*fig.* 118) ; septembre-octobre. — En pied.

Observations. — En choisissant, pour greffon, de jeunes extrémités de rameaux ayant fleuri ou de nature à fleurir bientôt, on produira des Lierres non grimpants, dits Lierres en arbre, particulièrement avec les variétés des Lierres *d'Irlande, de Rægner, de Cavendish.*

L'opération étant faite à l'étouffée, l'agglutination en sera achevée au bout de deux mois.

Le rameau (A, *fig.* 118) est un greffon de cette nature, son œil terminal (*a*) est disposé à fleurir ; on lui taille la base en biseau (*b*) et on le plaque sur le sujet (C) préparé (en *d*), avec la retraite (*e*) pour que le greffon s'y place comme on le voit en F.

Le rameau trapu, florifère, du Lierre réussit difficilement par bouture ; il se greffe bien et forme alors des arbustes buissonnants, tandis que les rameaux sarmenteux de la même espèce deviennent, par le bouturage, des arbrisseaux grimpants ; greffés, ils restent chétifs avec des rameaux traînants.

Le greffage du Lierre, précité, commencé en 1841 par Pierre Bertin, à Versailles mériterait d'être plus souvent employé.

Fig. 118. — Greffe du Lierre, en placage. Choix du greffon pour rendre la plante buissonnante.

Lilas (*Syringa*).
Famille des Oléacées.

Sujet. — Lilas de Marly, *Syringa vulgaris* (semis) ; préférable au Frêne ou au Troène.

Greffage. — En écusson (*fig.* 91) à œil dormant, juillet ; à œil poussant (*fig.* 102), avril. — En incrustation (*fig.* 60). En fente (*fig.* 69, 110) ; mars. — En pied ou sur tige.

Observations. — Choisir, pour sujet, de jeunes plants élevés par semis, moins susceptibles de drageonner ; on les greffe au collet, ou sur tige quand le plant est vigoureux.

Surveiller le drageonnement ; d'abord nettoyer les yeux ou bourgeons qui naissent des racines, avant la plantation ; puis

Charles Baltet

dégager la terre et raser net ou arracher sur leur empâtement les rejets souterrains.

Préparer les rameaux-greffons en leur retranchant, et la base, qui se développe mal, et le sommet, généralement disposé à fleurir.

Les Lilas à bois fin tels que : Lilas de Perse (*S. persica*), Lilas *Varin, Saugé, carné de Chine* (*S. dubia*), seront greffés en pied ou en tête sur Lilas de Marly. Ces espèces à bois fin réussissent en outre au marcottage.

Les Lilas à gros bois (*S. vulgaris*) : Lilas *de Trianon, Charles X, Gloire de Moulins, Aline Mocgueris, Ville de Troyes, Philémon, Virginal, Lucie Baltet, Bleuâtre, de Croncels, à grande fleur, Madame Moser. Princesse Marie,* etc., à fleur blanche, rose, lilas, carmin, pourpre, puis la série des variétés à fleuron double et le Lilas de Chine (*S. oblata*), doivent être greffés en pied sur le Lilas de Marly ; ils s'élèveront à tige.

Les types *L. Josikœa, Emodi, de Bretschneider, du Japon,* sont susceptibles de s'unir au Frêne à fleurs, *Fraxinus Ornus.* Sur le Lilas de Marly, ils prennent mieux par la greffe en fente ou en demi-fente, au collet, en plein air ou sous verre. Ils se soudent encore avec le Troène.

On peut les élever, ainsi que les Lilas à bois fin, sur tige de Troène de Californie, *Ligustrum ovalifolium,* ou de Troène de Chine, *L. Ibota,* par la demi-fente ou le placage, — dans les localités où ces espèces de Troène ne gèlent pas.

Litchi (*Nephelium* ou *Euphoria*).

Famille des Sapindacées.

Sujet. — *Li-tschi Euphoria Litchi* ; (semis).

Greffage. — En demi-fente (*fig.* 110, 114). En placage (*fig.* 118) ; février et fin août, sous verre. — En approche herbacée (*fig.* 42) ; octobre.

Observations. — En Chine et au Japon, à la Réunion, etc. des essais sur la greffe par approche à l'air libre, au début de la sève, ont réussi.

L'arbre greffé devient moins élevé, plus productif, et son fruit

VIII. — VÉGÉTAUX À MULTIPLIER PAR LA GREFFE...

plus gros et meilleur ; c'est surtout le type japonais qui fournit des espèces recherchées dans la consommation.

D'après le docteur Bretschneider, de la légation russe à Pékin, les Nephelium *longana* et *lappaceum* ont de nombreuses variétés dans l'archipel Malais et dans l'Asie tropicale. Les unes sont reproduites par le marcottage, d'autres par le greffage en approche, au réveil de la sève.

À la mission de Késô, au Tonkin, le R. P. Bareille a propagé la greffe, par rameau détaché, du Litchi *royal*, à fruit comestible, sur le L. *commun* et sur le L. « Œil de Dragon », *Nephelium longana*, « plutôt médicinal » nous écrit M. Voinier, vétérinaire en chef de notre armée d'occupation, créateur de pépinières d'études et de propagandes, à Hanoï.

Maclure (*Maclura*).
Famille des Morées.

Sujet. — Maclure orange, *Maclura aurantiaca* (semis ; bouture de racine).

Greffage. — En fente (*fig.* 72) ou demi-fente (*fig.* 110) ; avril, en plein air ou sous verre.

Observations. — Le Maclure est un végétal dioïque ; il convient alors de propager, par la greffe, les types staminés ou les types pistillés avec des greffons d'origine certaine.

Les variétés du Maclure se greffent encore sur de jeunes plants, sous bâche vitrée, en mars.

Magnolier (*Magnolia*).
Famille des Manoliacées.

Sujet. — Magnolier pourpre, *Magnolia discolor*. — M. de Soulange, *M. Yulan*, variété *Soulangeana* (semis, marcotte), pour les espèces à feuilles caduques. — Magnolier à grande fleur, *Magnolia grandiflora* (semis, marcotte), pour les espèces à feuilles persistantes.

Charles Baltet

Greffage. — En placage (*fig.* 55, 56). En fente dans l'aubier (*fig.* 65). En incrustation (*fig.* 119) ; de février en avril, sous verre. — En approche (*fig.* 39) ; avril, juillet. — En pied ou en tête.

Observations. — Le greffage de côté avec rameau pénétrant l'aubier (*fig.* 65), au collet du sujet non étêté, se pratique en juillet et en août. Le plant greffé étant placé sous double châssis, la soudure sera complète un mois après. Le placage se fait dans les mêmes conditions.

La greffe par approche, plus lente à la reprise, est appliquée sur de forts sujets. Le sevrage ne sera commencé qu'au printemps suivant, pour être achevé graduellement avant l'hiver.

Les *Magnolia grandiflora* et variétés à feuille persistante réussissent également sur le Magnolier pourpre, *M. discolor*, à feuille caduque.

Aux Etats-Unis, on écussonne les variétés du Magnolier sur le M. acuminé, de Pensylvanie

Sur les bords de la Loire, on greffe ce bel arbre en fente herbacée, au mois de juin, sous cloche en serre, à froid, avec quinze jours d'étouffée.

Dans le Midi, on écussonne les Magnoliers toujours verts sur le *M. grandiflora*. — À Nantes, l'écusson est pris sur rameau de deux ans.

Mangoustan (*Garcinia*).

Famille des Clusiacées.

Sujet. — *Garcinia mangostana* (semis).

Greffage. — En demi-fente (*fig.* 110, 114) ; février et août, sous verre.

Observations. — Le greffage reproduit les types les plus avantageux à la production fruitière, on utilise les sujets robustes qui croissent çà et là et d'un avenir incertain.

En Cochinchine, nos compatriotes Godefroy et Daveau ont essayé avec succès la greffe en approche. De jeunes plants du Mangoustan de Roxburg, mis en pot ou en panier, ont été accrochés dans un arbre d'un produit avantageux et, après la saison des pluies, on pratiqua le greffage en approche. Deux mois après, sevrage de la greffe, puis tuteurage, ébourgeonnement et mise en place.

Le **Mammea**, dit « Abricotier des Antilles ou de Saint-Domingue », que l'on cultive par semis, pourrait être reproduit dans ses variétés les plus fécondes par le greffage sous verre, sur jeunes semis du type ou infertiles, ou par la greffe en approche à l'air libre de jeunes plants élevés en bourriche ou en noix de Cocotier.

Manguier (*Mangifera*).
Famille des Térébinthacées.

Sujet. — Manguier de l'Inde, *Mangifera indica* (semis).

Greffage. — En fente, au collet (*fig.* 110, 114) ; dès que la sève monte, en évitant la période des grandes pluies ou des chaleurs excessives. — En approche herbacée (*fig.* 39, 42) ; octobre.

Observations. — Le semis du Manguier (la graine semée fraîche) produit du plant que l'on met en pot, et on le greffe en demi-fente. La réussite est plus certaine par le rapprochement de parties herbacées ou à peu près ; l'opération se fait au printemps, sous cloche, dans la serre.

Dans les Indes orientales et dans les pays chauds où croît le Manguier, on le greffe à l'air libre, en fente ou en couronne, en tête ou en pied», le sujet et le greffon sont en sève, leur état semi-herbacé active la soudure ; c'est le moyen de propager les variétés à chair tendre, peu fibreuse et à petit « noyau », recherchées par le commerce et par la consommation.

Le greffage en approche est pratiqué par les indigènes intelligents. Au mois de mai, ils sèment des graines de mangues autour d'un Manguier d'espèce avantageuse à reproduire ; l'étalon est garni de ramifications assez près du sol. La germination se fait vite et, en octobre, on greffe le plant par approche, de côté ou mieux en tête, les deux parties étant semi-herbacées. Quelques mois de sève suffiront et la greffe sera sevrée ; après une végétation nouvelle, on pourra mettre le jeune arbre en place.

Tel est le procédé suivi dans la Cochinchine française et aux Indes anglaises.

Charles Baltet

À Bombay, nous disait Ermens, quand l'étalon est haut de branches, on y accroche les sujets élevés dans des pots à fleur ou des noix de coco et, le moment venu, on les greffe par approche.

À la Guyane où les pluies sont pour ainsi dire permanentes, le colon sème et cultive le plant en panier et profite d'une éclaircie pour l'approcher de l'étalon et lui inoculer ses rameaux.

À la Réunion, les planteurs propagent, par la greffe, la mangue *Auguste* et autres variétés pour l'industrie des conserves.

Les Japonais pratiquent en outre la greffe en tête dans l'aubier (*fig.* 62) ; l'engluement est de l'argile délayée dans l'eau de mer ou l'eau salée, pétrie avec des déchets de coton. Une feuille de Palmier, attachée à la greffe, forme écran et complète le travail.

Partout, le Manguier greffé produit vite, régulièrement, et son fruit est un objet d'exportation.

L'**Anacardier**, *Anacardium*, de la même famille, produit la « pomme d'acajou » et se propage par le semis immédiat de ses graines ; certaines formes ou variétés seront fixées par le greffage : incrustation en tête (*fig.* 119) ou de côté dans l'aubier (*fig.* 65), en pied.

Marronnier (*Æsculus*). — **Pavia.**
Famille des Hippocastanées.

Sujet. — Marronnier d'Inde, *Æsculus hippocastanum* (semis).

Greffage. — Écusson avec incision cruciale (*fig.* 93) ; juillet. — Par rameau sous écorce (*fig.* 48) et à l'anglaise (*fig.* 49) ; avril ou juillet. — En fente (*fig.* 72) ; mars. — En flûte (*fig.* 100). En couronne (*fig.* 52 et 54) ; avril. — En pied ou sur tige.

Observations. — Chaque mode de greffage doit être pratiqué de bonne heure.

Refuser pour l'écussonnage, les yeux de la base des rameaux-greffons ; les yeux bien formés sont indispensables, fussent-ils choisis sur des branches de l'année précédente. Les sommités de rameau avec bourgeon terminal, bien lignifiées, conviennent aux opérations faites en tête.

VIII. — VÉGÉTAUX À MULTIPLIER PAR LA GREFFE...

Pour la greffe en fente, on prend des greffons âgés de deux ans sur toute leur étendue, sinon à la base, pour la taille du biseau.

On greffe encore le Marronnier *rubicond* ou autre, par rameau sous écorce, simple ou à l'anglaise (*fig.* 48 ou 49), à œil poussant ou à œil dormant ; on a le soin de lier aussitôt par un jonc, la tête du greffon avec le corps du sujet.

Palisser sévèrement les jeunes greffes sur leur onglet, outre l'appui d'un tuteur spécial ; le poids et le balancement des feuilles pourraient briser les pousses nouvelles.

En pépinière, on peut écussonner les jeunes sauvageons de Marronnier dans les carrés de semis ou de repiquage ; l'année suivante, on replantera à distance les sujets tout écussonnés.

Le **Pavia** se greffe dans les mêmes conditions sur le Marronnier d'Inde. Comme il a une tendance à rester plus faible que son sujet, on choisira des greffons vigoureux d'un an, ou ayant deux ans au biseau, lorsqu'il s'agit du greffage par rameau.

Les Pavias à épi et de Californie sont cultivés de pied franc.

Mélaleuque (*Melaleuca*).
Famille des Myrtacées.

Sujet. — Mélaleuque armillaire, *Melaleuca armillaris* (semis).

Greffage. — En demi-fente (*fig.* 114). — En placage (*fig.* 118) ; février-mars, juillet-août.

Observations. — Les Mélaleuques se multiplient par le semis. Si on veut les reproduire par le greffage, on emploiera comme sujet le Mélaleuque armillaire qui, par sa robustesse relative, convient à cette destination.

Mélèze (*Larix*).
Famille des Conifères, § *Abiélinées*.

Sujet. — Mélèze d'Europe, *Larix europæa*. — Mélèze d'Amérique, *Larix microcarpa* (semis).

Charles Baltet

Greffage. — En placage (*fig.* 113) ; août. — De côté dans l'aubier (*fig.* 65, 67). En approche (*fig.* 37, 12) ; avril-juin. — En pied ou sur tige.

Observations. — La greffe d'automne, en placage, se fait à l'étouffée.

Les greffes en fente et de côté sont pratiquées à l'air libre, sur la flèche, quand le gonflement des bourgeons annonce le réveil de la sève ; on coiffera la greffe, provisoirement, avec un cornet de papier.

Le *Mélèze pleureur* se greffe facilement en approche à haute tige (*fig.* 37, 42, 47).

Le Mélèze *de Griffith* peut être greffé, par approche en tête (*fig.* 42), sur le Mélèze d'Europe.

Un horticulteur belge, Van Herzeele, propage le Mélèze de Kæmpfer, *Pseudo-Larix Kæmpferi*, en le greffant sur ses propres racines. Au commencement de mars, il choisit des bouts de racine ayant la grosseur d'un crayon sur une longueur de $0^m,10$; il greffe en fente et place les plants greffés sous cloche ou sous châssis, à une température de + 15 à 18°.

Merisier à grappes (*Cerasus, Padus*).

Famille des Amygdalées.

Sujet. — Merisier à grappes, *C. Padus* (semis).

Greffage. — En écusson (*fig.* 91 et 94). Par rameau sous écorce (*fig.* 48, 49) ; avril, juillet. — En fente (*fig.* 72) ; mars. — En pied ou sur tige.

Observations. — La sommité des rameaux-greffons, ayant les yeux rapprochés, est utilisée en été au moyen du greffage sous écorce par rameau (*fig.* 48 ou 49), et au printemps ou à l'automne par le greffage en fente.

Le *Padus Capuli* réussit sur le Mahaleb.

Micocoulier (*Celtis*).

Famille des Celtidées.

Sujet. — Micocoulier de Virginie, *Celtis occidentalis* (semis).

VIII. — VÉGÉTAUX À MULTIPLIER PAR LA GREFFE...

Greffage. — En écusson (*fig.* 94) ; août. — En incrustation (*fig.* 60). En fente (*fig.* 69,72) ; avril. — En pied, et quelquefois sur tige.

Observations. — Choisir du jeune plant pour l'écussonnage.

Si l'on greffe en fente, en incrustation ou à l'anglaise, il convient de couper le rameau sur l'étalon au moment du greffage, en évitant d'employer les fragments fatigués par l'hiver. Il serait alors prudent de couper les greffons avant les froids et de les conserver à l'abri, enterrés dans le sable sec (*fig.* 32).

Sous une latitude tempérée, le Micocoulier de Provence, *C. australis*, est employé comme sujet.

Millepertuis (*Hypericum*).
Famille des Hypéricinées.

Sujet. — Millepertuis fétide, *Hypericum hirsinum* (semis ou éclat raciné).

Greffage. — En demi-fente (*fig.* 110, 115). En placage (*fig.* 118) ; février, août. Au collet, sous verre.

Observations — Le floribond Millepertuis *de Moser* a été greffé ainsi, sur tronçon de racine, en attendant que l'on possède des touffes qui puissent approvisionner la multiplication par bouture ou par division.

Enterrer la greffe lors de la plantation.

Morelle (*Solanum*).
Famille des Solanées.

Sujet. — Morelle douce-amère, *Solanum dulcamara* (bouture débranché ou de racine).

Greffage. — En demi-fente (*fig.* 115). En placage (*fig.* 118) ; février et août, sous verre.

Observations. — La Douce-amère indigène sert de sujet aux variétés panachées. Le sujet s'obtient très facilement de semis et mieux encore de bouture de rameaux ou de racines.

Charles Baltet

À la plantation des greffes reprises, on éborgne les yeux sur le tronc, au-dessous du collet.

En France, on a lignifié la *Tomate* par son greffage sur la Douce-amère, et en Haïti, l'*Aubergine* sur une autre Solanée, dite « Amourette ».

Mûrier (*Morus*).
Famille des Morées.

Sujet. — Mûrier blanc, *Morus alba* (semis).

Greffage. — En écusson (*fig.* 94) ; septembre. — En demi-fente (*fig.* 72, 110) ; mars-avril. — En flûte (*fig.* 101) ; avril. — En pied ou sur tige.

Observations. — Le greffage par bourgeon réussit sur le Mûrier, dans les contrées favorisées par la chaleur. Là, on l'écussonne vers la fin de juin, à œil poussant, avec des rameaux conservés dans du sable (*fig.* 32). L'opération à œil dormant est souvent retardée jusqu'en septembre ou en octobre ; l'écussonnage se fait en pied, au niveau du sol. Pour le greffage en tête, on a encore la greffe en flûte (*fig.* 100 et 101).

Les pépiniéristes méridionaux, qui redoutent l'insuccès de la greffe du Mûrier, opèrent de telle sorte qu'ils obtiennent des carrés complets de cette essence. Ils repiquent le jeune semis qu'ils soumettent ensuite, en septembre, au greffage à œil dormant. Au commencement de l'année suivante, en mars, avril ou mai, les greffes qui n'ont pas réussi sont recommencées, en flûte (*fig.* 100 et 101) ; enfin, les sujets qui pourraient encore manquer seront recourus en mai-juin, par l'écussonnage à œil poussant, avec des rameaux conservés et retardés. L'étêtage graduel du sujet est appliqué de suite (*fig.* 102).

À l'automne, les plants repris à la greffe sont arrachés et replantés en pépinière pour constituer des carrés homogènes.

Le greffage par rameau est pratiqué dans le Nord sur de jeunes plants en arrachis ; aussitôt greffés, on les porte dans une bâche à l'étouffée.

Myrte (*Myrtus*).
Famille des Myrtacées.

Sujet. — Myrte commun, *Myrtus communis* (semis ; marcotte).

Greffage. — En demi-fente (*fig.* 114). En incrustation (*fig.* 119) ; février-mars et août-septembre, sous verre.

Observations. — La majeure partie des Myrtes se reproduisent par marcotte ; cependant les variétés moins vigoureuses, ou à feuille panachée ou à fleur double, peuvent être greffées sur petite tige, dans la serre à multiplication, même sous le climat du Midi.

Le placage à l'anglaise (*fig.* 56), en tête, « greffe Collignon » d'après André Thouin, convient encore au greffage du Myrte.

Nandina (*Nandina*)
Famille des Berbéridées.

Sujet. — Nandina domestique (semis).

Greffage. — Au collet, par demi-fente (*fig.* 110, 114), ou en placage (*fig.* 118) ; août-septembre, sous verre.

Observations. — La multiplication habituelle se fait par rejets, par cépée ou bouture ; cependant on greffe, au collet des racines, les variétés délicates et les nouveautés.

C'est ainsi que les Japonais en exhibaient au Trocadéro, lors de l'Exposition de 1889.

Néflier (*Mespilus*).
Famille des Pomacées.

Sujet. — Aubépine blanche et Ergot-de-Coq, *Cratægus oxyacantha* et *Cr. crus galli* (semis).

Greffage. — En écusson (*fig.* 91) ; juillet. — En fente (*fig.* 72) ; mars-avril. — En couronne (fig. 54) ; avril. — En pied.

Observations. — Greffer aussi près de terre que possible, afin d'éviter la végétation de rameaux d'Aubépine qui pullulent sur le tronc.

Choisir des greffons dont les yeux soient saillants ou bien formés, les yeux de la base s'éteignent facilement.

Éviter un onglet trop long lors de l'étêtage des sujets écussonnés. Forcer le développement des yeux greffés par un ébourgeonnement sévère, au début de la végétation.

Tuteurer constamment le jeune arbre.

On peut greffer le Néflier commun, *M. germanica*, et ses variétés, sur des tiges hautes et droites du Sorbier des oiseleurs, *Sorbus aucuparia*, ou du Néflier de Smith, *Mespilus Smithii*.

Le greffage sur Néflier *franc* des bois, sur Azerolier, sur Cognassier, a moins d'avenir qu'avec l'Aubépine.

En Lorraine, on rencontre de beaux arbres de Néflier greffés sur Poirier franc.

À Cherchell (Algérie), on n'hésite pas à greffer le Néflier sur le Cognassier.

Depuis 1890, nous obtenons de beaux résultats, bien réguliers, avec le greffage en pied du Néflier à fruit comestible sur l'Épine *Ergot-de-Coq*, jeune plant de semis.

Négondo (*Negundo*).
Famille des Acérinées.

Sujet. — Négondo à feuille de frêne, *Negundo fraxinifolium* (semis).

Greffage. — Écusson ordinaire (*fig.* 91), ou avec incision renversée (*fig.* 94) ; fin août. — En placage à l'anglaise (*fig.* 56) ; avril. — En pied ou sur tige.

Observations. — Les greffons du Négondo *à feuille panachée* seront choisis sur des rameaux vigoureux, suffisamment chlorotiques, mais conservant assez de couleur verte sur l'épiderme et sur les feuilles. Les rameaux à feuillage périssent, une fois greffés, et entraînent la perte de l'arbre complètement décoloré.

De jeunes sujets sont préférables pour le greffage. Quand il s'agit d'obtenir des buissons de Négondo *panaché*, on plante en pépinière des plants plutôt faibles, assez rapprochés, et on les écussonne dès la première année.

À Orléans, à Angers, on écussonne de bonne heure le Négondo, tandis qu'à Vitry et à Metz, on attend que la sève soit calmée. À Troyes, nous avons réussi aux deux époques, mais mieux en première saison.

Des rameaux portant des yeux de l'année précédente (*fig.* 89), sont utilisables.

Le bourgeon d'appel est nécessaire pour entretenir la vie dans l'onglet de la greffe.

Nerium (*Nerium*).
Famille des Apocynées.

Sujet. — Nerium ordinaire, *Nerium oleander*, vulg. Laurier-rose (bouture).

Greffage. — En demi-fente (*fig.* 110, 114). En incrustation (*fig.* 119) ; octobre ou février, sous verre ; sur sujet-bouture ou racine. — Anglaise simple (*fig.* 80) ; mai, en plein air.

Observations. — La greffe avec sujet-bouture se fait en février ou en octobre.

Le rameau greffé est placé, soit dans un vase d'eau, en serre chauffée, soit immédiatement dans le sable d'une bâche à multiplication, sur fond chauffé à + 20 ou 30°, et sous cloche.

Le sujet raciné s'obtient par le bouturage de rameaux aoûtés, en avril ou mai, à l'étouffée sous cloche, et en pleine terre au midi. Au mois de juillet, on empote le plant et on le laisse sous châssis froid, pour le greffer en février-mars ou en septembre-octobre, sous double verre.

Dans la région méridionale, le greffage se fait en plein air, mais la multiplication par bouture y est encore plus fréquente.

La greffe anglaise, en mai, rapproche des parties herbacées. Ligature de laine, mastic froid et cornet écran. La plante est portée à l'ombre ; environ douze jours après, elle est ramenée au soleil, la soudure étant complète.

Charles Baltet

Noisetier (*Corylus*).
Famille des Cupulifères.

Sujet. — Noisetier ordinaire, *Corylus aveliana.* — Noisetier de Byzance, *C. Colurna* (semis ; marcotte).

Greffage. — Par approche (*fig.* 39 et 42) ; de mai à juillet. À l'air libre. — En fente herbacée (*fig.* 114) ; été, sous verre.

Observations. — Le Noisetier se propage facilement par le marcottage en cépée. On fait appel au greffage pour multiplier, sur tige, certaines variétés ornementales : les *Noisetiers pleureur, N. pourpre, N. doré, N. à feuille laciniée.*

On plantera des sujets à tige, couchés près du sol, pour faciliter leur greffage en approche, si l'arbrisseau étalon est en buisson rez de terre. Si, au contraire, l'étalon est nain et en pot, il sera facile de l'élever à la hauteur des sujets à tige (*fig.* 47).

Les frères Transon d'Orléans pratiquent le greffage à l'étouffée, du Noisetier. Le sujet, élevé en pot, est recepé ; sur cette jeune tige, on greffe en fente, au mois de juillet, un rameau d'une contexture également semi-herbacée.

Le Noisetier de Byzance, *C. Colurna*, vigoureux et robuste au froid, convient au rôle de porte-greffe, pour les grands arbres à tige.

Noyer (*Juglans*).
Famille des Juglandées.

Sujet. — Noyer commun. *Juglans regia.* — Noyer d'Amérique, *J. nigra* (semis).

Greffage. — En couronne (*fig.* 52, 54). En flûte (*fig.* 100) ; avril-mai. — En fente au collet (*fig.* 110). Sur bifurcation (*fig.* 78). De biais (*fig.* 64) ; mars-avril. — En approche (*fig.* 38) ; d'avril à juillet. — En pied ou sur tige.

Observations. — Éviter de greffer des Noyers à végétation précoce sur ceux à végétation tardive.

Le greffon du Noyer sera de moyenne grosseur et tranché de biais

VIII. — VÉGÉTAUX À MULTIPLIER PAR LA GREFFE...

sur la moelle, de manière qu'un seul côté du biseau la mette à nu (*fig.* 64).

Un rameau ayant du bois de deux ans à sa base (*fig.* 52) est acceptable, ainsi qu'un greffon portant son œil terminal (*fig.* 73).

Un sujet enté près du sol sera butté de terre jusqu'à l'œil supérieur du greffon.

La greffe en approche convient aux parties jeunes ; on l'entoure avec de la mousse.

Dans le Berry et le Dauphiné, nous avons vu greffer le Noyer en flûte (*fig.* 101) et en couronne (*fig.* 53). À Beaune, Joseph Gagnerot se contente de l'écussonnage en placage (*fig.* 95).

Notre collègue Treyve, de Trévoux, propage le Noyer de la manière suivante :

Dans la seconde quinzaine de janvier, il arrache des plants de Noyer âgés d'*un an* et les met en jauge, peu serrés, dans du sable.

Les greffons sont coupés en mars et placés à l'ombre, dans le sable, pour être retardés. Du 15 au 30 mars, il retire les plants de la jauge, les coupe un peu au-dessous du collet des racines et greffe sur ce tronçon, soit en demi-fente (*fig.* 110) si le sujet est gros, soit en incrustation (*fig.* 59) ou à l'anglaise à cheval (*fig.* 87), s'il est petit.

Ligaturé et mastiqué, le plant greffé est mis en godet rempli d'un compost, terreau et sable ; on le place aussitôt sous cloche ou sous châssis, à l'étouffée. Essuyer souvent la buée et chauffer à + 10 ou 15° si la température extérieure est plus basse. L'âge du sujet et le repos préalable du greffon sont des conditions de succès.

Noyers d'ornement. — Le *Noyer à feuille laciniée* se greffe en fente, au mois d'août, sous cloche, sur des sujets mis en pot, et avec de jeunes rameaux munis de l'œil terminal.

Les variétés de Noyers d'Amérique seront greffées en bifurcation sur leur type, *J. migra*.

Les Noyers de Mandchourie vivent sur le Noyer noir (en bifurcation, *fig.* 78).

Nous avons réussi le greffage en bifurcation du Noyer à fruit comestible, *J. regia*, sur tige de Noyer noir, *J. nigra*, espérant bénéficier de la valeur industrielle de la tige et de la production alimentaire de la tête. D'ailleurs, le Noyer américain résiste aux

Charles Baltet

hivers rigoureux.

Olivier (*Olea*).
Famille des Oléacées.

Sujet. — Olivier commun, *Olea europæa* (cépée ; semis).

Greffage. — En fente (*fig.* 72) ; mars. — En couronne (*fig.* 52) ; avril. — En écusson (*fig.* 91) ; de mai à septembre. — Par rameau sous-écorce (*fig.* 48, 49) ; mai. — En pied ou sur tige.

Observations. — Dans le midi de la France, on reproduit généralement le plant d'Olivier par cépée (*fig.* 17) en plein champ, ou sur couche en pépinière ; le sujet est plutôt *greffable* que le plant de semis. Les jeunes Oliviers sauvages sont écussonnés à œil poussant, en avril-mai, sur leurs branches latérales. Quand l'arbre est vieux, on emploie la greffe en couronne, rez terre et buttée ; le greffon ramifié est admis. Duclaux, à Draguignan, ligature avec des bandes d'écorce de Mûrier, passées à l'eau bouillante.

Jacques Audibert, à la Crau d'Hyères, multiplie les variétés d'Olivier : 1° par la greffe en fente, au mois d'avril, en plein air ou sous verre ; 2° par l'inoculation de rameaux-greffons sous écorce (*fig.* 48), à œil poussant, au mois de mai. Nous en avons constaté les bons résultats dans ses cultures.

Félix Sahut, à Montpellier, pratique l'*écusson en placage avec lanière*, en mai, pour restaurer les gros Oliviers ; on facilite la soudure par une incision au-dessus de l'écusson.

De jeunes drageons issus d'une vieille souche recepée, greffés sur place, en mai, entrent en végétation à la fin de l'été ; étêtés au printemps suivant, ils sont *plantables* à l'automne.

L'Olivier se perpétue sur le même tronc par le greffage de ses propres rejets.

Les espèces à feuilles persistantes, *Olea fragans ilicifolia*, etc., appartiennent désormais au genre Osmanthe.

Oranger (*Citrus*).
Famille des Aurantiacées.

VIII. — VÉGÉTAUX À MULTIPLIER PAR LA GREFFE...

Sujet. — Bigaradier, *Citrus bigaradia*. — Citronnier, *C. limonium*. — Oranger, *C. aurantium* (semis).

Greffage. — En écusson (*fig.* 89, 91, 94). Par rameau sous écorce (*fig.* 48,49) ; à œil dormant, de juillet à septembre ; à œil poussant, d'avril à juin ; à l'air libre. — En incrustation (*fig.* 59, 119). En placage (*fig.* 55, 56, 118). En fente (*fig.* 114) ; août-septembre, sous verre. — En pied ou sur tige.

Observations. — Le greffage de l'Oranger est une opération de plein air ou de serre.

Greffage en plein air. — On a reconnu que, pour sujet, le Bigaradier, *C. bigaradia*, est plus rustique que le Cédratier, *C. medica*, et plus vigoureux que le Citronnier, *C. limonium* ; il prend moins le blanc des racines. Avec lui, l'Oranger, *C. aurantium*, gagne de la longévité et le Mandarinier, *C. nobilis*, de la vigueur ; on a cependant cru reconnaître un goût plus fin dans le fruit du Mandarinier greffé sur Oranger *franc*.

Nous avons vu, dans les établissements Nardy à Hyères, Besson à Nice, pratiquer l'écussonnage de l'Oranger à l'air libre, soit à œil poussant en avril, soit à œil dormant en septembre-octobre. On y greffe également les Aurantiacées sur sujet bouture de Citronnier, de *Poncire* ou Cédratier de Corse ; cette dernière espèce est vigoureuse et prend de bouture ; elle s'élève promptement à tige et facilite la fructification de la greffe.

Si le rameau greffon est délicat ou anguleux, on choisit l'œil à écussonner sur rameau de deux ans (*a*, *fig.* 89). Il serait plus facile de pratiquer, comme le fait Robillard à Valence, le greffage par rameau sous écorce (*fig.* 48). Les Bigaradiers sont ainsi greffés, à œil poussant, en pleine pépinière, vers la mi-mars, époque du réveil de la sève dans cette contrée de l'Espagne justement renommée pour ses belles orangeraies.

En Italie, on applique parfois l'écussonnage avec incision renversée (*fig.* 94).

À Nice, on greffe en couronne les gros Orangers, avec insertion de plusieurs greffons.

Les jardiniers japonais et chinois utilisent comme sujet les Kara-tatsi ou Kum-Quat, nos rustiques *Citrus japonica* ou *trifoliata*.

Charles Baltet

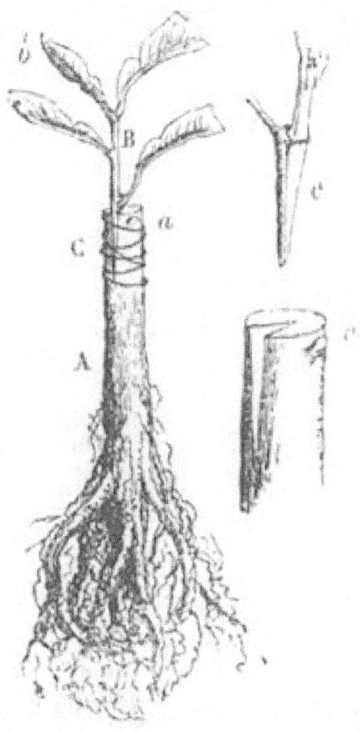

Fig. 119. — Greffe en incrustation de l'Oranger.

Greffage sous verre. — Les « orangistes » parisiens ramassent les pépins de citron aux halles et les sèment par potées. À deux ans, les plus beaux plants, de la grosseur d'un crayon, seront greffés ; les autres seront coupés en pied et détruits ; au lieu de les repiquer, on préfère semer à nouveau et greffer sur plant vif.

On laisse dix à douze sujets par potée de 0ᵐ,16 et on les greffe en septembre, par demi-fente (*fig.* 114) ou incrustation (*fig.* 119). On conserve un œil sur le dos du greffon ; les feuilles sont laissées entières ou à peu près.

Ainsi le sujet (A, *fig.* 119) tronçonné avec œil d'appel (*a*), reçoit en C le greffon (B) taillé en biseau triangulaire (*c*) ; les feuilles sont écimées, sauf les petites (*b*), conservées intactes.

VIII. — VÉGÉTAUX À MULTIPLIER PAR LA GREFFE...

Les potées ainsi greffées passent l'hiver sous châssis, sur couche chaude. Après l'hiver, on isolera les sujets greffés, un par pot, et l'année suivante, on aura déjà des plantes de commerce.

Orme (*Ulmus*).
Famille des Ulmacées.

Sujet. — Orme commun, *Ulmus campestris* (semis). — Orme gras ; Orme *Dumont* (cépée).

Greffage. — En écusson (*fig.* 91, 94) ; juillet-août. — En fente (*fig.* 69) ; mars-avril. — En couronne (*fig.* 52) ; mai. — En pied ou sur tige.

Observations. — Les tiges à écorce rugueuse se prêtent mieux aux greffages par rameau.

Les variétés rares peuvent être greffées sur jeune plant, en demi-fente et sous verre.

Les Ormes à rameaux tourmentés ou retombants, à feuilles panachées ou poudrées, destinés à la haute futaie, seront greffés sur tige.

En levant l'écusson, on évitera de pénétrer l'aubier avec l'outil, le tissu filandreux de l'Orme se coupé mal ; l'inoculation aura lieu sur une partie vive du sujet.

L'Orme *gras* est préféré, comme sujet, aux Ormes *noir* et *Klimmer*, plus secs.

Osmanthe (*Osmanthus*).
Famille des Oléacées.

Sujet. — Troène commun, *Ligustrum vulgare* (semis).

Greffage. — En placage (*fig.* 118) ; octobre, sous verre. — En pied, au collet ; mars-avril.

Observations. — L'Osmanthe se prête difficilement au bouturage et prend bien à la greffe.

Le sujet est un plant de Troène en arrachis ; son greffage rez terre

Charles Baltet

est indispensable. Aussitôt opéré, le plant est mis en pot et sous verre, à l'étouffée, jusqu'à parfaite soudure.

La greffe en placage conserve, au sujet, un bourgeon d'appel précieux pour l'avenir d'un plant mis en pot à la dernière heure.

À Ussy, M. Levavasseur emploie comme sujet le Troène à feuille ovale, *L. ovalifolium*. Le plant, en godet, est greffé en placage au printemps — ou encore à l'automne — et aussitôt déposé sous cloche, en serre froide ou sous châssis.

Passiflore (*Passiflora*).

Famille des Passiflorées.

Sujet. — Passiflore bleue, *P. cœrulea*, et autres variétés vigoureuses (bouture).

Greffage. — En demi-fente (*fig.* 114). Dans l'aubier (*fig.* 65). En placage (*fig.* 118), sous verre ; mars-avril ou juillet-août.

Observations. — Les greffes de Passiflore reprennent très bien ; en général on obtient, par le greffage, des plantes trapues, arbustives pour ainsi dire, qui gagnent en floribondité.

La Passiflore ou Grenadille bleue reçoit la greffe des *Gr. du Brésil, quadrangulaire, ailée*, etc.

On greffe dans le même but les espèces des genres **Tacsonia** et **Disemma** de cette famille.

Pêcher (*Persica*).

Famille des Amygdalées.

Sujet. — Amandier, *Amygdalus communis*, — Pêcher, *Persica vulgaris* (semis). — Prunier, *Prunus domestica* (semis, cépée, bouture de racine). — Très rarement, le Cerisier Mahaleb.

Greffage. — Écussonnage (*fig.* 91 et 96) : 1° à œil dormant, en juillet-août avec le Prunier, en août-septembre avec l'Amandier ; 2° à œil poussant, en avril. — En pied ou sur tige.

Observations. — Les bons rameaux porte-greffons du Pêcher

proviennent d'arbres en espalier non palissés ou d'arbres en plein vent. Avec un rameau bien constitué, de moyenne grosseur, les yeux doubles ou triples sont les meilleurs ; les rameaux gourmands ont trop d'yeux plats, et les brindilles, trop d'yeux à fleurs.

Dans les pépinières, une certaine quantité d'yeux de la même sorte sont nécessaires à l'écussonnage, on a conservé dans cette prévision un sujet, au moins, de chaque variété.

Quelquefois, en nourrice ou en place, le Pêcher est soumis à l'écussonnage double (*fig.* 96 et 97).

Lorsqu'il s'agit d'écussonner à bonne heure, on pourrait craindre que la végétation active, prolongée du Pêcher, ne fournisse pas assez tôt des greffons en maturité ; il suffira de pincer l'extrémité des rameaux porte-greffes dès que les yeux seront apparents. Avec un pincement plus tôt, il résulterait trop d'yeux annulés à la base, et ceux du sommet seraient développés. Dans ce cas, un rameau herbacé, effeuillé et laissé au soleil pendant une heure, serait préférable. Quand il y a peu d'intervalle entre l'époque du pincement et celle du greffage, un écimage suffit.

Dès le mois de juin ou de juillet, on prépare le sujet par l'élagage des ramifications jusqu'à $0^m,15$ du sol. Au mois d'août, on l'écussonne à la face nord du plant.

La ligature est enlevée à l'automne, avant la chute des feuilles ; si elle a « étranglé » le sujet, on étête cime et branches de celui-ci.

Greffage du Pêcher sur Amandier. — L'Amandier à coque dure avec amande douce, *A. dulcis*, est le sujet favori du Pêcher.

En pépinière, le plant d'Amandier est le produit d'amandes semées à l'automne, ou stratifiées en hiver et semées au printemps. On écussonne le plant dès la première année de pousse, et on l'écime (*fig.* 99) avant la chute des feuilles.

Le semis de l'amande germée, en rigole à fond plat, forçant la racine à se couder à sa naissance, on place l'amande dans un sens tel que le coude rejette les racines vers le nord, et du côté même où l'écusson sera posé. Cette combinaison donnera des Pêchers disposés à la plantation contre un mur, les racines en avant, l'onglet au revers.

L'étêtage des sujets écussonnés se fait après l'hiver, en mars. Les

Charles Baltet

sujets où la greffe a manqué sont recepés pour être écussonnés à nouveau, au mois d'août suivant. On pourrait même éviter de les receper, pour les écussonner à œil poussant, en avril-mai, avec des rameaux conservés et retardés (*fig. 32*). Quelquefois, on laisse le sauvageon monter à tige, on le greffera en tête.

Greffage du Pêcher sur Prunier. — Le Prunier qui convient à la greffe du Pêcher est le Damas noir, *P. Damascena* (semis), ou tout autre d'une adaptation reconnue, comme le *Damas noir d'Orléans* ; ou écussonne en juillet-août.

Dans le Sud-Ouest, on greffe le Pêcher et non le Brugnon sur le Prunier *Damas de Toulouse*.

À Metz, on emploie un *Damas noir hâtif* qui se propage par cépée et par bouture de racine.

Sur Prunier Myrobolan, *P. Myrobolana*, le Pêcher n'a pas d'avenir. Le surgreffage par le Damas noir ou toute autre variété sympathique au Pêcher devient alors nécessaire.

Quand les pépinières possèdent une espèce sauvage ou cultivée de Prunier sympathique au Pêcher, elle est employée au rôle d'intermédiaire. On la greffe rez terre sur le plant de Prunier, quelle qu'en soit la race ; puis, au mois d'août de sa première végétation, si la tige est assez forte, on y écussonne, à $0^m,10$ au-dessus de la greffe, un œil de Pêcher. Au cas d'incertitude, les chances de réussite seraient doublées par l'inoculation d'un œil d'Abricotier ou de Prunier, au-dessus ou en face de l'écusson du Pêcher. Lorsque, plus tard, les nouveaux jets auront atteint $0^m,15$, la greffe supplémentaire sera pincée et plus tard supprimée, lors de la coupe de l'onglet ; seul, le Pêcher restera.

Quelques variétés de Pêchers : *Alexander, Alexis Lepère, Reine des Vergers, Bourdine*, ont réussi, par écusson, sur le Prunellier, *Pr. spinosa*, jeune plant bien en sève, recepé l'année précédente.

Pêcher greffé sur franc. — Le Pêcher franc est le produit d'un semis de noyaux de pêches. Le cultivateur a tout avantage à semer des types robustes qui se reproduisent avec leurs bonnes qualités fructifères, sinon sympathiques à la greffe qui viendra les transformer en bonnes espèces de plein vent.

Le semis et le greffage se pratiquent comme nous l'avons dit au

VIII. — VÉGÉTAUX À MULTIPLIER PAR LA GREFFE...

Pêcher sur Amandier.

Cette culture est spéciale à la zone sud du vignoble. L'arbre acquiert plus de durée par le semis sur place et par l'écussonnage à la première ou à la seconde année de végétation.

Le Pêcher franc, comme sujet de greffage, ne réussit pas partout, et encore moins dans les contrées plus septentrionales. Les Pêchers *Alexander, Grosse Mignonne, Reine des Vergers*, et quelques autres, prennent bien sur le Pêcher franc.

Pêcher à tige. — Le Pêcher sur tige est greffé plus généralement à la hauteur de la couronne, sur Amandier ou sur Prunier.

Les Anglais se servent des Pruniers *Muscle* et *Brompton* obtenus par bouture ou par cépée, et les élèvent à tige pour les greffer en Pêcher.

Le Prunier Pêche se prête au greffage du Pêcher et devient précieux au rôle d'intermédiaire, dans les cas de surgreffage.

Greffe du Pêcher par rameau. — La greffe par rameau du Pêcher se fait en serre pour la multiplication de variétés rares, avec des greffons hivernés. En plein air, on pourrait essayer la greffe de rameaux de Prunier écussonnés une année à l'avance (*fig.* 98) avec des yeux de Pêcher.

La greffe en placage à l'anglaise (*fig.* 56) réussit au Pécher, au printemps, à œil poussant.

Le Pêcher *Reine des Vergers* est un de ceux qui réussissent le mieux en fente.

Recouvrir la greffe d'un capuchon-écran.

Greffage pour la culture forcée. — Pour la culture forcée d'arbres en pots, on est satisfait en Belgique, du greffage sur Pêcher franc, le sujet semé et greffé en pot. En Angleterre, Rivers emploie suivant les affinités, les Pruniers *Pershore* et de *Saint-Julien*, plants de semis.

Greffé sur Prunier *Mirabelle*, le Pêcher en pot reste nain, mais la chute précoce des feuilles du sujet empêche la formation de ses yeux à fleurs.

On préfère le *Damas noir*, petit sujet en pot de $0^{m}10$, greffé en janvier sous châssis et sur couche, dans la serre.

Pêchers d'ornement. — Les Pêchers d'ornement se propagent de la même façon que les autres.

Charles Baltet

Peuplier (*Populus*).

Famille des Salicinées.

Sujet. — Peuplier blanc, *P. alba.* — Peuplier de Virginie, *P. virginiana.* — Peuplier d'Italie, *P. pyramidalis.* — Peuplier tremble, *P. tremula*, selon les variétés à propager (bouture).

Greffage. — En fente (*fig.* 69) ; mars-avril. — En couronne (*fig.* 51) ; avril-mai. — En écusson (*fig.* 91) ; août. — En pied ou sur tige.

Observations. — Avec le greffage par rameau, on peut employer des sujets nouvellement déplantés. En opérant sur *plançon*, on réalise une greffe par sujet-bouture.

On greffe seulement les nouveautés, les variétés à rameaux retombants, à feuilles panachées, ou celles qui réussissent mal par bouture.

Le Tremble pleureur, *P. tremuta pendula*, réussit sur son type, *P. tremula*, sur le Peuplier blanc, *P. alba*, et sur le Peuplier d'Italie, *P. nigra pyramidalis* ; celui-ci a de plus belles tiges en pépinière, de durée plus limitée dans les jardins, une fois greffées. Cette même variété de Tremble ne prend pas sur le Peuplier de Virginie.

Le Peuplier blanc pyramidal, ou *P. Bolleana*, du Turkestan, se greffe par œil ou par rameau sur le Peuplier blanc, *P. alba*, en pied.

Les *P. græca, grandidentata, tremuloides*, réussissent sur le P. Tremble, et le *P. heterophylla* sur le Peuplier du Canada.

Les variétés à feuilles panachées se prêtent à l'écussonnage en pied, sur leur type.

Photinia (*Photinia*).

Famille des Pomacées.

Sujet. — Cognassier ordinaire, *Cydonia vulgaris.* — Cognassier d'Angers, *C. macrocarpa* (bouture avec talon ; marcotte par cépée).

Greffage. — Écussonnage (*fig.* 91) ; août. — En fente, à l'air libre (*fig.* 114) ; avril. — En placage (*fig.* 55) ; février ou septembre, sous verre. — En pied.

VIII. — VÉGÉTAUX À MULTIPLIER PAR LA GREFFE...

Observations. — En opérant à l'air libre, on doit supprimer les feuilles au greffon, œil ou rameau. On les conserve entières, ou coupées à moitié, pour le greffage en serre ; ici, la soudure s'accomplira en cinq ou six semaines.

Forcer l'ébourgeonnage en plein air ; pincer les jeunes greffes à 0^m,30 pour les faire ramifier.

Pour le greffage en fente à l'air libre, on emploiera des rameaux de deux ans.

Avec l'écussonnage, on utilisera même les yeux peu apparents ; ils se développeront sous l'influence d'un ébourgeonnement sévère.

Phyllirea, vulg. Filaria (*Armeniaca*).
Famille des Oléacées.

Sujet. — Phyllirea à large feuille, *Ph. latifolia* (semis). — Troène commun, *Ligustrum vulgare* (semis ; cépée).

Greffage. — En placage (*fig.* 118) ; octobre, sous verre. — En pied, au collet.

Observations. — Les Phyllireas se propagent par semis ; mais les raretés, par exemple le robuste Phyllirea de Vilmorin, *Ph. Vilmoriniana* « à feuille de laurier », sont trop récentes pour que la graine en soit abondante. On les greffe sous verre, à l'automne, en placage (*fig.* 118) ou en demi-fente (*fig.* 114), sur plant élevé en pot.

Le Troène commun convient dans les sols calcaires au rôle de sujet.

Phylloclade (*Phyllocladus*).
Famille des Conifères, § *Taxinées*.

Sujet. — Phylloclade à feuille de Doradille, *Phyllocladus trichomanoides* (bouture).

Greffage. — En placage (*fig.* 113,118). En fente dans l'aubier (*fig.* 67) ; septembre, sous verre.

Charles Baltet

Observations. — Le plant s'obtient par bouture, à chaud, sous cloche, dans la serre à multiplication. Le rameau avec feuilles s'enracine plus vite que la branche avec phyllodes.

Le *Phyllocladus rhomboidalis* est un de ceux qui ne prennent pas de bouture et qui réussissent au greffage, à l'étouffée.

Pimélée (*Pimelea*). — Lachnæa.
Famille des Thymélées.

Sujet. — Pimélée à drupe, *P. drupacea* (semis).

Greffage. — En demi-fente, au collet (*fig.* 114) ; février, sous verre.

Observations. — Le Pimélée drupacé est le sujet adopté pour les *P. linifolia, intermedia,* macrocephala ; *toutefois le Pimélée remarquable, P. spectabilis,* s'accommodera mieux du Pimélée à feuille en croix, *P. decussata.*

Les *Pimelea axiflora* et *hypericina*, vigoureux, sont encore de bons sujets porte-greffes, moins employés dans la pratique.

Le Lachnéa, *Lachnæa purpurea*, réussit au greffage sur le *Pimelea drupacea.*

Pin (*Pinus*).
Famille des Conifères, § *Abiélinées Pinées.*

Sujet. — Choisir l'espèce type de la variété à propager, ou bien une espèce congénère de la même section ou tribu.

Greffage. — En placage (*fig.* 113) ; mars et septembre, sous verre, au collet. — En fente terminale (*fig.* 75 et 76), avec rameaux herbacés ; mai, en plein air et sur flèche.

Observations. — La greffe sous verre se fait à l'étouffée, au printemps ou à l'automne, à la base du plant, dans les conditions habituelles.

La greffe terminale herbacée sera pratiquée à l'air libre, en forêt ou en pépinière. Les sujets seront, autant que possible, analogues aux variétés à multiplier. Ainsi les Pins à cinq feuilles sympathisent avec les Pins *élevé* et *du lord Weymouth* ; les Pins à deux ou à trois feuilles avec les Pins *sylvestre* et *d'Autriche.*

Les Pins *de Lambert, monticole,* tribu des Strobus, le Pin *Cembro,* tribu des Cembra, vivent ici greffés sur les *P. strobus* et *excelsa,* tribu des Strobus, mieux que par semis. Avec un sol crayeux, on a recours au Pin sylvestre comme sujet des variétés précitées.

Dans le Midi, les *Pinus halepensis, pyrenaica,* Laricio, *tribu des Pinaster, sont de bons sujets* pour la greffe des Pins à deux feuilles. Plus au nord, on emploie le Pin sylvestre, *P. sylvestris,* et le Pin noir d'Autriche, *P. austriaca,* espèces rustiques de cette tribu, avec lesquelles on peut propager la majeure partie des Pins.

Les Pins à trois feuilles, *P. Coulteri, insignis,* ponderosa, radiata, Sabiniana, tuberculata, *etc.,* réussissent au greffage sur *P. sylvestris* et *nigra,* à deux feuilles ; les espèces de la tribu Pseudo-Strobus sont dans les mêmes conditions.

L'exemple d'arbres greffés plus vigoureux que leurs similaires de pied franc se rencontre avec les *Pinus Gerardiana* et *rigida.* Cette dernière espèce fournit le bois si recherché, dit *pitchpin.*

Par la greffe, il sera facile de convertir sur place en Pin rigide certaines plantations forestières de Pin sylvestre ou de Pin noir d'Autriche.

Pistachier (*Pistacia*).
Famille des Térébinthacées.

Sujet. — Pistachier térébinthe, *Pistacia terebinthus.* — P. Lentisque, *P. lentiscus* (semis).

Greffage. — En écusson (*fig.* 91). En flûte (*fig.* 100) ; mai et juillet-août. — En couronne (*fig.* 51, 54) ; avril. — En pied ou sur tige.

Observations. — Le Pistachier greffé gagne en vigueur, en rusticité, en fécondité.

L'arbre étant dioïque, le greffage permettra de propager tel sexe à volonté.

En Provence, où le P. térébinthe est indigène, on le sème en pépinière et on le convertit en Pistachier du Levant. Déjà, en

Algérie, on essaie de transformer ainsi des friches de Lentisques.

M. Delchevalerie en a fait l'expérience dans les plaines sableuses de l'Égypte.

Le sujet, étêté en hiver, sera écussonné au mois de juillet suivant, sur les jeunes rameaux qui résultent de cette taille ; si la sève est abondante, on a recours à l'écusson renversé (*fig.* 94) ou à la greffe en flûte, vers la fin de l'été.

La greffe en flûte (*fig.* 100 et 101) rapprochera les deux parties, dans un état de sève analogue, au printemps ou en plein été, après les pluies.

En mars, on greffe en fente les gros sujets. Un mois plus tard, la greffe en couronne introduira dans les pistacheraies l'élément sexuel qui s'y trouverait insuffisamment représenté.

Par semis, le Pistachier cultivé « du Levant » donne 10 p. 100 de plants mâles. Le greffage du type femelle rendra la plantation plus féconde.

Pittospore (*Pittosporum*).
Famille des Pittosporées.

Sujet. — Pittospore ondulé, *Pitlosporum undulatum* (semis ; bouture).

Greffage. — En demi-fente (*fig.* 114). En incrustation (*fig.* 119) ; février-mars, sous verre.

Observations. — On greffe sur petite tige, en fente ou par incrustation, à l'étouffée.

Le placage se pratique plutôt en octobre.

Pivoine en arbre (*Pæonia moutan*).
Famille des Renonculacées.

Sujet — Pivoine en arbre, *P. moutan*. — Pivoine herbacée de Chine, *P. sinensis* (racine).

Greffage. — Sur racine, en fente et en incrustation (*fig.* 115, 120) ;

VIII. — VÉGÉTAUX À MULTIPLIER PAR LA GREFFE...

avril, mieux juillet-août ; sous verre.

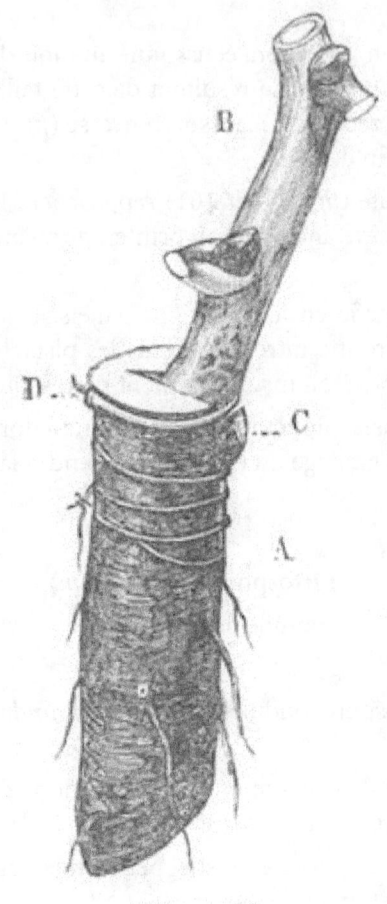

Fig. 120. — Greffe de la Pivoine.

Observations. — La meilleure saison pour le greffage de la Pivoine est en juillet-août, lorsque les tissus du greffon sont lignifiés ; on greffe en fente ou en incrustation sur des fragments de racine longs de 0,08 à 0,10 (A, *fig.* 120).

Quand on n'a pas suffisamment de racines de Pivoine en arbre, on prend pour sujet de grosses racines de Pivoine herbacée. Les tronçons de la Pivoine de Chine ont l'avantage de produire moins de bourgeons souterrains ; la Pivoine officinale, *P. officinalis*, en fournit davantage.

Conserver deux folioles à chaque feuille du greffon (B) ou les couper sur leur pétiole, et ménager un œil (C) près de l'insertion. Ligaturer au fil de plomb (D), en tête, avec une longueur de filasse au-dessous ; mastic d'argile. Opérer sous cloche, dans le sable, avec ou sans empotage.

Tenir les plants greffés pendant six semaines à l'étouffée. Dès leur sortie, les placer à l'ombre rigoureusement pendant quinze jours. Continuer à les maintenir dans un endroit ombragé, jusqu'à ce qu'ils paraissent bien repris et solides.

Le greffage de la Pivoine réussit en plein air ; opération, fin juillet. On plante les racines toutes greffées dans une plate-bande au nord, ou à mi-ombre, la terre recouvrira la greffe et non le greffon ; il reste à pailler le sol, à arroser aussitôt et à entretenir une fraîcheur continue par des bassinages.

Les horticulteurs d'Orléans greffent en août, piquent les racines greffées dans le sable en plein air, par clochées ; ils y utilisent leurs cloches raccommodées, parce qu'il n'y aura pas besoin de les lever en hiver. Il convient d'ombrager avec des claies de bruyère ou des nattes d'emballage et d'hiverner avec de la mousse.

En 1878, les Japonais exhibaient un sujet porte-greffe de Pivoine, inconnu en France.

Planéra (*Planera*).
Famille des Ulmacées.

Sujet. — Orme commun, *Ulmus campestris* (semis ; quelquefois bouture à talon ou cépée).

Greffage. — En fente (*fig. 69*) ; mars-avril. — En écusson (*fig. 91*) ; août. — En pied.

Observations. — Sous notre climat, le Planéra greffé, particulièrement le Planéra du Japon, est plus vigoureux qu'à l'état franc de pied.

Le Planéra *pleureur* est greffé à haute tige, en écusson ou en fente,

VIII. — VÉGÉTAUX À MULTIPLIER PAR LA GREFFE...

sur le Planéra crénelé ou sur l'Orme champêtre.

Plaqueminier (*Diospyros*).
Famille des Ébénacées.

Sujet. — Plaqueminier de Virginie, *Diospyros virginiana*. — Pl. d'Italie, *D. lotus* (semis).

Greffage. — En fente (*fig.* 110). Dans l'aubier (*fig.* 62) ; avril. — Par rameau sous écorce (*fig.* 48). En couronne (*fig.* 52) ; mai. — En écusson (*fig.* 94) ; août. — En pied ou sur tige.

Observations. — Les procédés de greffage indiqués sont pour le plein air ; mais on peut avoir recours à la multiplication en serre, et sous bâche, pour les greffes par rameau.

Dans la région sud, le Plaqueminier d'Italie est le meilleur sujet porte-greffe ; il se prête aux greffages en fente ou dans l'aubier, en mars, et à l'écussonnage à œil poussant, en mai-juin, ou à œil dormant, en septembre. Les horticulteurs adoptent la greffe en fente buttée (*fig.* 174), qui leur offre plus de sécurité. Le sujet pourrait être un tronçon de racine centrale.

Dans leurs pépinières du Gard, MM. Fabre ont constaté une certaine antipathie entre le Plaqueminier d'Italie et les variétés japonaises *D. Toyama* et *Tsouroumarou* ; alors on choisit l'espèce américaine pour sujet.

Le Plaqueminier de Virginie se greffe moins jeune que le précédent, et fournit des arbres plus solides ; il accepte le greffage en couronne, à l'automne et surtout au printemps.

Au Japon et en Amérique, on emploie souvent comme sujet le semis des variétés cultivées ; ce sont ici des *Persimonn* indigènes, là des *Kaki* sauvages. C'est un greffage sur franc.

Les planteurs cingalais sèment la graine en décembre et écussonnent le plant en pépinière fin été, ou le greffent sur place, par incrustation, au printemps de l'année suivante.

Charles Baltet

Platane (*Platanus*).
Famille des Térébinthacées.

Sujet. — Platane d'Orient ou d'Occident, *P. orientalis* ou *P. occidentalis* (bouture ; semis).

Greffage. — En incrustation (*fig.* 60) ; mars-avril. — En approche par incrustation (*fig.* 38). Par approche, en tête (*fig.* 42) ; mai-juin. — En tête ou en pied.

Observations. — Le Platane se multiplie facilement par bouture ; mais on a recours à la greffe pour propager, sur tige, les espèces et variétés à feuilles panachées, à rameaux en boule ou retombants. — Engluer le greffon.

Sous verre, on greffe le Platane par placage, au mois d'août, en ménageant un bourgeon appelle-sève à la tête du sujet tronqué.

Podocarpe (*Podocarpus*).
Famille des Conifères, § *Podocarpées*.

Sujet. — Podocarpe Totara et autres variétés, *Podocarpus Totara*, etc. (bouture).

Greffage. — En placage (*fig.* 113). En fente dans l'aubier (*fig.* 67) ; septembre. — Sous verre.

Observations. — E.-A. Carrière recommande les sujets de *P. Totara, læta, spinulosa*, sauf pour les espèces à gros rameaux, plus sympathiques aux *P. neriifolia, japonica, salicifolia*. — Le *Podocarpus latifolia* vit sur le *P. elongata*.

Greffé, le *P. nubigæna* se développe mieux.

Nous avons remarqué chez Charles Van Geert à Anvers, le *P. Blumei* greffé en placage sur le *P. neriifolia*, et les horticulteurs de Tokio nous ont fait voir, au Trocadéro, parmi leurs arbustes nanisés, de gros Podocarpes greffés par placage en tête (*fig.* 57), avec plusieurs greffons de variétés à feuilles lisses ou panachées.

Poirier (*Pirus*).
Famille des Pomacées.

Sujet. — Poirier franc, *Pirus communis* (semis). — Cognassier, *Cydonia* (bouture à talon; cépée). — Aubépine, *Cratægus oxyacantha* (semis) ou Épine d'Amérique, par le surgreffage.

Greffage. — À peu près tous les systèmes. — En pied ou sur tige, mais en pied pour le sujet Cognassier et pour l'Aubépine indigène.

Observations. — Nous examinerons le greffage, en pépinière, du Poirier sur divers sujets.

Greffage sur franc. — Le sujet Poirier franc ou sauvageon, planté à l'âge de un ou deux ans de semis, peut être écussonné dès sa première année de plantation s'il est assez fort, ou greffé par rameau au moins une année après qu'il aura été planté. Greffé à deux ans, bien trapu, il donnera une belle végétation.

Le Poirier franc doit être écussonné de bonne heure, plusieurs causes étant susceptibles de lui faire perdre vite sa sève, surtout dans les plantations ayant un certain âge.

Les arbres destinés à former des hautes tiges sont le résultat d'un greffage en pied ou en tête. On ne peut greffer en tête, à la hauteur du branchage, que les sauvageons robustes, droits et vigoureux. On greffe en pied les variétés qui s'élèvent d'elles-mêmes à haute tige.

Lorsqu'il s'agit d'obtenir sur un sujet délicat ou rabougri une tige de variété lente à monter, par exemple *Beurré Gambier, Beurré Henri de Courcelle, Grand-Soleil, Bonneserre, de Saint-Denis, Madame Lyé Baltet, Prévost, Seckel*, etc., on aura recours à l'intermédiaire d'une variété rustique et vigoureuse. Greffée au pied du sauvageon, elle s'élève à tige ; après deux années de végétation, au minimum, on la greffera en tête avec la variété définitive. La nouvelle tige sujet ne doit pas être opérée trop jeune ni trop faible, et il convient de la choisir d'une espèce rustique, élancée, peu branchue.

Les pépiniéristes ont leurs variétés favorites à cet usage ; les uns adoptent *Jaminette, Beurré d'Angleterre* ; d'autres, *Louise-bonne d'Avranches, Beurré Hardy* ; les belges, *Mme Élisa.* À Metz, le Poirier à cidre, *Eisgrüber Mostbirne* a les préférences ; il s'est montré assez résistant au froid, comme *Urbaniste* et *Beurré Hardy*, à fruit de

Charles Baltet

table. Le *Beurré Baltet père*, plus résistant encore, est lent à s'élever. Enfin, quelques horticulteurs ont l'*Égrin Couturier*, l'*Égrin de Bollwiller*, l'*Égrin Leroy*, *Prolifique de l'Ouest, du Vigan*, etc., pour le surgreffage à haute tige.

Une méthode analogue est indispensable pour amener à haute futaie les Poiriers dont l'écorce est fendillée à l'état naturel, comme *Beurré de Jonghe, Colmar de Mars, Délices de Charles, Doyenné Bizet, Tardive d'Anvers, Van Mons*, et même *Fondante du Panisel* et *Bonne d'Ézée*.

Greffage sur Cognassier. — Le Cognassier n'ayant pas avec le Poirier une liaison toujours sans reproches, on aura soin de faciliter cette union par le choix de plants de bonne race, et par l'inoculation de bourgeons munis d'une assez longue plaque d'écorce purgée d'aubier.

Les horticulteurs ont adopté divers types ou formes du Cognassier qui portent le nom de Cognassier *de Vitry*, *C. d'Angers*, *C. de Doué*, *C. de Fontenay*, du pays où ils sont propagés par cépée et vendus sur le marché.

Le Cognassier doit être un jeune plant ; il sera écussonné en pied, assez près du sol.

Une méthode traditionnelle d'Orléans consiste à receper le Cognassier en le plantant et, l'année suivante, à greffer le plus beau scion qui se développe ; les autres pousses sont enlevées après une année de végétation pour être bouturées, en nourrice, et fournir de nouveaux sujets.

À Troyes, on étête le plant à 0^m,30, lors de la plantation, pour l'écussonner au mois d'août suivant. En préparant à l'avance, juste la place pour loger l'écusson, le sujet ne s'affaiblit pas, et l'on réserve ainsi des rameaux-boutures pour la multiplication prochaine.

Le bourgeon-écusson du Poirier se soude mal au sujet trop gros ou trop vieux de Cognassier.

Il conviendra de remédier à la non-réussite de la greffe, en vérifiant quinze jours après la première opération et en écussonnant à nouveau les sujets manqués, soit sur le tronc, soit au talon d'un rameau de la base. Dans un champ de Poiriers compliqué de variétés nombreuses, on peut greffer en second lieu des sortes à bois panaché, des Photinias ou des Bibaciers toujours verts, dont

VIII. — VÉGÉTAUX À MULTIPLIER PAR LA GREFFE...

l'aspect tranche suffisamment.

L'étêtage du sujet se fait après l'hiver. Si la greffe a manqué, on recèpe le sujet pour recommencer l'année suivante, ou bien on le dresse pour former un Cognassier ordinaire. Plus d'une fois, nous avons regreffé, au printemps, les Cognassiers manques à l'écussonnage, au moyen de la greffe de côté sous écorce (*fig.* 48), à œil poussant. Le greffon est un rameau conservé au nord ou dans la glacière ; nous l'insérons sur le sujet, en avril ou mai, à la montée de la sève.

Aujourd'hui, la culture à la charrue étant admise à l'exploitation horticole, on aura la précaution d'écussonner les Cognassiers dans le sens des rangs afin d'éviter, pour l'année suivante, le choc de l'instrument de labour sur le *dos* des jeunes scions, ce qui pourrait les *décoller*.

Palisser sévèrement la greffe sur Cognassier et désongletter avec précaution, avant la chute des feuilles, assez tôt en saison.

Certaines variétés de Poiriers vivent mal avec le Cognassier, on les écussonne alors sur jeune plant ; quand le sujet est plus âgé, on pratique le greffage par rameau.

Enfin, celles qui semblent plus hostiles au Cognassier, comme *Alexandrine Mas, Beurré d'Apremont, Broompark, Délices de Lowenjoul, Doyenné de juillet, Doyenné de Montjean, Grand-Soleil, Madame Chaudy. Marguerite Marillat*, seront obtenues par le moyen d'un auxiliaire rustique, qui s'adapte directement au Cognassier : *Beurré Hardy, Curé, Jaminette*, à bourrelet peu saillant. Dès l'année suivante, on surgreffera l'intermédiaire avec la variété rebelle.

On a souvent recours au surgreffage pour obtenir des Poiriers sur Cognassier en haute tige. Les variétés vigoureuses, à tige droite et saine, telles que *Beurré Hardy, Jaminette, Bergamote Sageret*, greffées rez terre, s'élèvent naturellement à tige et deviennent l'intermédiaire ou l'entregreffe, parce qu'elles recevront à la hauteur voulue pour le branchage, la greffe des variétés délicates.

À l'École nationale d'horticulture de Versailles, le directeur Auguste Hardy obtint de beaux fruits de *Doyenné d'hiver* et de *Beurré d'Hardenpont* en plantant des Poiriers *Curé* (*b*, *fig.* 121) greffés sur Cognassier (*a*), et en leur appliquant, la seconde année,

Charles Baltet

trois écussons, *Doyenné d'hiver* ou *Beurré d'Hardenpont*. Les jeunes pousses (*c*) commencent l'ossature de la palmette, et la flèche (*d*) la continue.

Dans tous les cas de surgreffage, les greffes ainsi superposées doivent conserver de l'une à l'autre un certain parcours libre de la sève, qui ne soit pas obstrué brusquement coup sur coup, par des bourrelets trop rapprochés.

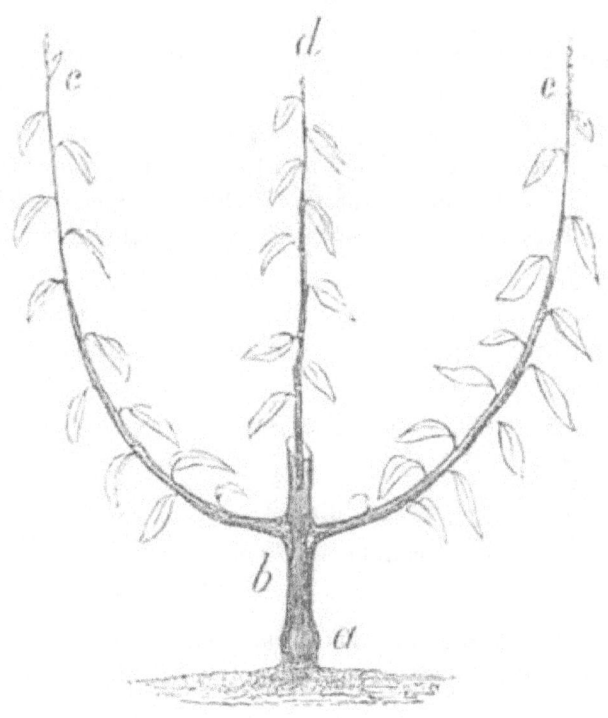

Fig. 121. — Surgreffage du Poirier sur Cognassier.

Greffage sur Aubépine. — Nos aïeux, pépiniéristes depuis plusieurs générations, ont tenté pour le sol champenois le greffage du Poirier sur Aubépine. Les variétés à fruit ferme, *Catillac, de Calouet, Martin sec, Messire-Jean, Rateau gris*, etc., ont assez bien réussi et depuis, *Williams, Louise-bonne d'Avranches, Triomphe de*

VIII. — VÉGÉTAUX À MULTIPLIER PAR LA GREFFE...

Jodoigne, Triomphe de Vienne, etc.

Des essais pratiqués, depuis, dans le jardin de la Société d'horticulture et de viticulture de Reims, ont prouvé que l'Épine américaine (ou à gros fruit) pouvait être le canal séveux reliant l'Aubépine au Poirier. La racine est de l'Aubépine blanche ; la tige, de l'Épine américaine et le branchage, du Poirier.

Les Épines Petit-corail, de Carrière, à fruit cocciné, etc., ont donné, dans nos cultures, de sérieuses espérances. Nous continuons nos essais.

On peut encore greffer le Poirier sur le Sorbier, sur les Pommiers franc et doucin ; mais son existence et sa fructification y laissent à désirer.

Poiriers d'ornement. — Les Poiriers d'ornement se greffent comme les autres variétés, plutôt sur franc. Quelques espèces délicates ou à rameaux retombants seront greffées en tête de sauvageons vigoureux.

Notre région Sud fournit les Poiriers *à feuille d'amandier* ou *de saule*, sur lesquels prennent certaines espèces d'origine africaine ou asiatique.

Les Poiriers de race japonaise se soudent mal au Cognassier.

Pommier (*Malus*).
Famille des Pomacées.

Sujet. — Pommier franc, *Malus communis* (semis). — P. doucin, M. *mitis*. — P. paradis, M. *paradisiaca* (marcottage en cépée, fig. 17).

Greffage. — À peu près tous les systèmes. — En pied ou sur tige (Pommier *franc*). — En pied (Pommier *doucin* et Pommier *paradis*).

Observations. — La végétation tardive et prolongée du Pommier indique que l'époque du greffage doit être rarement précoce.

Pommier greffé sur franc. — Le Pommier destiné aux grandes formes sera greffé sur Pommier *franc*, obtenu par semis. Pour le dresser en haute tige, on le greffe en pied ou en tête. Un sauvageon rustique, bien élancé, rentre dans ce dernier cas. S'il est chétif, on

Charles Baltet

le greffe à la base et on fait monter la jeune pousse.

Lorsqu'on traite de forts sauvageons en pépinière, dans une situation fraîche ou ombragée, il est prudent de les déplanter et de les replanter, une année ou deux avant de les greffer. Sans cette précaution, il y aurait à craindre que le refoulement de sève ne vînt occasionner des désordres et provoquer des chancres sur la tige.

Dans les pays à pommes, on greffe l'arbre en tête, sur sauvageon planté à demeure depuis deux ou trois ans, assez fort et bien repris.

Pour les fruits de table, les horticulteurs possèdent des types vigoureux sur lesquels ils entent les variétés qui s'élèvent trop lentement, telles que : *Api, Azeroly, Borowitsky, de Jaune, de Lait, Eternelle d'Allen, Fenouillet, Hawthornden, Jacquin, Remette ananas, Reinette brodée, Reinette des Carmes, Reinette musquée, Reinette plate de Champagne, Transparente de Zurich, Wagener.*

Les *Rambour d'hiver* et *Transparente de Croncels* conviennent au rôle d'intermédiaire pour le surgreffage des variétés délicates. On rencontre des types locaux adoptés à cet usage, comme la *Reinette Abry*, à Montlignon.

Le Pommier *Transparente de Croncels*, vigoureux et rustique, offre cet avantage que, par sa résistance à – 30°, il sera vivace au lendemain des hivers rigoureux et pourra se prêter à un nouveau greffage ou rester seul fructifiant, son fruit étant de premier mérite.

Les *Calville rouge d'hiver, Reinette de Caux, Reinette de Cuzy, Belle de Pontoise, Astrakan*, donneront des tiges trapues bravant – 20° et se prêtant au rôle d'entregreffe.

Parmi les variétés du Pommier à cidre, il en est également qui réclament le greffage en tête d'un sauvageon vigoureux ou le surgreffage, à haut vent, sur une tige élancée et robuste d'une variété déjà entée au collet d'un égrin.

Ainsi les végétations modérées ou ramifiées que l'on remarque chez *BelleCauchoise, Bedan blanc, d'Averolles, de Boutteville, Hauchecorne, Marabot, Marin-Onfroy, Martin Fessard, Nez plat, Or Milcent, Peau de Vache, Railé Varin*, s'accommoderont d'un entregreffe à végétation rapide : *Amer doux, Barbarie, Fréquin de Chartres, Gros Fréquin, Noir de Vitry, Rouge de Trèves.*

VIII. — VÉGÉTAUX À MULTIPLIER PAR LA GREFFE...

Les pépiniéristes se créent des types plus ou moins connus au rôle d'entregreffe, et certaines contrées ont des variétés localisées, comme *Abondance, Antoinette, Écarlatine, Sonette.*

Non seulement l'intermédiaire doit être de sorte vigoureuse et rustique, mais encore peu sujette au chancre et peu ramifiée ; son entrée en végétation sera égale ou plus précoce que celle du greffon. Un état de sève prolongé à l'automne est favorable à la surgreffe.

Les Anglais et les Américains ont le *Crab-Apple* (semis de Pommiers égrins) pour le greffage des arbres de verger, et un type productif (semis de gros fruits hâtifs) pour le greffage de Pommiers à cultiver en basse tige, dans le jardin fruitier.

En Angleterre, la greffe au galop, *Whip graft* (*fig.* 84, 85) est usitée au printemps, parce que la température brumeuse de l'automne n'est pas favorable à l'écussonnage du Pommier, les greffons se lignifiant tard en saison.

Pommier sur doucin et sur paradis. — Les Pommiers doucin et paradis sont destinés à fournir des arbres en basse tige, greffés rez-terre. Le jeune plant a plus de chances de succès ; on l'écussonnera dès sa première année de plantation, si c'est possible.

Un rameau greffon trop tendre peut être préparé, effeuillé, et exposé au soleil pendant deux heures ; le bourgeon sera greffable.

Dans les terrains secs, où la sève s'arrête promptement, le greffon pourrait ne pas être aoûté au moment voulu ; alors on conserve des rameaux de l'année précédente, couchés dans du sable-gravier, et on en écussonne les yeux non développés, dès le mois de mai ou de juin, à œil dormant, sur les sujets en sève.

Vérifier, quinze jours après, les écussons non repris, et les recommencer.

Un plant rendurci sera soumis au greffage, à la montée de la sève, par rameau sous écorce (*fig.* 48 et 49), à œil poussant.

Des pépiniéristes ont adopté le *Paradis jaune* de Plantières-lez-Metz, vigoureux et fertile, et, malgré ses grosses racines, le *Doucin d'Angers*, types conservant leur sève assez longtemps.

Nous avons vu, chez Pierre Tourasse à Pau, le Pommier greffé sur Cognassier. Le même fait nous est signalé en Turquie.

Pommiers d'ornement. — Les Pommiers d'ornement se greffent

Charles Baltet

de la même façon, sur franc, quelquefois sur doucin. Les espèces microcarpes, *Malus baccata*, *cerasifera*, originaires de Sibérie, et leurs dérivés, ont résisté au grand hiver.

Les espèces et variétés cultivées pour la beauté de leurs fleurs, *M. spectabilis*, de la Chine et du Japon, plus délicates, sont greffées sur franc.

Prunier (*Prunus*).
Famille des Amygdalées.

Sujet. — Prunier, *P. domestica*, Saint-Julien et Damas (semis, bouture de racine, cépée). — P. Myrobolan, *P. Myrobolana* (bouture; semis).

Greffage. — Par écusson (*fig.* 91) ; juillet-août. — En fente (fig. 69, 71, 72). En incrustation (*fig.* 59). Anglaise (*fig.* 82, 84, 86) ; mars et septembre. — En couronne (*fig.* 54) ; avril-mai. — En pied ou sur tige.

Observations. — Les plants issus du drageonnage sont impropres à la bonne multiplication du Prunier. Le semis est à préférer ; vient ensuite le plant obtenu par cépée (fig 17), qui reproduit rigoureusement les caractères de la souche.

Avec les Pruniers *Damas* et *Saint-Julien*, dans une situation aride, la sève pourrait s'arrêter au milieu de l'été ; il serait alors prudent d'arroser copieusement le sujet et de pincer le rameau-greffon à l'avance pour que l'écussonnage ait lieu en conditions normales.

Le P. Myrobolan sera écussonné assez tard en saison ; ses rameaux seront liés en faisceau lors du greffage et écimés en même temps (*fig.* 99).

Les jeunes greffes en pied sur P. Myrobolan seront tuteurées dès qu'elles auront atteint environ 0,50 de haut. — On supprimera l'onglet de la greffe avant la chute des feuilles.

L'étêtage du sujet écussonné se fait après l'hiver, mais avant la montée de la sève.

Les Pruniers à greffer par rameau peuvent être transplantés au moment de l'opération ; ils seront arrachés plusieurs mois à l'avance, c'est alors un greffage en jauge ou à l'abri. Si le greffage est fait sur place, on écime les sujets, au moins six à huit semaines plus tôt, en février. L'opération se fait en fente ou à l'anglaise, dès les premiers mouvements de la sève, et mieux en couronne, aux mois d'avril et de mai ; on peut même greffer en fente à l'automne, avant l'arrêt de la sève, soit en septembre. Un lait de chaux sur le greffon en éloignera les insectes.

Pour la greffe en couronne, il faut avoir le soin d'amincir suffisamment la base du greffon, tout en conservant un œil au dos du biseau.

Les Pruniers de *Reine-Claude*, de *Damas*, de *Quetsche* se multiplient par la cépée (*fig.* 17) et se reproduisent à peu près par le semis. Assez rustiques à la gelée d'hiver, ces types sont parfois employés comme sujets.

Dans la Meuse, les Mirabelliers de *Buxières* et de *Ronvaux* sont élevés par le bouturage, à l'automne ; cependant, ils peuvent servir de sujets porte-greffe aux autres formes de la Mirabelle.

On obtient des Pruniers haute tige par le greffage en pied ou en tête. Avec un sujet rachitique, les variétés naines, touffues comme la *Petite Mirabelle*, montent difficilement ; alors on emploie l'intermédiaire, comme entregreffe, d'une sorte vigoureuse : *Quetsche, Reine-Claude de Bavay, Sainte-Catherine*. Greffée au pied du sujet, la nouvelle venue s'élancera et recevra à son tour en haute tige, la variété délicate, au moins deux ans après. (Voir *fig.* 109).

Aux environs de Paris, on possède sous le nom de Prunier « de Montlignon » une forme vigoureuse et élancée du P. de Saint-Julien élevé en cépée ; il est planté en pépinière et recepé l'année suivante. À deux ans, sa tige peut recevoir la greffe en tête du Prunier ou de l'Abricotier ; elle est antipathique au Pêcher.

Les sauvageons qui doivent monter à tige et recevoir la greffe en tête seront soumis au recepage (*fig.* 26) après une année de plantation.

Pruniers d'ornement. — Les Pruniers de Chine ou du Japon, *P. japonica*, le Prunier trilobé, *P. triloba* ; le Ragouminier, *P. pumila* ; le Prunellier, *P. spinosa*, à fleur double, etc., seront greffés en écusson, sinon par rameau, sur les Pruniers Myrobolan, Damas et de Saint-Julien.

Charles Baltet

Pour l'éducation en basse tige, on choisit des sujets faibles en diamètre ; l'écussonnage réussit bien sur des plants bouturés au printemps.

Les sujets de moyenne grosseur sont greffés à tige, sur le corps de l'arbre. Un gros sauvageon serait écussonné sur ses jeunes branches latérales.

Le Prunier trilobé se plaît sur le Prunier de *Quetsche*, par écusson. Le greffage par rameau nécessite l'abri du verre.

En pépinière, il sera facile de planter des rameaux boutures du Prunier Myrobolan, préalablement écussonnés en variétés d'utilité ou d ornement (Voir *fig.* 98, le rameau écussonné).

Ptéléa (*Ptelea*).
Famille des Zanthoxylées.

Sujet. — Ptélée à trois feuilles, *Ptelea trifoliata* (semis).

Greffage. — En demi-fente ou en incrustation (*fig.* 110 ou 59) ; mars-avril. — Sous verre.

Observations. — Le greffage se pratique sur de jeunes plants en arrachis. Aussitôt greffés, ils seront plantés sous châssis ; l'aération commencera avec le développement du greffon.

Quinquina (*Cinchona*).
Famille des Rubiacées.

Sujet. — Quinquina commun, *Cinchona officinalis* (semis ; bouture).

Greffage. — Anglaise simple (*fig.* 80). De côté dans l'aubier (fig. 65). En placage (*fig.* 55). Par approche-bouture (*fig.* 143) ; mai, septembre.

Observations. — Dans les pays chauds où le Quinquina croît en plein air, les semis donnent des arbres plus ou moins riches en alcaloïde. Le greffage permet de propager les espèces recherchées pour leur rendement en quinine.

VIII. — VÉGÉTAUX À MULTIPLIER PAR LA GREFFE...

À Ceylan, des cultivateurs greffent en plantant le sujet d'un an, par la greffe anglaise simple, rez-terre ; d'autres repiquent le semis à l'état herbacé, et l'ombragent pour l'écussonner à œil dormant, au mois d'octobre.

Le greffage du Quinquina a pris une extension rapide dans les possessions néerlandaises de l'archipel Indien, grâce à l'initiative des frères Ottolander. L'obligeance amicale des professeurs Ed. Pynaert et Fr. Burvenich, de Gand, nous permet de vulgariser leur système de greffage.

D'abord, une serre chauffée modérément facilitera mieux la reprise de la greffe.

Le sujet est jeune, semis ou bouture, et opéré au collet. Le greffon, rameau court, conservera ses feuilles entières ou coupées à moitié ; son origine doit être connue, car il est des variétés qui rendent en argent dix fois plus que d'autres.

L'espèce qui se prête le mieux au greffage, comme sujet, est une hybride des *Cinchona Ledgeriana* et *succirubra,* recherchés eux-mêmes pour leur valeur industrielle. Le plant est élevé par bouture courte et greffé jeune.

Le greffage se pratique à fleur du sol, ce qui excitera l'affranchissement de la plante ; sons l'abri vitré, on opère quand la sève ralentit son activité, et en plein air, quand elle la reprend.

Le procédé employé tout d'abord à Java par J. W. Ottolander, et qui s'est vite popularisé, est l'anglaise simple (*fig.* 80 et 117).

La greffe par approche-bouture (*fig.* 143) a l'inconvénient d'exiger un greffon trop long.

Les agents du gouvernement hollandais recommandent, la greffe de côté dans l'aubier (*fig.* 65 et 66) sous double vitrage.

Les Indes anglaises ont suivi l'impulsion de Java en propageant le Quinquina par le bouturage et le greffage.

Raphiolépis (*Raphiolepis*).
Famille des Pomacées.

Sujet. — Cognassier commun, *Cydonia vulgaris*(bouture à talon, cépée). — Aubépine blanche, *Cratægus oxyacantha* (semis).

Greffage. — Sous écorce, par écusson (*fig.* 94 et 95) ou avec rameau (*fig.* 48) ; été, plein air. — En placage (*fig.* 118) ; mars et août, à l'abri.

Observations. — Le Raphiolépis est à feuille persistante et se greffe en plein air ou sous verre.

Dans la pratique, le greffage sous cloche en serre, avec le Cognassier, est le plus employé.

Rhododendron (*Rhododendron*).
Famille des Éricacées.

Sujet. — Rosage ou Rhododendron-pontique, *Rhododendron ponticum.* — Rhododdendron de Catawba, *Rh. Catawbiense* (semis).

Greffage. — En placage (*fig.* 55). De côté dans l'aubier (*fig.* 65). En fente (*fig.* 114) ; mars, août. — Anglaise à cheval (fig. 86) ; février-mars, sous verre. — En approche (fig. 37 et 42) ; en plein air, avril et août. — En pied.

Observations. — Les greffages en fente et en incrustation nécessitent l'amputation préalable du sujet ; toutefois, on corrige cet inconvénient en conservant un bourgeon feuillu au sommet du tronc, la soudure en sera mieux assurée. Ces procédés conviennent mieux à l'assemblage de gros sujets et de petits greffons.

La greffe anglaise à cheval (*fig.* 86) se fait à l'automne. Le bouton à fleurs étant bien formé, on prend, sur de grosses plantes, des rameaux couronnés d'un de ces boutons et on les greffe. Dès que la soudure est certaine, la plante sera enterrée dans la bâche d'une serre et y restera jusqu'à l'époque de la floraison.

La greffe en placage est la plus usitée (*fig.* 55) ; on opère à froid, en juillet-août. Le sujet, recepé au printemps, a donné une jeune tige propre au placage. Après son greffage, on étouffe le plant sous cloche ou sous la bâche vitrée de la serre, pendant cinq ou six semaines, jusqu'à complète agglutination ; alors on aère graduellement.

La greffe dans l'aubier (*fig.* 65) est pratiquée en mars ou en août, dans ces conditions.

VIII. — VÉGÉTAUX À MULTIPLIER PAR LA GREFFE...

Pour ces divers procédés, on conserve les feuilles au greffon ; cependant il est facile de réduire d'un tiers le limbe des plus longues.

La disposition radiculaire du Rhododendron permet de greffer le sujet à racines nues, sous cloche, et de le *repiquer en planches* sans être empoté, lorsqu'il est relevé de l'étouffée.

À Angers, on greffe le Rhododendron en placage (*fig.* 55), soit en septembre, soit de janvier à mars, sur bâche légèrement chauffée, ou en avril, non chauffée. La greffe anglaise simple (*fig.* 80) est pratiquée sur jeune sujet.

À Gand, les fleuristes empotent les sujets en octobre, pour les greffer sous verre en décembre-janvier. Le procédé en vogue est le greffage en demi-fente (*fig.* 114) au sommet du sujet, sur partie jeune, demi-ligneuse, avec œil d'appel.

À Versailles et aux environs de Paris, le *Rh. Catawbiense*, plus rustique, utilisé au rôle de sujet, produit des plantes assez robustes.

Les Rhododendrons à tige, dans les espèces moins vigoureuses, s'obtiennent avec le concours de types élancés, robustes, par exemple les *Rh. album elegans, Ingrami, roseum magnum*, déjà greffés rez-terre sur le Rh. pontique. Leur flèche ou leur tête branchue sera ensuite surgreffée avec la variété définitive, en placage, sous verre.

Rhododendrons himalayens. — Nous avons vu chez M. Cavron, sous le climat privilégié de Cherbourg, la culture à l'air libre des superbes Rosages du Sikkim, de l'Himalaya, du Boutan.

Le greffage est nécessaire pour hâter le « boutonnage » des plantes lentes à fleurir : les *Rh. Nuttalii, Falconeri, argenteum, longifolium, lancifolium* ; ces variétés, à gros bois, sont greffées à l'anglaise, sur un plant semis du *Rh. lancifolium*, tandis que ses congénères *Rh. Gibsoni superba* et *Kendicki*, de semis, également de premier mérite, seront les sujets pour la greffe en placage des variétés à bois fin.

Le *Rh. campanulatum* s'épanouit sur le *Rh. Catawbiense*, alors que les *Rh. Dalhousiæ, Edgeworthii* n'y fleurissent point.

Avec ces espèces, le sujet de *Rh. ponticum* produirait un bourrelet fâcheux, à l'exception, toutefois, de quelques hybrides de l'Himalaya, *Rh. fragrantissima, sesterianum*, etc., qui s'y adaptent

Charles Baltet

mieux.

L'époque du greffage est au mois de juillet, lorsque les pousses sont demi-ligneuses.

Une feuille, tronquée à moitié, sera conservée à la pointe du greffon et une feuille entière au sommet du sujet.

Les sujets semés en pleine terre sont levés en motte, greffés aussitôt, puis placés côte à côte, dans un coffre sous châssis, bien à l'ombre. Un arrosage *raffermit* la terre, il sera renouvelé.

Rhododendrons javanais. — Un praticien habile, Georges Schneider, chef au « Royal exotic nursery » a trouvé le moyen de propager le groupe du Rosage de la Sonde par le greffage sur jeune bouture racinée du *Rh. Princess Royal*, hybride du *Rh. javanicum* et du *Rh. jasminiftorum*. Il en obtient une riche végétation et une floraison luxuriante, bien accentuée.

Les *Rh. Scarlet Crawn. Lord Wolseley, Président, Maiden's Blush* promettent, aux fonctions de sujet, des résultats analogues.

Rhopala (*Rhopala*).
Famille des Protéacées.

Sujet. — Rhopala de Jongh, *Rhopala Jonghi* (bouture).

Greffage. — En placage (*fig.* 118). En demi-fente (*fig.* 114) ; févriers-mars. Sous verre.

Observations. — Le Rhopala de Corcovado, *Rh. corcovadensis*, reprend mal de bouture ; greffé sur le Rh. de Jongh, il pousse vigoureusement.

Robinier (*Robinia*).
Famille des Légumineuses, § *Papilionacées.*

Sujet. — Robinier commun, *R. pseudo-Acacia*, dit Acacia blanc (semis).

Greffage. — En fente (*fig.* 69) ; avril. — En couronne (*fig.* 52, 54). En écusson (*fig.* 91), à œil poussant ; mai-juin. — En pied ou sur tige.

Observations. — Greffer à la hauteur projetée du branchage les variétés à bois fin ou tourmenté, comme les R. *boule, tortueux, rose,* etc.

Les variétés vigoureuses, Robinier *Decaisne, monophylle, pyramidal, remarquable,* toujours fleuri, pourront être greffées en pied, même lorsqu'elles seront destinées à s'élever à tige.

Les Robiniers *de Besson, tortueux, volubile,* se font en tête, à haute tige ou en demi-tige, et en pied sur un plant déjà fort.

Le Robinier glutineux, *R. viscosa,* destiné à tige, pourrait être greffé en pied ou en tête.

Pour éviter la rupture d'une greffe trop chargée, le Robinier à fleur rose, *R. hispida,* nécessite le palissage de ses rameaux, assez cassants, et même la mutilation des feuilles du sommet, au mois d'août de la première année.

Le Robinier se prête à la déplantation et à la replantation lors du greffage par rameau.

Les rameaux greffons du Robinier sont coupés sur l'arbre étalon le jour même de leur emploi ; sinon, ils sont conservés dans du sable sec, ou dans un silo, sous terre (*fig.* 32).

Le Robinier est moins docile à l'écussonnage. Dans le Midi, en Italie, en Grèce, ce procédé est employé à œil poussant ; l'étêtage du sujet commence avec la végétation du greffon. Au centre du pays vosgien, Vaudrey-Evrard écussonne, en mai-juin, des greffons du Robinier *de Besson* retardés à la cave.

Le Robinier *Decaisne,* que l'on multiplie par bouture de racine, produira de belles tiges pour le greffage en tête des variétés délicates.

Rogiera (*Rogiera*).
Famille des Rubiacées.

Sujet. — Rogiera à large feuille, *R. latifolia* (bouture).

Greffage. — En demi-fente (*fig.* 114). En placage (*fig.* 118) ; février-mars. Sous verre.

Charles Baltet

Observations. — Le *Rogiera gratissima* est plus vigoureux greffé que franc de pied ; il s'adapte à l'espèce dite à large feuille, *R. latifolia.*

Rosier (*Rosa*).
Famille des Rosacées.

Sujet. — Rosier Églantier, *R. canina* (semis ; bouture, drageon). — Rosier Manetti, *R. Manetti.* — Rosier multiflore, *R. multiflora* ou *polyantha.* — Rosier des Quatre-saisons, *R. bifera.* — Rosier de l'Inde, *R. indica* (bouture).

Greffage. — En écusson (*fig.* 91, 122, 123) ; à œil dormant, juillet-août ; à œil poussant, mai-juin. — En fente (*fig.* 110). En incrustation (*fig.* 60) ; avril. — En placage et à l'anglaise sur racine (*fig.* 124, 125). — En pied ou sur tige.

Greffage sur Églantier. — La principale multiplication du Rosier se fait sur Églantier. Plusieurs types de cette espèce indigène se rencontrent dans les haies et dans les bois. Il serait intéressant de découvrir et de propager une race vigoureuse, robuste au froid, peu chargée d'aiguillons, drageonnant peu, et docile au greffage du Rosier.

Le sujet est le résultat d'un semis fait en pépinière ou de l'édrageonnage des souches d'Églantier. Les semis sont plutôt employés à la propagation du Rosier en basse tige. Examinons d'abord ce qui concerne le Rosier greffé à tige.

Rosiers à tige. — Les Rosiers à tige sont greffés sur Églantier de semis ou de drageon. On plante les sauvageons à demeure, on provisoirement en pépinière. Si l'on redoute l'effet du hâle, on emboue les tiges d'Églantier et l'on englue les plaies et les coupes lors de la plantation.

Par l'ébourgeonnement on conservera, en tête du sujet, deux ou trois rameaux vigoureux et bien placés (*fig.* 122). On les écussonnera la première année, dès qu'ils seront assez gros et ligneux.

Quand la sève se calme, quand la teinte verte de l'épiderme blanchit sous l'incision du greffoir, il faut se hâter, la *sève passe.*

En général, il convient de ne pas écimer les rameaux du sujet avant de les greffer.

VIII. — VÉGÉTAUX À MULTIPLIER PAR LA GREFFE...

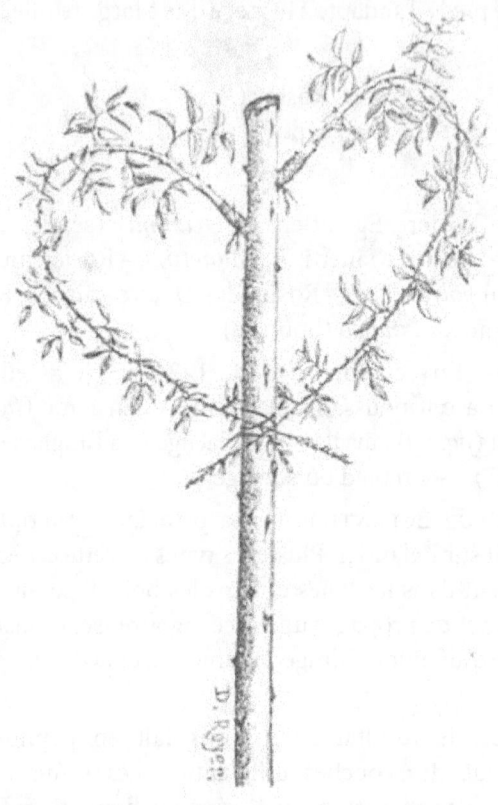

Fig. 122. — Écussonnage du Rosier sur rameau d'Églantier.
Arcure des rameaux pour la greffe à œil poussant.

Le rameau en fleur, ou ayant fleuri récemment, est arrivé à point, pour le greffage : plus tôt, il n'est pas suffisamment ligneux ; plus tard, il est durci ou ses yeux sont développés. Cette observation est plus spéciale aux Rosiers remontants, les Rosiers non remontants fournissant de bons greffons aoûtés par le pincement.

La chute des aiguillons au froissement de la main est un signe de la maturité du greffon.

Sur les variétés à grand bois, ou peu disposées à fleurir, on choisit les yeux supérieurs des rameaux terminés par une fleur. Il est à

Charles Baltet

présumer que le Rosier futur héritera des qualités florifères du greffon.

Sur les variétés à bois court ou floribond, on prendra les yeux de la hase et du centre du rameau ; vers le sommet, l'œil est souvent remplacé par un renflement sans gemme.

Un rameau fin, ténu, sera inoculé par le procédé sous écorce (*fig.* 48). L'Anglais Knight le recommandait ; Pierre Cochet, de Suines, le pratiquait vers 1815 ; un amateur d'Épinal, Lervat, les imite, greffant avec un seul bourgeon, et ménageant un œil sur le dos du biseau.

Avec le Rosier, on peut greffer les yeux qui commencent à bourgeonner, mais on aura la précaution de les doubler avec un œil latent.

En préparant le greffon, on coupe la feuille sur son pétiole et on enlève les stipules qui l'accompagnent. Les aiguillons sont coupés au ras de l'écorce ; on conserve ceux qui sont au coussinet de l'œil des Rosiers *Microphylle* et *à bractées*. Les greffons du Rosier *Mousseux* n'ont pas besoin d'être complètement nettoyés de leurs aiguillons et de leurs poils ; on se borne à enlever les principaux dards qui s'opposeraient au glissement de l'œil sous l'écorce du sujet.

L'écusson se place dans la gorge même du rameau de l'Églantier, vers son empâtement sur la tige. On ligature avec deux ou trois brins de laine ; plus tard, on surveillera les strangulations pour *délainer* s'il le faut. La spargaine (*fig.* 11) a l'avantage de se rompre au grossissement de la branche ; la base de la feuille de spargaine, finement divisée, est une bonne ligature du Rosier.

Nous recommandons le greffage dans la gorge ou aisselle, parce que le débutant a une tendance à s'en éloigner ; son travail est plus facile peut-être, mais il en résulterait une évolution de bourgeons sauvages qui viendraient affamer la greffe. Il faudra donc, tout en inoculant à la base, éborgner ces yeux de l'empâtement.

On reconnaît l'apprenti greffeur au nombre de rameaux qui cassent et tombent huit jours après l'opération, par suite de l'incision trop vive en tête du T. Cette rupture fait végéter la greffe aussitôt, ou bien la tue. Pour éviter la cassure, certains fleuristes anglais pratiquent l'écussonnage au moyen de l'incision

VIII. — VÉGÉTAUX À MULTIPLIER PAR LA GREFFE...

longitudinale seule, avec sommet en faucille, appliquée sur le sujet, sans ouverture de cran transversal ; l'inoculation de l'œil nécessite un petit tour de main que donnera l'expérience.

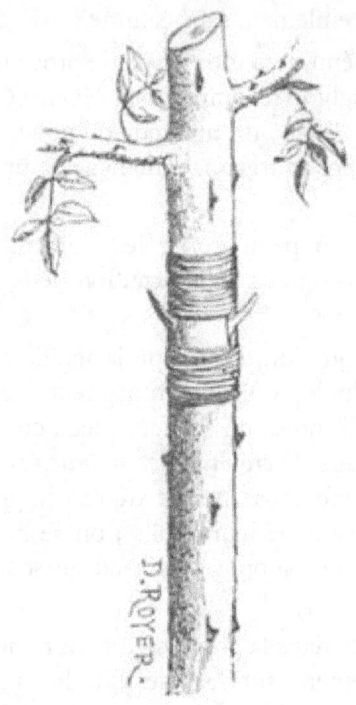

Fig. 123. — Écussonnage
sur tige d'Églantier.

L'écussonnage du Rosier réussit encore sur la tige même du sujet (*fig.* 123), assez tôt en saison, et sous les rameaux de la couronne où la sève est plus active. La tige ne grossissant pas autant qu'un rameau, il faudra ligaturer fortement, soit avec du coton filé ou de la grosse laine, soit avec une bandelette de spargaine ou de raphia. Le greffage se fait : à œil dormant en juillet et en août ; à œil poussant, en mai et en juin. Il n'est cependant pas rare de rencontrer des écussons faits de bonne heure qui se développent l'année suivante, et des écussons tardifs qui végètent immédiatement.

Charles Baltet

Si l'on désire que l'écusson reste *dormant*, on modère la suppression des rejets qui poussent sur les racines et sur la tige ; de cette façon la sève ne concentre pas ses forces au sommet de l'arbuste, et ne fait ni bourgeonner ni étrangler la greffe. C'est une recommandation absolue du rosiériste Victor Verdier, scrupuleusement observée par ses fils Eugène et Charles.

Au cas de végétation anticipée, on ébourgeonne partout et on écime les branches du sujet comme si on l'eût préparé à *œil poussant*. Quand le greffage est à œil poussant, on facilite le développement de l'écusson en arquant les rameaux et en les attachant sur la tige (*fig.* 122) ; cette précaution préalable sera prise dans la même journée afin de conserver la sève au sujet. Dès que le greffon atteint $0^m,10$ à $0^m,15$ de pousse (e, fig. 163), on écime le rameau (B) qui le porte à 0^m, 40 ou $0^m,50$ de la greffe. On suivra l'ébourgeonnement de la tige et, successivement, on réduira la longueur des branches ; par l'effet de cette opération, les onglets auront, à l'automne, $0^m,10$ environ, et la greffe sera développée.

Le greffage à œil poussant doit être pratiqué assez tôt si l'on veut que les scions de la greffe soient suffisamment aoûtés pour passer l'hiver. On le pratique également en avril-mai sur des rameaux de l'année précédente, avec des greffons conservés au nord, dans du sable (*fig.* 32), ou avec des rameaux de l'année, pris sur des Rosiers forcés en serre ou sous châssis.

La ligature est enlevée au mois de septembre, sauf sur les variétés gélives, pour lesquelles on attendra le printemps ; le lien doit être coupé en dessous du rameau, à l'opposé de l'écusson.

L'étêtage définitif des branches à $0^m,05$ ou à deux yeux au-dessus de la greffe (*o, fig.* 163) se fait pendant l'hiver et avant la végétation. On éborgne en même temps les yeux du sauvageon qui entourent l'œil écussonné ; ceux qui se trouvent placés au-dessus serviront d'appelle-sève.

Certains groupes : le Rosier Thé, *R. indica* ; le R. Moussu, *R. muscosa* ; le R. du Bengale, *R. diversifolia* ; et quelques variétés dont les tissus sont plus lents à lignifier, *Souvenir de la Malmaison*, tribu *borbonica* ; *Ernestine de Barante*, tribu *hybrida*, reprennent mieux à l'écussonnage dormant, assez tard en saison.

Le *greffage par rameau* sur Églantier a des chances de succès au printemps, sur des sujets à écorce plus grise que verte ; on recouvre provisoirement la greffe avec une coiffe de papier qui la préservera de l'action des hâles et des agents atmosphériques.

Les Rosiers de la tribu Portland acceptent le greffage en fente ; on opère sur la tige du sujet, c'est-à-dire en tête. On peut également les greffer sur racine, en fente (*fig.* 115) ou par incrustation (*fig.* 120), particulièrement le Rosier *du Roi*, de cette même tribu. L'opération se fait pendant l'hiver, en Touraine et en Anjou, mais à l'abri ; le plant greffé est mis en jauge et ensablé, pour être planté et butté au printemps.

Rosiers à basse tige. — Les Rosiers à basse tige reçoivent le même traitement que les précédents, sur tige ou sur branche, à œil dormant ou à œil poussant. Le travail de l'œil poussant est détaillé aux *fig.* 102 et 163.

Sur le corps de l'arbre, la sève *se garde* moins longtemps, ce qui devient un inconvénient pour les opérations tardives ; cependant, on y obvie dans une certaine mesure. Ainsi, dans les environs de Brie-Comte-Robert, où l'on propage le Rosier *du Roi* par milliers, on plante assez tard les Églantiers destinés à ce greffage, de sorte que la sève est encore active lorsque les greffons de Rosier *du Roi* sont bien constitués avec des yeux saillants et greffables.

Le meilleur système de greffage du Rosier basse tige en pleine terre est avec l'Églantier de semis, planté surélevé, c'est-à-dire au-dessus du niveau du sol et butté. Pour faciliter le greffage, on débute le plant et l'on y introduit l'écusson au-dessous du collet, sur le corps de la racine principale ou du pivot. On comprend, en effet, qu'un plant de semis drageonnera moins que s'il était pris sur souche.

M. Guillot fils, de Lyon, a commencé dès l'année 1850 à propager ce mode de culture.

M. Lévêque, à Ivry-Paris, multiplie des Rosiers Thé et Noisette par un greffage fait en novembre, sur semis d'Églantier mis en godet, aussitôt greffés. Le sujet est coupé ras, au collet et le rameau greffon vient le couronner par le placage en tête. La plante est aussitôt portée sur la bâche vitrée de la serre ; elle sera rempotée au printemps et livrable à l'automne suivant.

Rappelons, pour mémoire, l'écussonnage sur bouture de rameaux

Charles Baltet

ou de rejets du sauvageon.

Greffage sur racine. — Le plant d'Églantier élevé par semis peut servir, en hiver, au greffage sur racine. Ainsi, le sujet (L, *fig.* 124) reçoit sur son tronc radiculaire (en *o*), au-dessous du collet (*n*), le placage du greffon (M), celui-ci étant ou conservé dans le sable ou cueilli sur l'étalon le jour même. S'il est encore feuillé, on coupe le pétiole à moitié de l'aile, de manière qu'il reste une ou deux folioles au greffon. Le greffage se fait du 15 octobre au 15 janvier, sous cloche, le plant est enterré dans le sable de rivière ou sur la bâche de la serre chauffée à + 10°. Aussitôt la reprise assurée, le sujet sera écimé (*n*) et plus tard étêté (*u*) ou désongletté.

Un Rosier ainsi obtenu s'affranchit vite et drageonne rarement ; ce résultat cherché est plus prompt avec la greffe pure et simple sur racine.

Le greffage sur fragment de racine essayé avant 1830 par Filliette, à Rueil, et vers 1840 par Utinet, de la Brie, prend une certaine extension en France et en Angleterre.

À Orléans, il en est fabriqué chaque année des quantités incroyables, par variétés indociles au bouturage ou autres. On utilise ainsi les racines coupées sur les jeunes semis d'Églantier, lors de l'arrachage ou de l'habillage du plant. Les greffons sont des rameaux de taille ; les uns et les autres sont conservés à froid jusqu'au moment de greffer.

Le greffage se fait en octobre ou novembre pour les variétés à rameaux délicats, d'un hivernage incertain, et en décembre ou janvier s'il s'agit de Thé à gros bois et d'autres tribus plus robustes, y compris les Provins et les Mousseux, rebelles au bouturage.

Le mode de placage à l'anglaise (*fig.* 56) est avantageux. Le sujet racine (A, *fig.* 125) reçoit (en *c*) le greffon (B). Une condition du succès est la présence de la tête de la racine, avec le chevelu (*e*) où doit apparaître un bourgeon d'appel. Plus tard, ce sommet sera coupé ras (*i*).

La greffe anglaise, avec ou sans cran en tête du fragment de racine, est maintenant adoptée par le rosiériste Louis Chenault et par ses confrères orléanais. Le sujet est un petit morceau de racine, long de 0^m,08 à 0^m, 10, et le greffon porte 2 ou 3 yeux. Ligature au raphia.

VIII. — VÉGÉTAUX À MULTIPLIER PAR LA GREFFE...

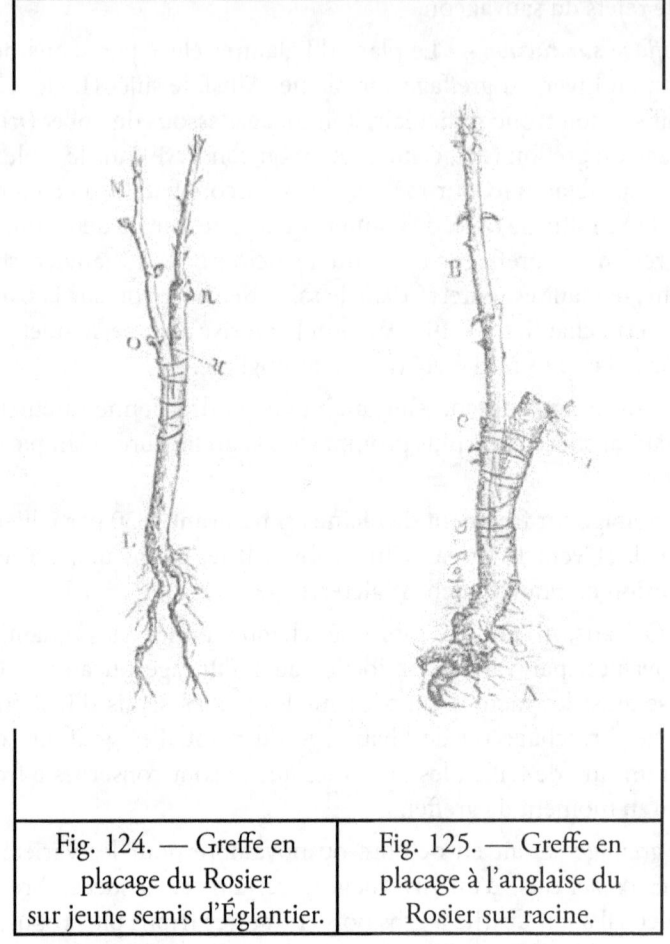

Fig. 124. — Greffe en placage du Rosier sur jeune semis d'Églantier.	Fig. 125. — Greffe en placage à l'anglaise du Rosier sur racine.

Aussitôt greffé, le plant est repiqué sous cloche, dans une terre légère ou mélangée avec du sable de la Loire, un œil hors terre.

Fin mars ou commencement d'avril, on donnera de l'air aux cloches pour les enlever huit ou dix jours après. La mise en place se fera ensuite lin avril ou commencement de mai.

Les racines peuvent encore servir de sujet à l'écussonnage poussant. On les met en terre ou en terrine, sous châssis ; vers la fin de mars ou dans les premiers jours d'avril, on les enlève du sol et on inocule sous l'écorce radicellaire les yeux pris sur des rameaux conservés. On les reporté alors sous cloche, l'œil affleurant le sol,

Charles Baltet

pour en faciliter la végétation.

GREFFAGE SUR ROSIER MANETTI. — Le Rosier Manetti se reproduit par le bouturage de branches ou de racines. Pour basse tige, on choisit du plant d'un an et on l'écussonne au mois d'août ou de septembre qui suit sa plantation.

Le greffage est à peu de chose près celui du Rosier Églantier ; on tiendra compte de la végétation prolongée du Rosier Manetti, en écussonnant plus tôt, à œil poussant, ou plus tard, à œil dormant.

Le R. Manetti émet, au-dessous du collet, des jets envahissants. Il serait facile de les éviter en éborgnant à la base souterraine les yeux du rameau-bouture, lors de sa confection et en ébourgeonnant, lors de la plantation, les rejets à l'état rudimentaire sur le tronc des sujets racinés.

Les Rosiers de la tribu Hybride, très vigoureux ou à gros bois, se plaisent sur le R. Manetti. Les autres tribus s'y défeuillent trop tôt.

Docile à la chaleur, il convient au rôle de sujet des Rosiers en culture forcée.

Le greffage en fente réussit mal sur ce sujet ; le plant, fendu, s'ouvre totalement et se dessèche. On a recours alors au placage à l'anglaise (*fig.* 124) applicable au sujet-bouture.

À tige, le Rosier Manetti se tient mal ; pour y remédier, Thomas Rivers, horticulteur anglais, le greffe en pied avec une variété vigoureuse, *Madame Pisarony*. Celle-ci fournit une tige qui recevra le surgreffage de la variété à propager, en tête ou sur le corps de cette tige.

GREFFAGE SUR ROSIER MULTIFLORE, *var. de la Grifferaie.* — Ce sujet se prête mieux à l'écusson de certains Rosiers Thé, île Bourbon, et des Hybrides à bois délicat ou ayant l'écorce lisse.

Vigoureux partout, facile à travailler, écussonnable jusque fin septembre, le R. Multiflore est fort apprécié des rosiéristes Orléanais. Le drageonnage est prévenu par l'ablation des yeux souterrains, lors du bouturage.

Dans le duché de Luxembourg, la végétation prolongée du R. Multiflore le fait difficilement hiverner ; alors les rosiéristes de ce pays ont conservé le R. Manetti pour le greffage en serre, et l'Églantier, pour la greffe en pleine terre.

VIII. — VÉGÉTAUX À MULTIPLIER PAR LA GREFFE...

Chez nos voisins d'Angleterre, d'Espagne, de Portugal et dans notre région lyonnaise, on emploie le Rosier Multiflore japonais, *Polyantha*, pour l'écussonnage sur collet des Rosiers, et plus particulièrement des R. Thé ; ils y deviennent promptement et abondamment florifères.

Les Anglais préfèrent le sujet bouture, même de 2 ou 3 ans, au plant de semis.

Le greffage en fente, sous verre, au mois de février, sur racine de R. *polyantha* mesurant $0^m,06$ à $0^m,08$ de longueur et $0^m,005$ de diamètre au moins, est pratiqué par les rosiéristes lyonnais pour la multiplication des nouveautés.

GREFFAGE DANS LE MIDI DE LA FRANCE. — De Nice à Hyères, où les roses s'épanouissent en plein hiver, on écussonne le Rosier sur *R. Indica* major, plant raciné de bouture, et il y acquiert une grande vigueur. Les Rosiers « à odeur de Thé », si lucratifs par la vente de leurs fleurs, sont naturellement sympathiques au sujet *Indica*.

Les rosiéristes de cette région élèvent l'*Indica* à tige et préfèrent l'*Indica major* plus vigoureux, implantant ses racines dans les terrains secs et conservant sa végétation en hiver. L'écussonnage se fait en mai, à œil poussant.

Disons un mot du rameau-bouture préalablement écussonné. Les souches recepées qui ont donné des jets vigoureux reçoivent, sur chacun d'eux, une série d'écussons à œil dormant, en août-septembre (fig. 98). Au mois de janvier, on fractionne ces rameaux du sauvageon, de manière que chaque fragment porte au moins un bourgeon écussonné, et on plante ces fragments en pépinière, par bouture.

Nous avons remarqué de vigoureux Rosiers Thé *Maréchal Niel*, greffés de cette façon sur *Indica* et même sur *Gloire des Rosomanes*.

Enfin, on plante des tiges, plant raciné ou plançon-bouture, du R. *indica major*, et on les greffe immédiatement en fente, pour former une tête quelques mois après.

Sous ce climat et aux Antilles, le Rosier du Bengale est un bon porte-greffe, pour basse tige ; l'écusson s'y développe promptement.

Dans l'Hérault et le Var, on place des écussons de roses remontantes sur les rameaux des R. de Banks, et Multiflore en

Charles Baltet

palissage ; on obtient ainsi un tapis florifère de roses thé et d'autres variétés s'épanouissant encore en dernière saison.

GREFFE FORCÉE. — Il s'agit de la multiplication des variétés nouvelles, par un procédé tel, qu'un Rosier choisi à l'automne puisse, entre les mains d'un bon multiplicateur, produire un grand nombre de sujets au printemps suivant.

Le Rosier de *Quatre-Saisons*, employé à cet usage, dès 1820, par Descemet à Saint-Denis, est remplacé en ce moment par le *R. Manetti*, le *R. Multiflore*, l'*Églantier*.

Le sujet, mis en pot à l'automne, sera greffé sous verre, par demi-fente (*fig.* 114) on en incrustation (*fig.* 119), vers les mois de janvier ou de février suivants. On conservera un bourgeon d'appel en tête du sujet.

Lorsque la soudure est complète, quand les yeux du greffon se renflent, on commence l'aérage successif pour arriver à transporter le Rosier sous châssis froid, c'est-à-dire en bâche froide entourée de fumier froid ; la gelée ne doit pas y pénétrer ; puis on aère graduellement jusqu'à ce que les panneaux soient enlevés, ce qui arrivera fin mars ou commencement d'avril, au plus tôt. Un mois après, le soleil aidant, les rameaux étant suffisamment durcis, les jeunes plantes seront livrées à la pleine terre.

En 1885, nous avons constaté, chez Soupert et Notting, à Luxembourg, le résultat prodigieux d'une multiplication forcée du Rosier. La graine semée en septembre a germé deux mois après ; le plant embryonnaire fut, avec une dextérité, extrême, implanté sur un sujet en godet, par un procédé que l'on pourrait qualifier de greffe en approche « capillaire ». Au mois de février, la plante fleurit, elle « promettait » ; aussitôt ses yeux furent inoculés sur autant de sujets en pots. Deux mois plus tard, chaque arbuste alimentait le greffage de sujets ayant poussé sous verre. Ces végétations rapides, de première saison, s'obtiennent plutôt avec le *R. Polyantha* ; et fin de saison, avec l'*Églantier*.

Sapin (*Abies, Picea, Tsuga*).

Famille des Conifères, § *Abiétinées Sapinées.*

Sujet. — Choisir le type de la variété à multiplier : ou Abies, ou Picea, ou Tsuga (semis).

Greffage. — En placage, en pied (*fig.* 113) ; février ou septembre. Sous verre. — En fente herbacée, en tête (*fig.* 74) ; avril-mai ou juillet-août. À l'air libre.

Observations. — La greffe à l'étouffée se fait sous cloche en plein air, ou en serre sous double vitrage ; le plant, élevé en pot, est tenu incliné ou oblique dans la bâche vitrée.

Les autres modes de greffage pratiqués à l'air libre n'empêchent pas le sujet greffé de pousser aussi droit que s'il était venu de graine,

La greffe sur bouton terminal (*fig.* 74) est faite en avril quand la sève se met en mouvement, ou en août avant qu'elle ne s'arrête. Le greffon est déjà ligneux et couronné par l'œil de tête.

Les Anglais emploient volontiers comme sujet le Sapin du Canada, *Tsuga canadensis,* élevé par semis ou par bouture.

Il est préférable de fournir un sujet type à chaque groupe des Sapinées : le Sapin pectiné, *Abies pectinata,* aux *Abies* ; l'Épicéa, *Picea excelsa,* et la Sapinette *Picea alba,* aux *Picea* ; le Sapin du Canada, *Tsuga canadensis,* aux *Tsuga* ; le Sapin de Douglas, *Pseudo-Tsuga Douglasii,* aux *Pseudo-Tsuga.*

Le Sapin noble, *Abies nobilis,* est généralement plus vigoureux, greffé sur le Sapin pectiné, *Abies pectinata,* que s'il était élevé par semis.

Les sous-variétés seront greffées sur leur espèce originaire.

Le Sapin Pinsapo *pyramidal* ne réussit que sur son type, *Abies pinsapo,* tandis que le Sapin de Nordmann *doré* adopte le Sapin pectiné pour sujet de greffage.

Saule (*Salix*).

Famille des Salicinées.

Sujet. — Les types de la variété à propager, particulièrement le

Charles Baltet

Saule marsault, *S. capræa* et var. *jaspidea, aglæa* ; le Saule cendré, *S. cinerea.*

Greffage. — En fente (*fig.* 69). Anglaise (*fig.* 84) ; mars. — En écusson (*fig.* 94) ; août.

Observations. — La majeure partie des Saules seront greffés en tête ; mais les variétés à branches effilées pourront être écussonnées ou greffées de côté (*fig.* 49), soit à œil poussant, en avril, soit à œil dormant, au mois d'août.

On pourrait greffer le Saule en flûte, en couronne ou en approche, à la montée de la sève.

Les sujets vigoureux sont arrachés et greffés à l'abri, en mars, ce qui évitera le chancre des tiges, principalement avec le Saule marsault.

Le greffage du Saule, sur tige, est appliqué aux variétés à rameaux retombants des espèces qui ne pourraient s'élever à tige par bouture, comme s'élèvent de leur plein gré les Saules pleureurs *de Babylone* et de *Salomon.*

Ainsi les formes « pleureur » des *S. capræa, incana, rigida, sericea, Zabeli,* réussissent sur le Saule marsault ordinaire, et celles qui appartiennent aux *S. americana, napoleonensis, nigra,* prennent sur ses variétés *Aglæa* et *jaspidea.*

Sciadopytis (*Sciadopytis*).
Famille des Conifères, § *Séquoiées.*

Sujet. — Cunninghamia de Chine (semis).

Greffage. — En placage (*fig.* 113). De côté avec incision oblique (*fig.* 67) ; août-septembre. — En pied ; sous verre.

Observations. — Les sujets de Cunninghamia sont produits par le bouturage de branches, tandis que les greffons de Sciadopytis sont obtenus par l'écimage de la flèche de l'étalon.

Le greffage se fait à l'étouffée, à froid.

Séquoia (*Sequoia*).
Famille des Conifères, § *Séquoiées*.

Sujet. — Le type de la variété à propager, le Sequoia *gigantea* ou le *S. sempervirens* (semis ; bouture).

Greffage. — En placage (*fig*. 113). En fente dans l'aubier (*fig*. 65, 67). ; septembre, sous verre.

Observations. — Pour l'instant, il s'agit seulement des formes du Sequoia gigantesque, dit « Wellingtonia. »

Le sujet est raciné, semis ou bouture. Le greffon est une sommité forte et trapue des branches latérales de l'étalon.

Aussitôt greffés, les plants sont disposés sur une tablette froide dans la serre, sous cloche à froid. Ombrager contre les rayons solaires.

Au cas de végétation, délainer et tuteurer.

Sophora (*Styphnolobium*).
Famille des Légumineuses, § *Papilionacées*.

Sujet. — Sophora du Japon, *Styphnolobium japonicum* (semis).

Greffage. — En écusson (*fig*. 91 et 94) ; juillet-août. — En fente (*fig*. 72) ; avril. — En couronne (*fig*. 54). — En pied ou sur tige.

Observations. — Le Sophora végète assez tardivement pour qu'il ne soit pas nécessaire de couper à l'avance, sur l'étalon, les rameaux-greffons. Si cependant les effets de l'hiver sont à redouter, on détachera ces rameaux avant les gelées et on les hivernera dans du sable sec (*fig*. 32), l'épiderme du Sophora étant assez délicat.

On opère par un beau temps, lorsque les bourgeons commencent à se gonfler.

En ce qui concerne l'écussonnage, il est à remarquer que le pétiole coiffe totalement le bourgeon-greffon à inoculer sur le sujet.

Les sujets destinés à l'écussonnage seront à tige jeune. La réussite en est tellement incertaine que dans certaines pépinières de l'Est, on écussonne les mêmes sujets à deux ou trois époques différentes, avec vingt jours d'intervalle, à partir de l'écussonnage à œil poussant.

Sorbier (*Sorbus*) — Cormier (*Cormus*).
Famille des Pomacées.

Sujet. — Aubépine blanche, *Cratægus oxyacantha* et *monogyna* (semis).

Greffage. — En écusson (*fig.* 91 et 93) ; juillet, — En fente (*fig.* 69 et 72) ; mars. — En couronne (*fig.* 51 et 52) ; avril. — En pied.

Observations. — Rejeter du rameau-greffon les yeux de la base, — ils végètent mal, — et ceux du sommet, généralement moins faciles à inoculer ou trop disposés à fleurir.

Avec de gros yeux à écussonner, on pratiquera l'incision cruciale sur le sujet (*fig.* 93).

Le Sorbier pleureur se greffe à haute tige sur son type. Sorbier des oiseaux, *S. aucuparia*, en écusson, en fente ou en couronne.

Le *Sorbier hybride* réussit sur Cognassier, et mieux sur Aubépine, rez terre.

Éviter les étalons chancrés, surtout pour le **Cormier**, *Cormus*, Sorbier domestique. Cette espèce réussit encore sur Sorbier, franc de pied.

Ébourgeonner sévèrement l'Aubépine, lorsque la greffe se développe, et palisser aussitôt.

Spirée (*Spirea*) — Exochorda.
Famille des Rosacées, § *Spiréacées*.

Sujet. — Type de la variété à propager.

Greffage. — Sur racine : en couronne (*fig.* 115), ou en fente de côté (*fig.* 120) ; en placage à l'anglaise (*fig.* 125), ou anglaise simple (*fig.* 80) ; août-septembre. — Sous verre.

Observations. — Les Spirées se propagent par semis, bouture, marcotte, division, sauf l'espèce à grande fleur, **Exochorda** *grandiflora*, qui constitue un genre spécial et se multiplie difficilement ; on a recours au greffage de ses rameaux sur ses propres racines.

M. Treyve pratique cette opération du 15 août au 15 septembre, de la façon suivante :

Après avoir arraché une touffe d'*Exochorda*, il coupe les racines saines par tronçons de $0^m,05$ à $0^m,08$, et les classe en trois catégories :

1° Les grosses racines sont greffées en couronne, l'écorce non fendue. En palpant le sujet-racine entre l'index et le pouce, l'écorce se sépare suffisamment pour laisser glisser le greffon ;

2° Les moyennes racines sont greffées dans l'aubier (*fig.* 66) ou en placage anglais (*fig.* 125) ;

3° Et les petites, à l'anglaise simple (*fig.* 80).

Les racines ainsi travaillées sont mises en godet de $0^m,05$ à $0^m,06$, avec compost de vieux terreau, terre franche et terre de bruyère, et placées sur couche jusqu'au sommet de la greffe. Une étouffée de 15 à 25 jours, sous châssis garni de mousse, suffira. À ce moment, les plantes sont *faites*, on les aérera graduellement.

Sureau (*Sambucus*).

Famille des Caprifoliacées, § *Sambucinées*.

Sujet. — Sureau noir, *Sambucus nigra* (bouture, fragment radiculaire et plançon bouture).

Greffage. — En fente sur racine (*fig.* 120) et sur tige ; février-mars. Sous verre.

Observations. — Le greffage en basse tige est applicable aux variétés du Sureau pubescent, *S. pubens* ou *S. spectabilis*, et particulièrement aux *S. plumosa* et *roseiflora* qui réussissent difficilement au bouturage. La greffe sur tige est applicable aux espèces à rameaux retombants ou portant un feuillage gracieux.

Le sujet du greffage en basse tige est un fragment de racine ou un plant racine étêté au-dessous du collet. Greffage en demi-fente(*fig.* 120), en mars, sous verre, avec des greffons conservés.

Le sujet du greffage sur tige est un plançon bouture, de $1^m,50$ à 2

Charles Baltet

mètres de longueur, cette simple baguette coupée à l'automne est mise en pot aussitôt ; celui-ci émoussé et ficelé est rentré à l'abri. Au mois de février, on le greffe en demi-fente, à la hauteur voulue pour le branchage. Ligaturer, engluer. Il est placé ensuite, droit ou incliné, sur la bâche de la serre à multiplication chauffée de + 15° à 18°.

Bassiner le corps du sujet deux ou trois fois par jour. Au printemps, on le met en place, à la pépinière, à mi-ombrage, avec un tuteur qui dépasse la greffe. Tel est le procédé suivi et réussi par Georges Boucher, horticulteur à Paris.

Taxodier (*Taxodium*) — Glyptostrobus.
Famille des Conifères, § *Cupressinées Taxodinées.*

Sujet. — Taxodier distique, vulg. *Cyprès de la Louisiane, Taxodium distichum* (semis).

Greffage. — En fente (*fig.* 114) ; avril. — En placage (*fig.* 113) ; août. — Sous verre.

Observations. — La greffe en fente ordinaire, avec sujet étêté, sera mieux assurée si elle est pratiquée sous verre.

La greffe en placage permet d'opérer sur un sujet entier, avec bourgeon d'appel.

En plein air (avril), il convient d'engluer la greffe et de la préserver de l'air avec un écran.

Le **Glyptostrobus** se greffe sur le Taxodier, en demi-fente (*fig.* 114), sous abri vitré.

Thuia — Thuiopsis.
Famille des Conifères, § *Cupressinées Thuyopsidées.*

Sujet. — Thuia du Canada, *T. occidentalis.* — Thuia de Chine, *Biota orientalis* (semis).

Greffage. — En placage (*fig.* 113). De côté dans l'aubier (*fig.* 67) ; février ou septembre. Sous verre. — En fente sur bifurcation (*fig.* 77) ; avril-mai. — En pied ou sur tige.

VIII. — VÉGÉTAUX À MULTIPLIER PAR LA GREFFE...

Observations. — Choisir pour sujet un plant trapu, dont la racine ne soit pas fatiguée.

Au greffage des variétés à développement restreint, *Th. nana*, *globosa*, *dumosa*, *pygmea*, etc., on peut opérer sur plant à racine nue ; mais on les empotera au sortir de l'étouffée.

Le Thuia de Lobb, *Thuia Lobbii*, connu sous les noms de *Thuia Menziesii* (Carr.), de *Thuia gigantea* (Lavall.), réussit mieux sur le Biota de Chine.

Le **Thuiopsis** à feuille en doloire, *Thuiopsis dolabrata*, et var. *læte-virens*, *nana*, *variegata*, Conifères robustes de troisième grandeur, seront greffés sous verre, en placage (*fig.* 113), sur le Thuia du Canada ou sur le Biota de Chine.

Tilleul (*Tilia*).
Famille des Tiliacées.

Sujet. — Tilleul de Hollande, *Tilia mollis* (semis).

Greffage. — En écusson (*fig.* 91 et 94) ; à œil poussant, avril ; à œil dormant, août. — Sous écorce par rameau (*fig.* 48 et 49) ; en juillet-août. — Par approche, en tête (fig. 42) ; mai. — Placage à l'anglaise (*fig.* 56) ; août. — En pied ou sur tige.

Observations. — Le sujet doit être assez gros pour recevoir la greffe ; mais la reprise du bourgeon-écusson est plus certaine sur un sujet jeune ou sur une flèche des dernières années.

Quand l'écorce du sujet est trop épaisse pour l'écusson, on pratique la greffe sous écorce (*fig.* 48 et 49), ou le placage à l'anglaise (fig. 56).

Les variétés de Tilleul *argenté* et de Tilleul *d'Amérique* seront greffées en pied, afin d'éviter un bourrelet proéminent sur la tige.

Les non-réussites de l'écussonnage ont fait étudier des procédés plus précis de la propagation du Tilleul *argenté*, qui ne se reproduit pas identiquement par le semis.

M. Desfossé à Orléans et ses confrères repiquent dans le sable, sous cloche au printemps, les jeunes plants du Tilleul de Hollande ; en juillet-août, ils les greffent en demi-fente, en ménageant un œil d'appel (voir *a, fig.* 114).

Chez M. Croux, à Sceaux, les plants âgés de deux ans (un an de semis, un an de repiquage) sont arrachés en août, taillés court et greffés à l'anglaise ou en placage. Les sujets greffés sont ensuite enjaugés sous un châssis que l'on tient ombragé avec des paillassons, pendant une huitaine de jours. En hiver, on évitera l'excès d'humidité ; au printemps, on dépanneautera la bâche. Dix-huit mois après le greffage, les sujets repris seront plantés en pépinière.

Au Sud et à l'Ouest de la France, on réussit parfaitement le Tilleul argenté, en plein air, par l'écussonnage dormant pratiqué fin septembre, et quelquefois à œil poussant, en avril-mai.

Dans nos cultures, c'est la greffe par rameau sous écorce, simple (*fig.* 48) ou à l'anglaise (*fig.* 49), fin été, qui donne les meilleurs résultats.

Le *Tilia dasistyla* ou *euchlora* est docile à la greffe par rameau sous écorce, en août.

Pour propager les variétés à rameaux retombants, MM. Grolez, à Ronchin-Lille, greffent à haute tige, par approche en tête et à l'incrustation, des sujets du Tilleul de Hollande ; ceux-ci ont été contreplantés depuis un an, près de l'étalon, et sont étêtés au moment du greffage.

Troène (*Ligustrum*).
Famille des Oléacées.

Sujet. — Troène commun, *Ligustrum vulgare.* — Troène de Chine, *L. Ibota.* — Troène à feuille ovale, *L. ovalifolium* (semis, bouture).

Greffage. — En fente (*fig.* 110, 114). En placage (*fig.* 56, 118). En incrustation *fig.* 119) ; mars et août. Sous verre. — En écusson (*fig.* 91, 95). Par rameau sous écorce (*fig.* 48, 49) ; juillet. À l'air libre. — En pied ou sur tige.

Observations. — Les variétés de Troènes à feuillage persistant seront greffées en pied, et à l'étouffée, sur de jeunes plants isolés ou groupés en pot. Cette opération aura lieu dès juillet-août, quand le greffon semi-herbacé sera assez lignifié, jusqu'à la fin de l'hiver ; à cette dernière saison, moins favorable que la première, la greffe se fera toujours à l'étouffée, mais en serre, avec des greffons ligneux.

On conservera les feuilles au greffon ; le mode de greffage pourrait être la demi-fente (*fig.* 114) sur plant raciné, mis en pot à la dernière heure.

Les variétés à feuilles caduques réussissent sur le Troène *commun* par l'écussonnage (*fig.* 91) ou par la greffe de rameau sous écorce (*fig.* 48 et 49). On opère sur des plants de semis.

Où le Troène à feuille ovale ne gèle pas, on l'emploiera au titre de sujet, car il drageonne moins que le Troène ordinaire. Sur tige, on greffera en fente les variétés à bois court, le T. à *feuille coriace*, ou à bois grêle, le T. *de Quihou*, en abritant la jeune greffe avec un capuchon.

La variété *Ibota* du Troène de Chine, plus robuste, s'élève vite et remplit le même but.

À Toulouse, on greffe sur le Troène du Japon, *L. japonicum*, ses variétés ; greffe en couronne à la pousse, plantation immédiate en plen air.

Le **Ligustrina** de l'Amour, *Lig. amurense*, qui semble relier les genres Lilas et Troène, dont il est peut-être un démembrement, peut également se greffer sur ce dernier sujet.

Tulipier (*Liriodendron*).
Famille des Magnoliacées.

Sujet. — Tulipier de Virginie, *Liriodendron tulipifera* (semis).

Greffage. — Par approche (*fig.* 42) ; mai-juin. — En fente (*fig.* 114). En placage (*fig.* 56) ; de mai en juillet. Sous verre. — En pied ou sur tige.

Observations. — Le Tulipier est un des arbres les plus difficiles à réussir au greffage.

En toute circonstance, il faut que le greffon soit couronné par l'œil terminal. Il est prudent d'embouer ou d'emmousser greffe et greffon.

Charles Baltet

Avec la greffe en placage, sous cloche, l'opération réussit, mais une partie des plants greffés *fondent* en hiver, surtout quand le sujet manque du bourgeon d'appel.

Si pour le greffage en approche, à l'air libre, on ne se sert pas de sujets en pot, il faut en planter de jeunes, et assez longtemps à l'avance pour qu'ils soient bien repris et vigoureux. On laissera le sujet greffé deux ans sur mère, avant sevrage, et on le déplantera au printemps, après une année de végétation libre.

M. Octave Thomas, de Metz, a vu dans le midi de la France, écussonner avec succès les quelques variétés du Tulipier ; mais lui-même a échoué sous le climat messin, plus rigoureux.

Vigne (*Vitis*).
Famille des Ampélidées.

La multiplication de la Vigne étant facile par le bouturage, même à un seul œil, il est rare que l'on ait recours au greffage pour propager une variété de Vigne.

Au début de l'invasion phylloxérique, le viticulteur qui voulait obtenir beaucoup de sarments des cépages américains, lents à s'enraciner, en introduisit des rameaux sur des souches françaises encore vivaces, par la greffe-provin (A, *fig.* 126) : insertion, à la façon de la greffe anglaise à cheval, le greffon étant couvert de terre (B) jusqu'à l'œil supérieur. Ce procédé fut déjà employé, vers 1830, par Filliette, à Rueil.

Lorsque le sujet manque du sarment porte-greffe, on greffera sur souche (*fig.* 127), en fente ou en incrustation ; le greffon (*fig.* 128,) taillé en biseau (*a*, *p*), enté et couvert de terre jusqu'à l'œil de tête, s'enracinera et produira des sarments pour la propagation de l'espèce nouvelle.

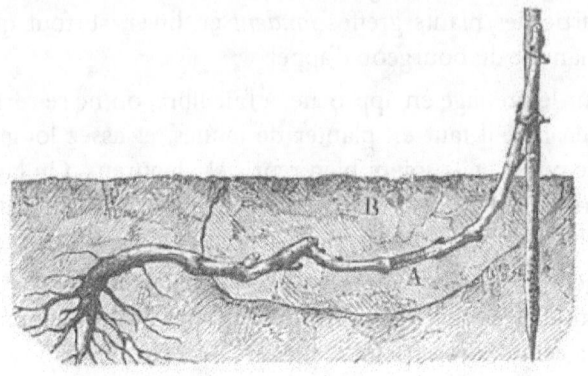

Fig. 126. — Greffe-provin d'un sarment bouture.

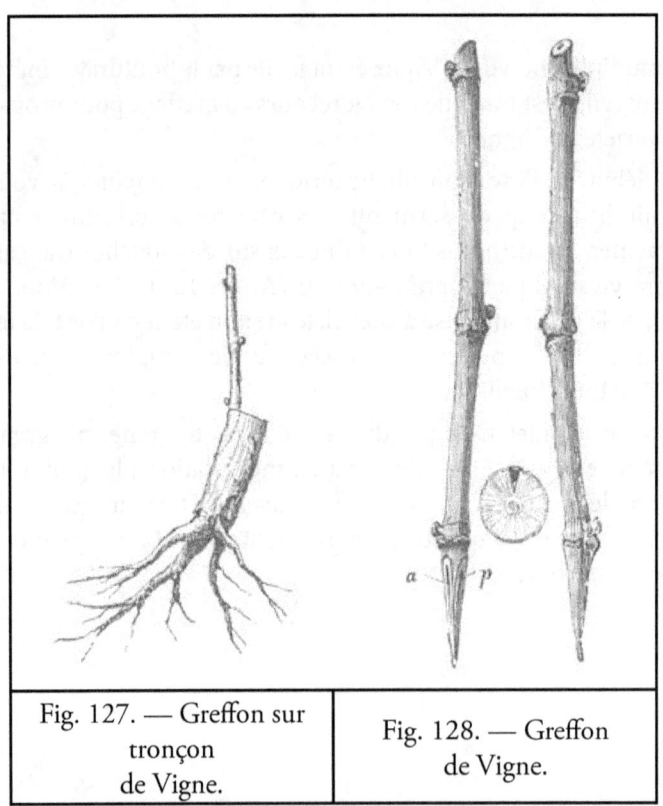

Fig. 127. — Greffon sur tronçon de Vigne.	Fig. 128. — Greffon de Vigne.

Charles Baltet

Voir plus loin l'application du greffage dans la grande culture et contre les attaques du phylloxéra.

Viorne (*Viburnum*).
Famille des Caprifoliacées, § *Sambucinées*.

Sujet. — Viorne mansienne, *V. Lantana (semis).* — Viorne obier, *V. opulus* (semis ; bouture).

Greffage. — En demi-fente (*fig.* 114). En placage (*fig.* 118) ; août-septembre. Sous verre.

Observations. — Choisir de jeunes plants âgés d'un an, mis en pot, et d'un genre correspondant avec le genre on l'espèce à greffer.

Greffer à fleur de terre, plutôt au-dessous qu'au-dessus du collet des racines (*fig.* 110, 124).

Les Viornes reprennent de bouture, sauf la variété à grosse tête, *V. macrocephalum* ; alors on la greffera sur la Mansienne, quelquefois sur la Viorne obier. La Viorne plissée, *V. plicatum*, est dans le même cas. — Détruire les rejets.

Le Laurier-tin, *Viburnum tinus*, réussit sur tige de Viorne mansienne, en placage, sous verre. Ses variétés sont greffées ainsi ou sur tige de Laurier-tin, plant vigoureux, bien choisi.

Widdringtonia (*Widdringtonia*).
Famille des Conifères, § *Cupressinées*.

Sujet. — Genévrier de Virginie, *Juniperus virginiana* (semis).

Greffage. — En placage (*fig.* 113) ; septembre, Sous verre.

Observations. — Ce genre de Conifères, assez sensible au froid, réussit mal de bouture et vit en serre froide, sous le climat de Paris. Il sera élevé par semis ou greffé sur le Genévrier de Virginie, quelquefois sur le Cyprès pyramidal.

IX. — MISE À FRUIT DES VÉGÉTAUX PAR LA GREFFE

IX. — MISE À FRUIT DES VÉGÉTAUX PAR LA GREFFE

Par sa propre influence, le greffage excite la floraison et la fructification des végétaux.

Nous examinerons les circonstances où la pratique horticole peut en tirer parti.

RÔLE DU BOURRELET DE LA GREFFE DANS LA FLORAISON ET DANS LA FRUCTIFICATION

Le bourrelet de la greffe, placé à la jonction des deux parties soudées, forme point d'arrêt et tamise pour ainsi dire le courant séveux. Il paraît démontré que sa présence ralentit les arrivages, sur les branches, de la *sève brute* des racines en y accumulant, au contraire, la *sève élaborée* par l'action respiratoire des organes aériens ; le liber devient plus riche en carbone et les bourgeons portent dans leurs flancs de sérieux éléments de fécondité.

Donc, à conditions égales, un arbre greffé sera plus dispose à fleurir et à fructifier qu'un sujet de la même espèce, franc de pied.

Il est certain que sans le greffage on ne pourrait réunir, dans un même sol, toutes les variétés de Poirier, de Pommier, de Prunier, de Cerisier, de Pêcher, d'Abricotier ou d'Oranger.

En supposant que ces mômes variétés puissent se reproduire par semis, par bouture, par marcotte ou drageon, ne voyons-nous pas dans le vignoble, à l'appui de notre thèse, depuis que l'affranchissement du greffon est évité, ne voyons-nous pas, grâce au greffage, prospérer et fructifier certains cépages étrangers qui, jusque-là francs de pied, s'y étaient refusés ?

Si du jardin fruitier nous pénétrons dans le parterre, nous pouvons rencontrer toutes les variétés de Rosier, de Lilas, de Clématite, d'Azalée, de Camellia, de Rhododendron, aux formes multiples, vigoureuses et couvertes de fleurs, ayant le bourrelet de la greffe au pied, alors que le bouturage et le semis seraient impuissants à nous procurer ces délices ! Or, la floraison, n'est-ce pas le prélude de la fructification ?

Ne serait-ce pas l'occasion de signaler ici un fait assez rare du *greffage réitéré* ? Il s'agit du Rhododendron javanais.

Ainsi que nous l'avons dit, le Rh. Princess royal, à fleur rose,

Charles Baltet

de cette série, issu de la fécondation du *Rh. jasminiflorum* blanc, avec le *Rh. javanicum* jaune, supporte mieux que tout autre le greffage de ses congénères. En 1884, chez Veitch à Chelsea, le *Rh. javanicum* greffé sur *Princess royal* se développe avec énergie ; immédiatement le chef de culture, Georges Schneider, cueille un greffon à ce nouvel arbuste et le porte sur un autre *Princess royal*.

SPÉCIMENS DE LA COUPE DU BOURRELET DE LA GREFFE.

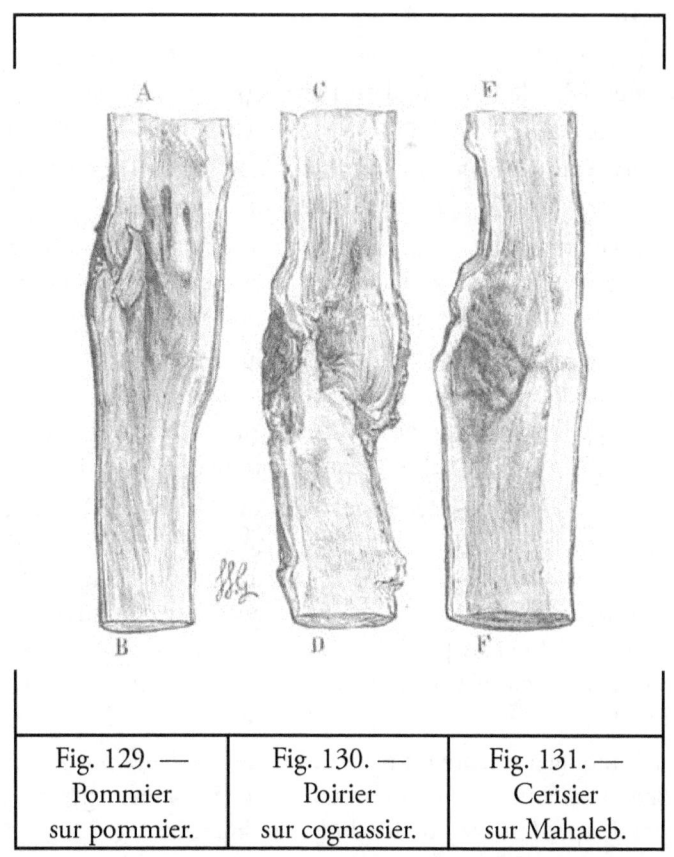

Fig. 129. — Pommier sur pommier.	Fig. 130. — Poirier sur cognassier.	Fig. 131. — Cerisier sur Mahaleb.

Qu'arriva-t-il ? La première plante toujours vigoureuse devint multiflore, et ses corolles plus larges, mieux étoffées et d'une nuance

IX. — MISE À FRUIT DES VÉGÉTAUX PAR LA GREFFE

plus foncée que sur l'arbuste premier étalon. À son tour, la seconde plante devint une « merveille » de végétation et de floribondité. La fleur, plus riche encore dans son ampleur et dans son coloris, passait du jaune à l'orange saumoné.

Faut-il rapprocher cet incident de greffage de nos observations relatives, à l'Abutilon, et chercher le rôle du bourrelet de de la greffe ?

Nous donnons ici la coupe de différents bourrelets de greffe montrant la structure intérieure des deux parties à leur point de rencontre.

La fig. 129 reproduit la greffe du Pommier (A) sur son propre sauvageon (B) ; la fig. 130, d'un Poirier (C) sur Cognassier (D) ; la fig. 131, le rapprochement du Cerisier (E) avec le Mahaleb (F).

AMÉLIORATION DU FRUIT D'UN ARBRE GREFFÉ SUR LUI-MÊME OU PAR SURGREFFAGE.

Le rôle du bourrelet de la greffe que nous venons d'esquisser est quelquefois insuffisant lorsque, par exemple, l'arbre produit des fruits tavelés d'une façon anormale.

Il convient alors de regreffer l'arbre sur lui-même, c'est-à-dire que des greffons de la même sorte, sains d'origine, seront insérés sur les branches de l'arbre et même sur la tige principale, à la condition qu'il y ait une distance suffisante avec le bourrelet primitif.

En 1656, une de nos célébrités, Claude Mollet recommandait la *greffe sur greffe*, par exemple le greffage du Poirier *Bon-Chrétien* sur *Catillac*, pour « hâter la fructification, augmenter le volume des fruits et les rendre plus suaves ». Le raffinement de la saveur n'était certes pas emprunté à la poire de *Catillac*, mais le *Théâtre* d'Agriculture reconnaissait ainsi l'influence du bourrelet de la greffe.

Faut-il rappeler encore les beaux espaliers de *Doyenné d'hiver* et de *Beurré d'Hardenpont* au potager de Versailles, greffés sur Cognassier par l'intermédiaire du Poirier de *Curé* (*fig.* 121) ?

Charles Baltet

Fig. 132. — Branche d'Abricotier surgreffée en pêcher.

Un amateur distingué de Marseille, M. Paul Giraud, surgreffe sur eux-mêmes ses arbres fruitiers vigoureux afin d'en hâter la mise à fruits. Il a obtenu la fertilité du branchage, la grosseur et la qualité du fruit avec les pêches précoces *Amsden, Alexander, Rouge de mai*, et similaires, qu'il avait inoculées sur des rameaux gourmands d'Abricotier (*fig.* 132), l'arbre étant déjà enté sur Prunier. En 1768, l'agronome Duhamel du Monceau recommandait cette opération.

Et sous le verre, le vigoureux *Buckland swetwater* ne devient-il pas fertile, greffé sur le *Frankenthal* ?

N'avons-nous pas remarqué, dans le Bordelais, des ceps de *Cabernet* greffés hors terre, non affranchis, exempts de coulure au milieu de plants de la même sorte francs de pied, atteints de cette atrophie du raisin ?

IX. — MISE À FRUIT DES VÉGÉTAUX PAR LA GREFFE

C'est l'occasion de rappeler le mot de Hardy père : « *Greffez le Chasselas Gros-Coulard, serait-ce sur lui-même, et vous combattrez la coulure !* »

Nous constaterons, au chapitre XI l'amélioration de la qualité du vin des vignes greffées, même sur cépage au goût foxé.

FRUCTIFICATION, PAR LA GREFFE, DES ARBRES STÉRILES OU PEU PRODUCTIFS

D'après la logique stricte du règne végétal, les arbres stériles sont ceux qui ne peuvent se féconder eux-mêmes, par suite de la séparation des sexes ; tels sont les végétaux dioïques, comme l'Aucuba, l'Idésia, le Pistachier, le Maclure, le Caroubier, le Cannellier, le Gingko et divers Conifères.

Fig. 133. — Aucuba femelle, fructifiant après la fécondation des rameaux du type mâle, greffés sur la plante.

Charles Baltet

Le greffage permet d'inoculer une branche mâle sur un arbre femelle ; au moment de la floraison, elle le fécondera, lui et ses voisins du même genre. Le greffage contraire, rameaux apportant l'élément pistillé sur le sujet mâle se pratiquera de même ; le résultat fructifiant sera semblable si l'on a conservé suffisamment de la partie staminée.

On peut ainsi transformer le sexe ou le produit d'un branchage ou d'un arbre dioïque.

Nous représentons ici un Aucuba femelle (F, *fig.* 133), sur lequel on a greffé le rameau (M) du type mâle, soit par le procédé dans l'aubier *M'* sur *F'*, soit par la greffe en tête *M»* sur *F»*. Il en est résulté une fécondation naturelle suivie de la fructification de l'arbuste.

Il est encore une amélioration que le greffage peut amener sur les arbres qui réunissent étamines et pistils dans la même fleur, et qui n'en sont pas moins sujets à la coulure, par suite d'un vice de l'organe mâle ; il suffirait d'y greffer une branche de variété staminifère et prolifique, mais épanouissant ses fleurs à la même époque que les premiers.

TRANSPORT, PAR LA GREFFE, DES ÉLÉMENTS FRUCTIFÈRES D'UN ARBRE SUR UN AUTRE

Enfin, il est possible de transporter les éléments fructifères d'un arbre trop chargé sur un sujet moins favorisé, quand même celui-ci serait d'une autre variété ; c'est au moyen de la greffe de boutons à fruits.

Si l'arbre ainsi travaillé commence à produire des fruits *qui ne sont pas les siens*, il ne tarde pas à modifier ses allures indépendantes et à rentrer dans la loi commune qui veut que tout arbre fruitier donne des fruits.

Voici comment on pratique cette greffe qui rentre, dans le groupe 1er du GREFFAGE PAR RAMEAU : *Greffe de côté sous écorce* (page 98).

Greffe de boutons à fruits. — La bonne saison de la « greffe à fruit », ainsi qu'elle est appelée vulgairement, est en août, quelquefois en juillet, rarement en septembre. Greffé trop tôt, le bourgeon pousse et s'annule ; trop tard, il ne peut plus se souder et meurt complètement.

Les greffons sont choisis sur les arbres chargés de dards, de lambourdes, de boutons fructifères, et qui doivent en être déchargés par la taille. On les détache de l'étalon au moment de s'en servir ; on a soin de couper leurs feuilles aussitôt et de tenir le greffon au frais dans un vase rempli d'eau ou garni de mousse humide.

Un greffeur habile sait les utiliser par des procédés différents. La ligure 134 montre deux greffons préparés. Les biseaux (E, G) sont taillés sur le dos et à la base du greffon. Le sujet (F) a été incisé en T et, sous les écorces soulevées, le greffon (D) a été inséré. Parfois, on est obligé d'entamer l'écorce à la tête du T pour faciliter le glissement du greffon.

La solidité du greffon sera mieux assurée avec le greffage sous écorce à l'anglaise (*fig.* 49).

Un greffon allongé n'est pas à rejeter ; il suffira que le biseau occupe une plus grande étendue, soit environ la moitié de la longueur totale de la greffe ; de cette façon, quelque bouton fruitier placé sur le dos du greffon pourra se trouver enchâssé dans l'incision du sujet.

Souvent le greffon est un rameau excessivement court ou un simple bouton à fruit (*fig.* 135) ; il sera utilisé comme *écusson boisé* ou petit rameau *avec embase* (Voir *fig.* 50).

On le lèvera avec une plaque d'écorce et d'aubier (B) longue de $0^m,03$ à $0^m,06$. On se gardera bien de lui retirer la moindre esquille ligneuse au revers de l'embase ; il suffira d'en polir la surface pour assurer son adhérence, puis on l'inoculera (C) sur le sujet (A), par une incision formant T (*fig.* 92) ou +(*fig.* 93).

La ligature doit être strictement serrée partout ; on couvrira les joints avec de la boue, du mastic ou une feuille d'arbre. La ligature sera conservée jusqu'au commencement de l'été suivant, alors que le *nouage* du fruit est assuré.

Charles Baltet

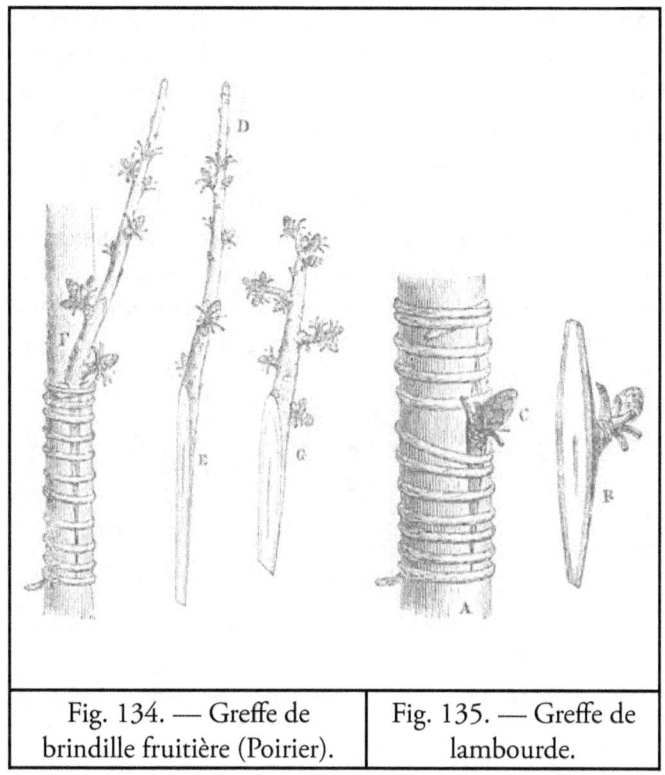

| Fig. 134. — Greffe de brindille fruitière (Poirier). | Fig. 135. — Greffe de lambourde. |

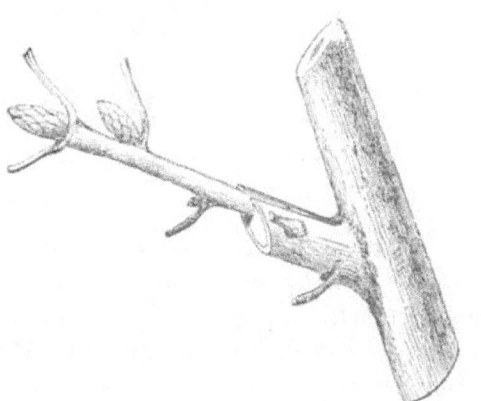

Fig. 136. — Greffe de dard fructifère, en couronne.

IX. — MISE À FRUIT DES VÉGÉTAUX PAR LA GREFFE

Si l'on a quelques lambourdes ou dards fructifères à greffer, quand la sève n'est plus assez abondante, on emploiera la greffe en fente d'automne, ou en couronne (*fig.* 136), au printemps.

Le Poirier est l'arbre qui se prête le mieux à cette opération. Les variétés très fertiles et à gros fruit, telles que *Marguerite Marillat, Williams, Favorite de Clapp, Docteur Jules Guyot, Colmar d'Arenberg, Duchesse d'Angoulême, Beurré Clairgeau, Beurré Baltet père, Charles-Ernest, Passe-Crassane,* etc., donnent ainsi de belles productions. Les poires Doyenné d'hiver et de Saint-Germain y sont parfois aussi saines qu'en espalier.

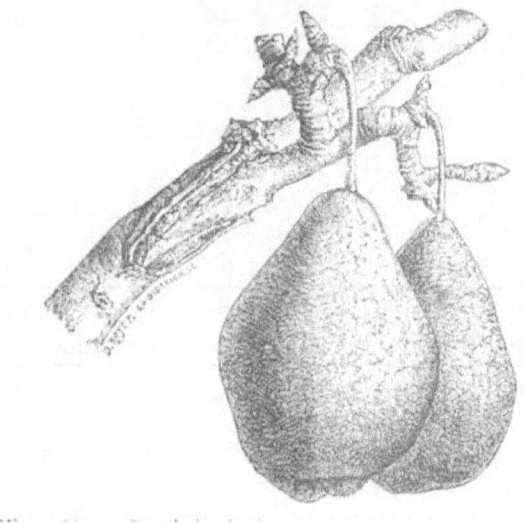

Fig. 137. — Produit de la greffe de boutons à fruits
(Poire Belle Angevine).

Le bouton à fruit conserve pendant quelque temps encore ses dispositions fructifères. La figure 137 montre le résultat d'une greffe âgée de dix ans, portant fruit chaque année. Nous avons reconnu cet avantage depuis 1850, date de la pratique de la greffe à fruits dans nos écoles fruitières. Nous en devons la connaissance à Gabriel Luizet, horticulteur à Écully ; il en a été le vulgarisateur, bien qu'elle eût été trouvée antérieurement et dédiée à la famille *Girardin*, de

Charles Baltet

Montreuil, aux portes de Paris.

M. Fr. Burvenich, arboriculteur à Gand, a inoculé ainsi le fruit du Poirier sur l'Aubépine *parasol*, sur le Poirier *à feuille de saule*, et sur une haie de Cognassiers. Nous avons fait prendre de même le Sorbier et l'Alisier sur le Poirier.

Le Pêcher a des bourgeons renflés, disposés à fleurir et à fructifier, que l'on peut utiliser par le procédé de l'écussonnage *ordinaire* ou *boisé* appliqué sur des scions vigoureux. Mais quand ces yeux sont placés au sommet de petites brindilles trapues, dites *bouquets de mai*, la levée de l'œil est difficile ; alors on a recours à la greffe par rameau *sous écorce* (*fig*. 48), en ayant le soin d'allonger le biseau pour qu'il soit terminé par une lamelle l'écorce. L'œil terminal est rigoureusement conservé. L'incision en T du sujet est basée sur la longueur du biseau du greffon à insérer ; le rameau greffé est de l'année courante.

Ligaturer, garantir du soleil par une feuille d'arbre ; enlever cette feuille avant l'hiver et retirer la ligature aussitôt les fruits noués.

X. — RESTAURATION DES ARBRES PAR LA GREFFE

Le greffage permet de rectifier la charpente défectueuse d'un arbre ou de modifier, par la transformation de l'espèce, la nature de son bois, de ses fleurs ou de ses fruits. Examinons les moyens d'y réussir.

RESTAURATION DE LA CHARPENTE DE L'ARBRE

La charpente irrégulière d'un arbre sera rétablie, du moins en partie, au moyen de certains procédés de greffage décrits précédemment. Nous les résumons dans le cas actuel.

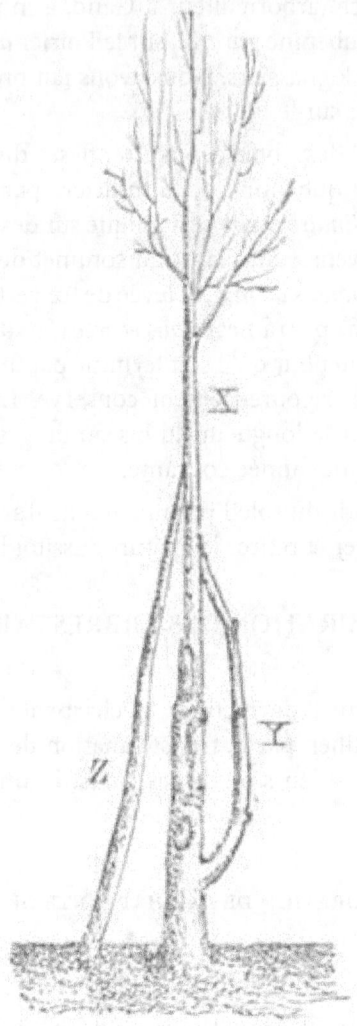

Fig. 138. — Greffe par approche pour réparer une tige
défectueuse.

Réparation de la tige. — Le sujet (X, (*fig.* 138), dont la lige est
chancreuse et garnie de rameaux à la base, sera réparé au moyen de
ses rameaux (Y) que l'on greffera en arc-boutant (*fig.* 43) pendant

Charles Baltet

la végétation, sur la tige même, au-dessus de la plaie. Le cours de la sève, interrompu par la meurtrissure, se trouvera rétabli.

À défaut de rameau à prendre sur l'arbre vicié, on plante un sujet robuste (Z.*fig.* 138) à proximité du premier. Après une année ou deux de bonne végétation, on coupera la tête du greffon-arbre (Z) et on l'introduira. au-dessus du chancre de la tige, par le greffage en arc-boutant, décrit et suivantes.

Quand un seul arbre ne suffit pas pour cette régénération, on en plante plusieurs autour de l'ancien et on les greffe de la même manière. Par suite de cette coopération, on pourrait retrancher la base malade de la première tige.

Déjà, vers 1754, l'agronome Duhamel, dans sa propriété du Monceau, transfusait par ce système la sève d'une jeune tige dans les vaisseaux d'arbres caducs, et leur donnait une vie nouvelle. N'est-ce pas un procédé analogue qui, en 1824, inspirait à Pirolle cette parole sentimentale : « Ô mes bons parents ! pourquoi n'ai-je pu trouver aussi le moyen de prolonger vos jours ? »

De son côté André Michaux, l'explorateur des forêts du nouveau monde, étudiait en 1780, dans les bois de Satory, l'application de la greffe en approche pour obtenir avec les arbres quelques dispositions ou tournures utilisées par l'industrie.

Voici un autre exemple de tige à réparer.

Une décortication annulaire (B, *fig.* 139) sera atténuée dans son effet par l'introduction, sur son périmètre, de rameaux-greffons (E) placés de bas en haut, dans l'incision (D), sous écorce et sur aubier (au-dessus et au-dessous des lignes ponctuées CC) ; chaque extrémité du greffon est taillée en biseau plat aussi allongé que possible ; l'œil ménagé au revers bourgeonnera et facilitera la soudure. L'opération sera faite au début de la sève avec des rameaux de l'année précédente, ou à la fin de l'été avec des rameaux de l'année courante ; on les préserve du hâle par un badigeonnage de boue ou d'argile. Les courants séveux ne tardent pas à être rétablis.

À la suite de l'invasion de 1870, Duval père a réparé de cette façon, à Versailles, des arbres décortiqués en partie par les chevaux de l'armée. Le greffage vient aider encore à compléter l'ossature d'une forme symétrique.

X. — RESTAURATION DES ARBRES PAR LA GREFFE

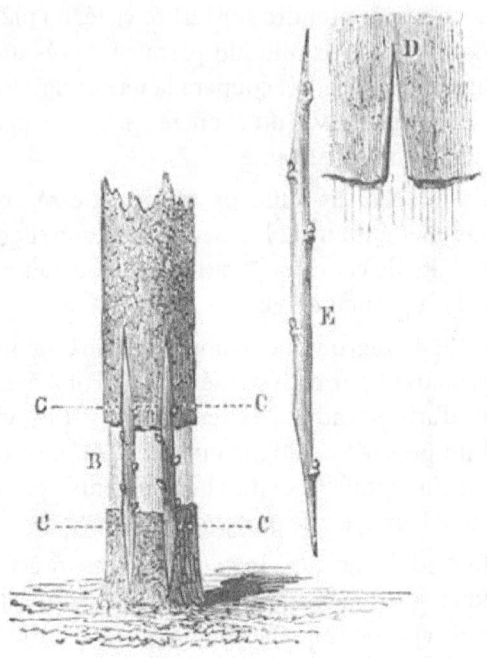

Fig. 139. — Réfection d'une tige ulcérée ou décortiquée.

Ainsi des Pommiers (*fig.* 140) de vigueur analogue peuvent être soudés par la greffe en approche (sans que cela soit nécessaire à leur existence). Si la vigueur était inégale, il vaudrait mieux les attacher l'un à l'autre avec un lien.

Il pourrait se faire que, par suite d'un accident ou d'une faible végétation, le rapprochement naturel de deux sujets devînt impossible. On remédie à cet état de choses par la *greffe de raccord* ou *en rallonge* (*fig.* 141) signalée en 1860 par Jules Ricaud, de Beaune, après un essai dû à Gorget, pépiniériste.

Charles Baltet

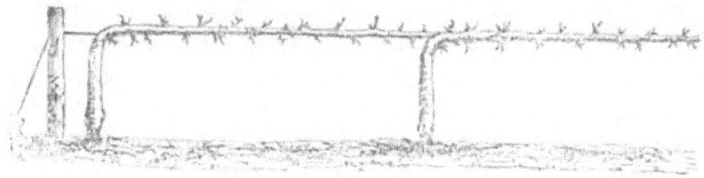

Fig. 140. — Cordon de Pommiers soudés par la greffe en approche.

Le sujet (A) ne pouvant atteindre son voisin (B), nous prenons un rameau (C) bien constitué de l'année courante si nous opérons en août, et de l'année précédente si l'on est au mois d'avril. La base du greffon est taillée en double biseau (E) ; nous l'introduisons sous l'incision (D), pénétrant l'aubier du sujet, par le procédé de la *greffe de coté dans l'aubier* (*fig.* 65).

L'autre extrémité du greffon est entamée en F, à l'endroit qui doit porter sur le second sujet et s'y agrafera (G) par la greffe en approche anglaise (*fig.* 39), ou se glissera sous son écorce par la greffe en arc-boutant (*fig.* 43).

Restauration des membres de charpente. — Chez les arbres fruitiers, la charpente peut avoir des lacunes qu'il importe de renouveler ou de réparer.

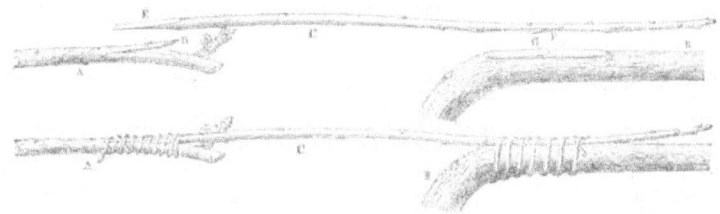

Fig. 141. — Greffe en rallonge ou de raccord, pour deux arbres qui ne pouvaient se joindre.

X. — RESTAURATION DES ARBRES PAR LA GREFFE

Lorsqu'il s'agit d'obtenir un membre entier, sans que l'on puisse approcher un deuxième arbre, on peut insérer des greffons sur la tige dénudée. Quand la tige est jeune, l'écusson suffit ; mais avec des écorces épaisses, il faut un greffage par rameau : 1° en placage avec lanière (*fig.* 58) ; 2° par rameau simple sous écorce (*fig.* 48 et 49) ; en œil-de-bœuf ou en coulée ; 3° par rameau avec embase (*fig.* 50) ; 4° en incrustation latérale (*fig.* 61). Si l'écorce ne se prête pas au greffage de côté, on tranche le membre au vif et on lui applique la greffe en couronne.

Un moyen assez prompt de réparer la perte, partielle d'un membre sur une palmette candélabre (*fig.* 142), consiste à planter a ses côtés un jeune sujet qui simule, par son port et son allure, la branche charpentière absente.

Quand il y a possibilité de greffer par approche en arc-boutant (*fig.* 43) les deux sujets, on pratique ce greffage au moins une année après la plantation du jeune arbre.

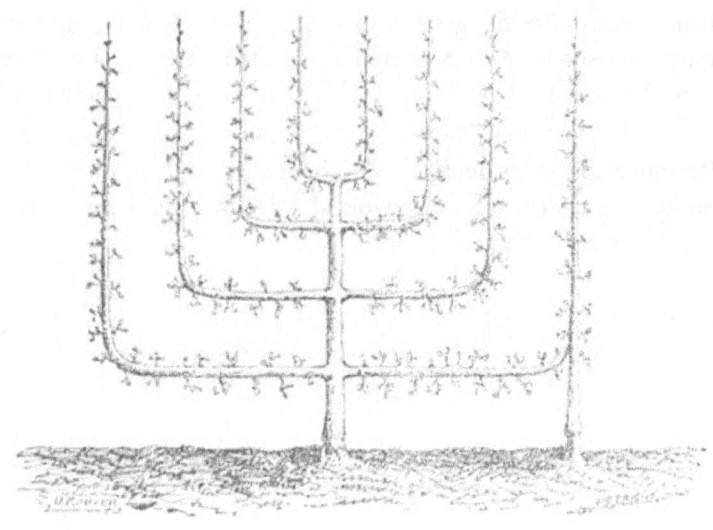

Fig. 142. — Sujet greffé par approche, pour suppléer à l'absence d'un membre de palmette candélabre.

Charles Baltet

Une branche cassée sera remplacée au moyen des greffages par rameau pratiqués sur le moignon de la branche meurtrie.

La greffe par approche en tête (*fig.* 42) vient aider à rétablir une tige ou une flèche brisée. Si l'on en croit Columelle, il faudrait faire remonter cette application à Varron, il y a deux mille ans.

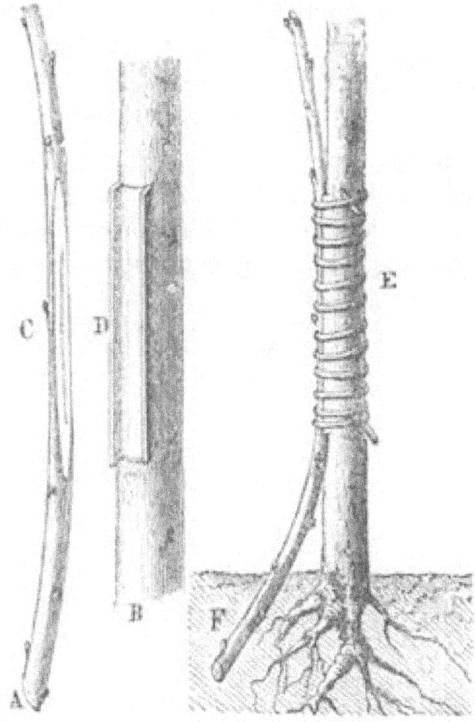

Fig. 143. — Greffe par rameau-bouture.

Lorsqu'une branche manque sur une tige encore vivace, la greffe-bouture peut rendre quelques services. Le sujet (B, *fig.* 143) a, vers sa base, une lacune ; à la montée de la sève, on plantera (en F) à proximité du sujet, le rameau (A) retardé à l'ombre et en jauge. On l'entaillera en face d'un œil (C) pour le plaquer dans l'incision (D) du sujet. Ligaturer (E), butter de terre jusqu'à la greffe et embouer la tête du greffon.

Si l'insuffisance de la longueur du greffon ne permet pas à la fois de le bouturer dans le sol et de le marier au sujet, nous y suppléerons par l'introduction de la base du greffon dans une fiole pleine d'eau ou dans un vase rempli de terre.

Le greffage mutuel des membres de charpente n'a pas donné les résultats promis au début ; contrairement aux espérances, le fort anéantit le faible. Le cas est rare où il y ait utilité à relier, par la greffe, les branches charpentières d'un arbre. Nous avons vu Alphonse Mas, à Bourg, chercher ainsi le moyen de ne plus tailler les membres de ses pyramides ailées, et Louis Verrier unir ses fuseaux, ses vases, ses palmettes contre l'action du vent, assez violent sur le plateau de la Saulsaie, dans la Bresse.

Alexis Lepère fils, de Montreuil, soudait de cette façon les sommités des branches verticales du Pêcher (*fig.* 144), alors que son père exécutait des « tours de force » comme celui que nous figurons ici (*fig.* 146), d'après photographie.

Fig. 144. — Greffe des membres de charpente.		Fig. 145. — Caractères de l'alphabet formé dans un arbre.

Les dessins et les inscriptions (*fig.* 145) obtenus avec des arbres

Charles Baltet

torturés, mis à la mode par F. Simon, amateur à Crécy-en-Brie, sont du domaine de la fantaisie.

Garniture de branches dénudées. — Une série de procédés permet de garnir de brindilles et de ramifications les branches dénudées.

Fig. 146. — Disposition obtenue par le greffage et le palissage d'un groupe de Pêchers.

D'abord, s'il y a des rudiments de bourgeon, nous excitons leur développement au moyen de crans (C, *fig.* 147) ouverts à $0^m,001$ ou 2 millim. au-dessus d'eux, ou de petites incisions longitudinales (*i, i, fig.* 148) pénétrant l'écorce au-dessus de l'œil jusque sur le coussinet. Pendant le cours de la sève, l'incision s'est élargie et

X. — RESTAURATION DES ARBRES PAR LA GREFFE

cicatrisée (I, I) ; les bourgeons sont devenus rameaux.

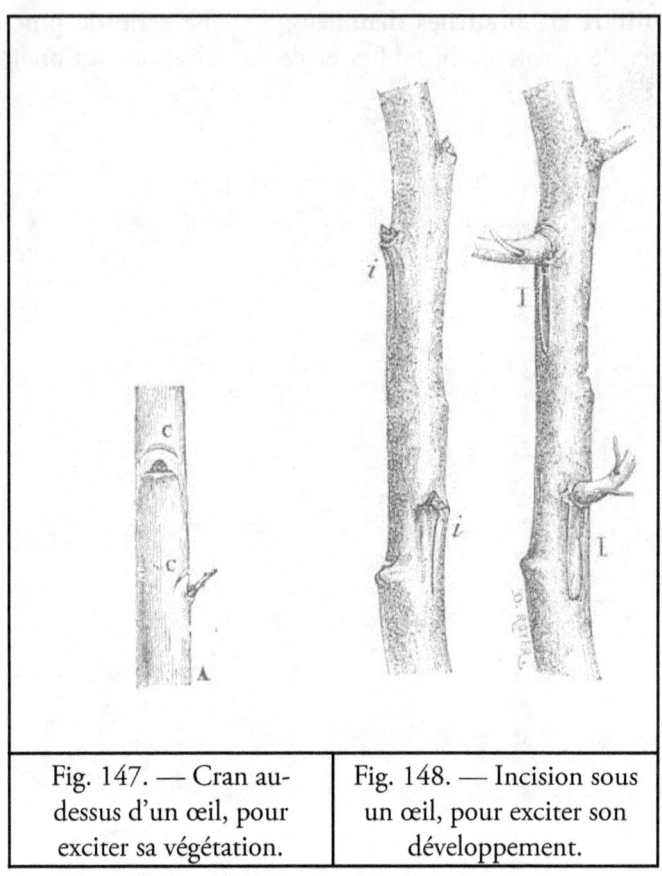

Fig. 147. — Cran au-dessus d'un œil, pour exciter sa végétation.	Fig. 148. — Incision sous un œil, pour exciter son développement.

Si les yeux naturels sont absents, la greffe peut remédier à cet état de choses. Nous laissons de côté de côté l'écussonnage, qui ne saurait convenir aux vieilles tiges ; les greffes par rameau sous écorce (*fig.* 48, 49, 50), placage à l'anglaise (*fig.* 56) ou avec lanière (*fig.* 58), trouveraient ici leur emploi.

Nous avons remarqué, au jardin de la Société d'horticulture de Reims, la tige nue de Pommiers garnie au moyen de rameaux greffons insérés sous écorce, en coulée, *la tête en bas*. Le développement de la greffe se redresse après une légère courbure du bourgeon terminal.

Charles Baltet

Un procédé assez fréquent est l'emprunt de rameaux aux branches voisines ; on les dirige suivant leur destination, pour les greffer en mai-juin, par approche ordinaire ou en arc-boutant.

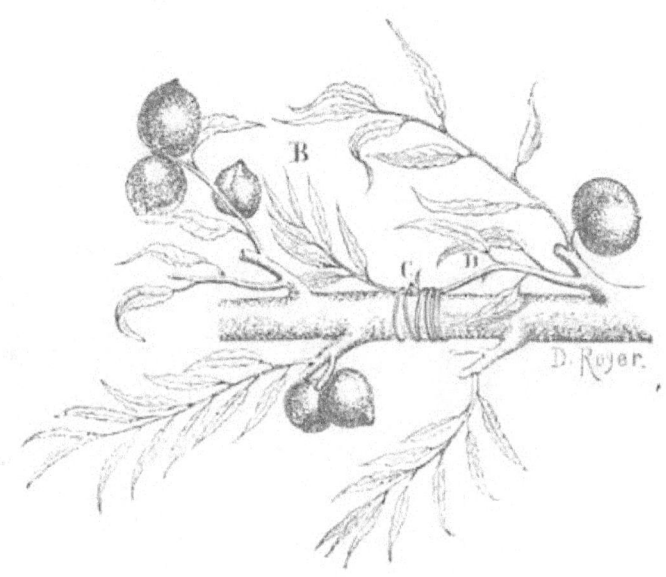

Fig. 149. — Greffe par approche, pour garnir une branche charpentière de Pêcher.

La figure 149 représente une branche de Pêcher à regarnir. Au commencement de l'été, nous prenons un rameau herbacé (D), et l'appliquons sur la branche pour le greffer par approche en placage (voir *fig.* 37). Le greffon sera entamé en face d'un œil (C) et on l'enchâssera dans l'incision du sujet ; l'extrémité (B) continuera à se développer. Il en résultera une bonne branche fruitière, après sevrage, l'année suivante.

Au lieu d'entamer la branche charpentière du Pêcher, on pourrait se contenter de soulever l'écorce par une triple incision (C, *fig.* 150), si l'état de sève le permet, et l'on y appliquerait le greffon préparé en D, à l'opposé d'un œil.

X. — RESTAURATION DES ARBRES PAR LA GREFFE

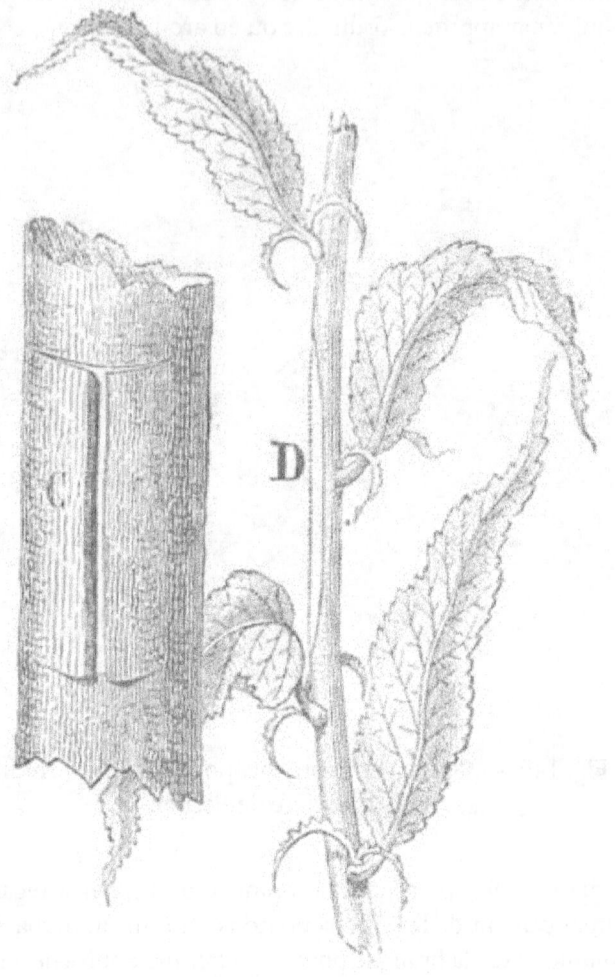

Fig. 150. — Greffe par approche du Pêcher sous écorce.

À défaut d'un rameau placé dans le sens de la branche dénudée, nous avons inséré obliquement celui qui pouvait y être amené, traversant la couche d'écorce en travers, sans pénétrer l'aubier, système Forsyth (voir page 77).

Le greffage en arc-boutant, par œil (*fig.* 151) ou par rameau (*fig.*

Charles Baltet

44), est avantageux à la restauration des branches dégarnies de brindilles.

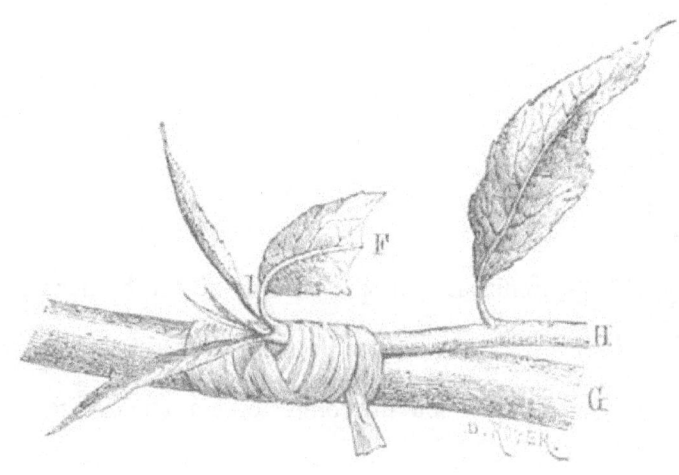

Fig. 151. — Rameau greffé par approche en arc-boutant sur une branche de Pêcher.

Avec le Pêcher, si le greffon (H, *fig.* 151) est terminé par un œil (I) commençant à bourgeonner, on mutilera la feuille (F) placée au talon pour maintenir rapprochés ses premiers yeux, condition essentielle du traitement rationnel appliqué à la branche fruitière du Pêcher.

L'arboriculteur Antoine Piedloup a, l'un des premiers, recommandé cette greffe (*fig.* 43).

En 1850, Touchard, du Havre, la complique avantageusement par l'adjonction du rameau anticipé, ainsi qu'on le voit figure 44.

La Vigne (*fig.* 152) se prête au greffage en approche de sarments sur les parties dépourvues de coursons. Nous avons réussi en juin 1868, par la greffe en approche herbacée (A), avec légère encoche à l'anglaise (*fig.* 39 et 40).

X. — RESTAURATION DES ARBRES PAR LA GREFFE

Fig. 152. — Greffe par approche, pour garnir une branche de Vigne.

Le sevrage a lieu, après soudure complète, vers la fin de l'été ou au printemps suivant.

RENOUVELLEMENT DE L'ESPÈCE DE L'ARBRE

Quand l'espèce d'un arbre ne convient pas, s'il est vigoureux, sain et relativement jeune, on le greffera sans crainte ; la nouvelle variété donnera promptement ses produits, sans qu'ils aient rien emprunté aux défauts ou aux qualités des précédents.

L'arbre fruitier étant ici principalement en cause, nous bornerons nos conseils aux sujets de cette catégorie, bien qu'ils soient applicables aux essences forestières ou ornementales.

La Vigne peut être modifiée dans la nature de son cépage. On plante au pied de la souche à modifier, soit un sarment bouture (*fig.* 153), soit mieux encore un plant racine (*fig.* 154) ; au réveil de la sève, le greffon légèrement écorcé vient se caser dans une rainure pratiquée en tête du cep. Il serait préférable, souvent, d'opérer sur un jeune sarment tenant à la souche.

Dans le greffage des gros arbres, il faut tenir compte du développement du sujet.

Plus un arbre est fort, plus nombreux y seront les greffons. La figure 155 représente un arbre assez fort, prêt à recevoir les greffons en nombre proportionné à l'ampleur du branchage.

Charles Baltet

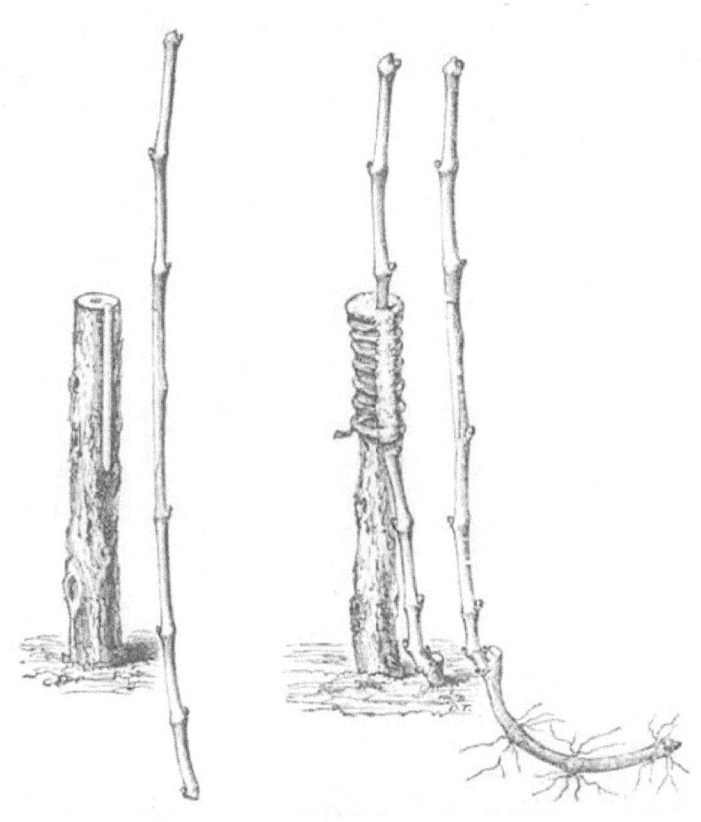

| Fig. 153. — Greffe par approche en tête, avec sarment-bouture. | Fig. 154. — Greffe par approche en tête, avec plant raciné. |

Ici, nous adoptons la greffe en couronne (*fig.* 51) ; elle n'oblige pas à fendre le sujet. Si les couches corticales de l'arbre sont trop rugueuses, nous employons la greffe en tête, dans l'aubier (*fig.* 63, 64) ou par placage (*fig.* 57).

En même temps que l'on greffe de gros arbres, on attache des tuteurs sur les moignons pour y accoler plus tard les nouveaux rameaux qui pourraient être brisés par le vent (*fig.* 106).

On nettoie l'écorce du sujet, on y passe ensuite un lait de chaux

X. — RESTAURATION DES ARBRES PAR LA GREFFE

et on renouvelle la terre végétale autour des racines. Ces travaux seront faits pendant l'hiver, en même temps que l'on pratiquera l'amputation préalable et sommaire des branches à greffer.

Les arbres en basse tige seront restaurés d'après les mêmes principes.

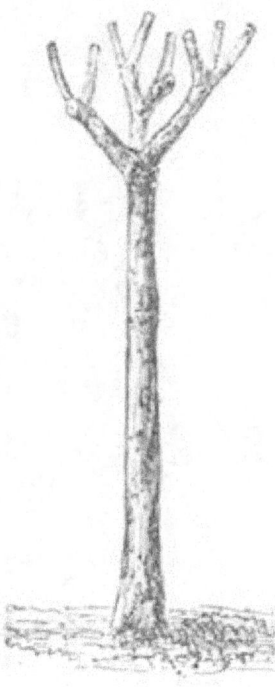

Fig. 155. — Gros arbre préparé au greffage.

Les *buissons*, évidés par la suppression des branches inutiles ou trop rapprochées, seront greffés à la naissance des bifurcations.

Les *vases* ou gobelets devront être regreffés sur les membres qui forment la charpente du sujet, à une hauteur semblable.

L'*éventail* sera greffé sur ses ramifications principales ; le tronçonnement des branches est calculé de façon que, raccourcies, elles continueront à figurer la ramure de l'éventail.

Charles Baltet

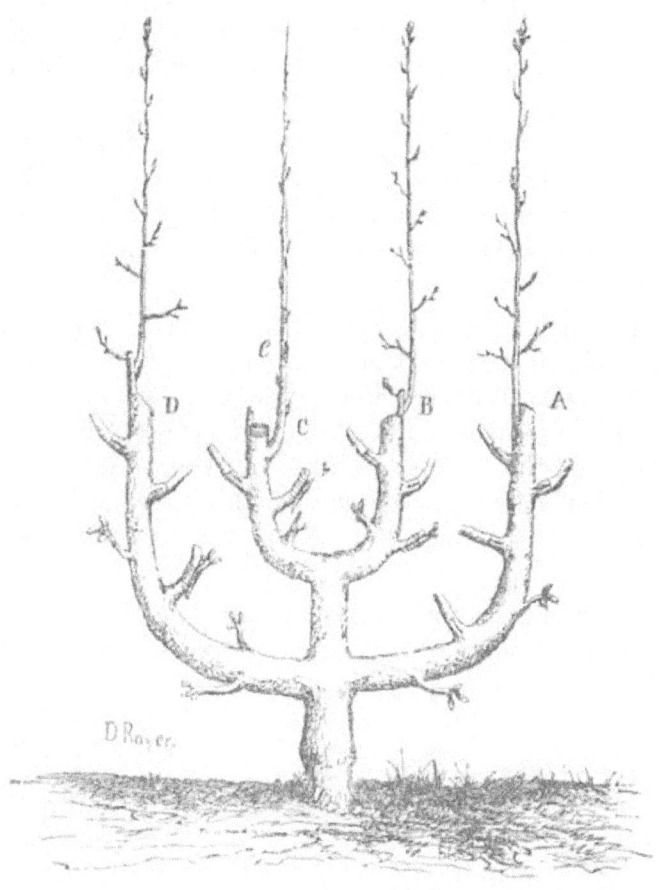

Fig. 156. — Regreffage d'un arbre formé en candélabre.

Le *cordon vertical* ou *oblique*, pourrait être regreffé aussi bas que possible. Le *cordon horizontal* sera renouvelé à la hauteur du coude formé par la tige simple ou bifurquée.

La *palmette à branches horizontales* ou «»obli-»»*ques* sera restaurée sur chacun de ses membres. Quand la charpente comporte un certain nombre d'étages de branches, on en retranche environ le tiers supérieur et on coupe la tige à cette hauteur. Les branches seront raccourcies graduellement, celles de la base plus allongées.

X. — RESTAURATION DES ARBRES PAR LA GREFFE

328

Le *candélabre* (*fig.* 156) est regreffé sur ses membres principaux. En A, le greffon couronné par son œil terminal a fourni un rameau direct de prolongement. En B et en D, il a produit deux rameaux ; celui de la base constituera la branche charpentière, l'autre ayant été pincé.

Si une greffe manque (C), on forcera, au printemps, le dressage d'un rameau (*e*) et, vers le mois d'août, on lui placera un ou deux écussons à la hauteur présumée de la taille future ; enfin, on inoculera quelques bourgeons semblables sur les brindilles secondaires, taillées dans ce but.

Quand il s'agit de changer la variété d'un arbre soumis à la forme *pyramidale* (*fig.* 157), on commence par abattre totalement le tiers supérieur de cet arbre, puis on coupe les branches charpentières, — plus court celles du sommet (de 0ᵐ,05 à 0ᵐ,10), plus long celles de la base (de 0ᵐ,25 à 0ᵐ,40), — les moignons conserveront entre eux une disposition de *cône* ou de *fuseau*. On inoculera alors, sur la tige et sur les branches tronquées, la variété nouvelle.

Les membres de l'arbre à tige élevée, surmontée d'un branchage sous forme pyramidale

Fig. 157. — Regreffage d'un arbre soumis à la forme dite pyramide ou cône.

Charles Baltet

(*fig.* 158), seront soumis à cette mutilation graduée et greffés en fente ou en couronne.

Fig. 158. — Regreffage d'un arbre à branchage pyramidal.

RESTAURATION, PAR LA GREFFE, DES ARBRES GELÉS

De toutes les expériences tentées après l'hiver de 1879-1880, pour faire revivre les végétaux atteints par le froid, le recepage et le greffage ont seuls donné quelques résultats, toutes les fois que le sujet était encore vivace au collet.

La figure 159 reproduit la coupe d'un arbre gelé à la greffe.

X. — RESTAURATION DES ARBRES PAR LA GREFFE

Le *greffon* (G) Abricotier a gelé, alors que le *sujet* (V) Prunier restait vivace, garanti en outre par la couche de neige.

Cette partie vive du sujet a été le point de départ de sa reconstruction.

Le *recepage* est le tronçonnement de l'arbre au niveau de cette partie vive.

Le *greffage*, est l'insertion de greffons sur le tronc, lorsqu'il s'agit d'espèces « greffables ».

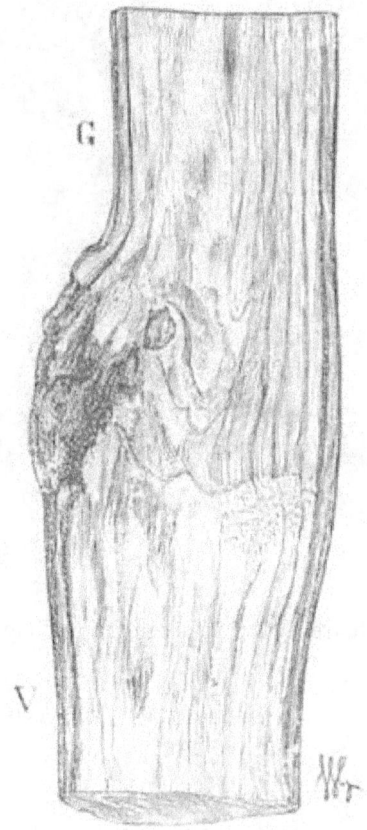

Fig. 159. — Coupe longitudinale de la greffe d'un arbre gelé sur un sujet resté vivace.

Charles Baltet

Les systèmes en couronne, par placage en tête, en fente ou dans l'aubier ont été avantageux.

Voici quelques exemples dessinés d'après nature, sur les arbres de nos jardins et de nos pépinières.

Le Poirier (*fig.* 160), gelé au-dessous de la greffe, a été tronçonné au vif (A) et greffé (en a) avec une variété résistante au froid, *Beurré Baltet père*, les greffons étant restés intacts. Le jeune arbre (b), dressé en palmette, ne tarda pas à couvrir le treillage occupé jadis par le Poirier *Comte Lelieur*, victime du froid.

Le Pommier (*fig.* 161) *Calville blanc*, gelé sur sa première greffe (E), avait le bourrelet (d) trop près du sol pour que l'opération précédente lui soit appliquée ; alors il fut *surgreffé* (en e) avec une variété vigoureuse, indemne du froid.

Le nouvel arbre (F), *Transparente de Croncels*, rustique, bravant les rudes hivers, sera tenu à basse-tige, le rapprochement des bourrelets étant susceptible de calmer les végétations luxuriantes et d'en accroître la fécondité.

Fig. 160. — Restauration par la greffe d'un poirier gel.	Fig. 161. — Regreffage d'un pommier gelé.

Si le greffage modifie la variété de l'arbre, il peut changer aussi son

X. — RESTAURATION DES ARBRES PAR LA GREFFE

espèce ou son genre.

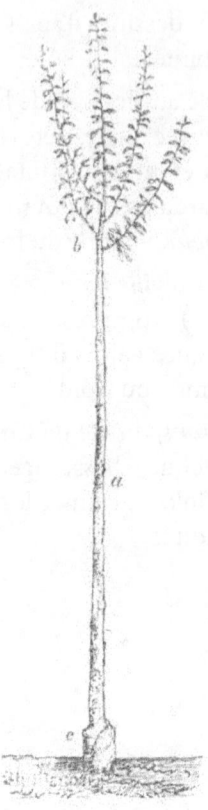

Fig. 162. — Transformation d'un Abricotier gelé en Prunier
Reine-Claude.

En pépinière, des carrés d'Abricotiers et de Pêchers ont été
détruits au-dessous de la greffe jusqu'à la couche de neige ; fin avril,
le greffage en couronne (*c, fig.* 162) en fit des Pruniers de Reine-
Claude, espèce robuste ayant conservé sains ses rameaux-greffons.
La flèche (a) se développa en 1880. L'année suivante, le branchage
(*b*) vint couronner la tige (*a*) parfaitement saine.

Parmi les faits cités dans notre Mémoire relatif à l'*Action du froid
sur les végétaux pendant l'hiver de* 1879-1880, nous en retiendrons

Charles Baltet

deux qui sont particuliers au greffage :

1°Un groupe de Pruniers *Damas* en pépinière, demi-gelés, furent greffés en tête et constituèrent de bons arbres après une année de sève ; mais tandis que le greffon développait des pousses robustes, la tige n'émettait aucun bourgeon, et le pied, précédemment couvert de neige, lançait de nombreux gourmands, promptement réprimés. Le mouvement de sève, avec ses forces aérienne et souterraine, suscita la formation d'une couche cylindrique de cambium durci, sous l'écorce de la tige touchée par le froid.

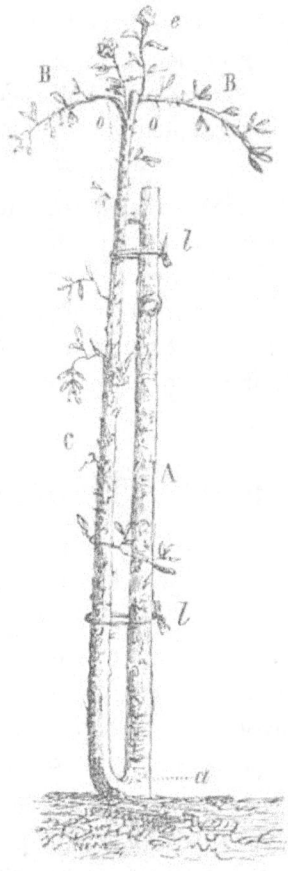

Fig. 163. — Reconstitution d'un Rosier tige, gelé.

X. — RESTAURATION DES ARBRES PAR LA GREFFE

2° Des touffes d'Aucuba et de Rhododendron ayant subi – 25°, il leur fut coupé, immédiatement, des rameaux-greffons qui furent aussitôt utilisés à chaud, sous verre. La greffe réussit, des plantes vigoureuses se formèrent pendant que les touffes mères ou étalons périssaient.

Plusieurs circonstances se présentèrent où le tronc développa quelques rameaux qui furent écussonnés au mois d'août de l'année 1880 ou de 1881.

Le Rosier tige gelé a été l'objet d'un travail particulier.

Le Rosier (*fig.* 163) est perdu ; la tête est détruite et la tige (A) gelée. Au printemps 1880, une série de rejets émergent des racines et du collet ; l'ébourgeonnement et la suppression des drageons ont conservé le mieux placé (C) ; le palissage l'a accolé (*l, l*) à la tige morte et au mois de septembre, l'écimage a contribué à la lignification de ses tissus.

En 1881, la nouvelle tige donnait des rameaux latéraux (B, B) qui furent écussonnés. Les pluies d'août, succédant aux chaleurs tropicales de juillet (+ 40°), firent sortir les écussons (*e*) ; c'est pourquoi les rameaux (B, B) furent *écourtés* à $0^m,25$, puis à $0^m,10$ de la tige, enfin au printemps 1882 retranchés (en *o*). La tige primitive (A), étant ensuite coupée (en *a*), le Rosier fut définitivement reconstruit.

XI. — RÉTABLISSEMENT DU VIGNOBLE PAR LA GREFFE.

Le greffage de la Vigne a pour but de rajeunir un cep épuisé ou d'en changer la variété.

Rajeunir un cep, au moyen d'un sarment de race vigoureuse que l'on insère sur l'ancienne souche et qui, s'enracinant, vivra de ses propres forces après avoir accaparé la sève du sujet.

Changer la variété, en substituant un cépage robuste et fécond à un plant délicat ou stérile.

Cette rénovation, localisée d'abord dans le jardin de l'amateur, s'est étendue au vignoble de la grande culture, et a pris enfin une certaine extension depuis l'invasion phylloxérique en France qui date de 1866.

Charles Baltet

En août 1869, à l'apparition de notre première édition, M. Gaston Bazille, président de la Société d'agriculture de l'Hérault et lauréat de la Prime d'honneur, voulut bien nous consulter ; il projetait la greffe des cépages vinifères sur la *Vigne vierge* ou Ampélopside à cinq feuilles.

Nous lui recommandâmes alors un plant exotique, robuste et vigoureux, cultivé pour le décor des berceaux, le *Vitis riparia*, résistant aux gelées, importé de la région est et nord des États-Unis, par le Français André Michaux.

Trois mois après cette correspondance, qui fixe un point de priorité dans la question actuelle, M. Laliman, du Bordelais, signalait au Congrès viticole de Beaune l'immunité de Vignes américaines plantées au milieu de cépages de cuve défaillants, et en recommandait la culture. À partir de ce jour, la lutte contre le phylloxéra prit un nouveau caractère qui peut s'exprimer ainsi : vivre avec son ennemi ou malgré lui.

Des millions de plants de Vignes américaines, des groupes *Labrusca*, *Æstivalis*, *Cordifolia*, ont pénétré dans notre région viticole, soit au titre de producteur direct, soit, plutôt encore, pour servir de porte-greffe à nos espèces destinées au pressoir.

Nous avons visité ces vignobles immenses, jadis florissants, de Dijon à Marseille, de Nice aux Charentes. Partout, les propriétaires avides de reconstruire leurs vignes pratiquent la greffe avec le succès de greffeurs de profession. Ils ont reconnu que la Vigne ainsi traitée produit vigoureusement et abondamment un vin aussi corsé, aussi généreux que la vigne de pied franc. Partout, des concours de greffage sont institués ; des conférences ont lieu à cette occasion par des praticiens expérimentés et des diplômes de maîtres-greffeurs sont décernés aux ayants droit.

VIGUEUR ET FERTILLITÉ DES VIGNES GREFFÉES

La Vigne greffée sur une autre vigne ne peut manquer de vigueur ni de fécondité, non seulement avec l'ancien système, le greffon prenant racine sous terre, mais encore avec le nouveau, s'opposant au racinement du greffon, — condition essentielle dans la reconstitution du vignoble atteint dans ses organes souterrains.

XI. — RÉTABLISSEMENT DU VIGNOBLE PAR LA GREFFE.

Nous pourrions citer des faits extraordinaires de production avec les vignes restaurées de la sorte. Nous avons même constaté, par exemple à l'École nationale d'agriculture de Montpellier, que certains cépages de nos régions septentrionales ou des pays extra-méditerranéens y vivaient et fructifiaient, greffés, alors qu'ils y dépérissaient autrefois, cultivés franc de pied.

Qui sait si le greffage, en fixant les plants fins de tous les pays, n'est pas appelé à améliorer la saveur des vins de grande culture ?

De pareils résultats ne doivent pas surprendre les personnes versées dans l'étude du greffage. La juxtaposition des vaisseaux et des cellules de deux végétaux réunis ainsi, provoque une sorte de point d'arrêt dans les fonctions du fluide nourricier. Les éléments puisés dans le sol par les racines arriveront lentement dans les organes aériens ; ceux-ci, ayant moins de sève brute à élaborer, fourniront, sous l'action de l'atmosphère, une plus grande somme de carbone aux tissus ligneux ; ils solidifieront le cambium et prépareront les bourgeons à la fructification.

Le même raisonnement nous aiderait à expliquer la lignification plus prompte des sarments et la disparition ou la diminution de la coulure du raisin sur les vignes soumises au greffage. Il nous suffira, croyons-nous, de reproduire le passage suivant du résumé de l'Enquête faite parla Société des agriculteurs de France, en 1890, dans les 36 départements viticoles les plus importants :

« Tous les déposants à l'enquête reconnaissent unanimement que les variétés françaises greffées sur les porte-greffes ont une vigueur plus considérable que lorsqu'elles sont franches de pied.

« La production du cépage greffé est également reconnue par tous comme plus considérable. Les grappes sont plus grosses, plus nombreuses ; le cépage est moins sujet à la coulure ; les fruits sont plus gros, plus sucrés ; la maturité est plus précoce de quelques jours.... »

QUALITÉ DU VIN DES VIGNES GREFFÉES

Et le rapport de la commission d'enquête ajoute : « ... Quelques vins sont plus alcooliques. La moitié de nos déposants environ

Charles Baltet

trouve la qualité supérieure, et l'autre moitié n'a pas remarqué la différence comme qualité entre le vin produit par le cépage franc, de pied ou greffé sur américain. »

Avant cette constatation officielle, voici ce que nous disions dans notre quatrième édition :

« Les craintes de voir le goût foxé du raisin américain pénétrer ou dénaturer le jus de nos cépages se sont évanouies devant les faits. La dégustation et l'analyse glucométrique ont démontré l'absence de toute saveur étrangère ; souvent même le « vin greffé » a plus de finesse que l'autre. On a voulu l'expliquer par la présence du bourrelet de la greffe, sorte de filtre qui tamise le courant séveux, distribuant à petite dose l'eau du sol et le goût du terroir, tandis qu'il accumule sur la grappe les gaz atmosphériques absorbés par les feuilles et les principes de sucre et d'alcool.

« M. Jules Delbrück déclarait à la section de viticulture du Congrès des agriculteurs de France, en 1880 : « Le cépage *Malbeck* greffé sur *Taylor*, « produit à Langoiran (Gironde) un vin supérieur « à celui de Malbeck de souche franche. »

« La vigne greffée conserve son immunité, « maintient les qualités du vin de la vigne française en augmentant son produit », proclame M. Tochon, président de la Société d'agriculture de la Savoie, à son retour du Congrès de Bordeaux. De son côté, M. Menudier, s'appuyant sur le laboratoire du professeur Xambeu, écrivait au Ministre de l'agriculture que, dans les Charentes, l'*Aramon*, le *Malbeck*, le *Quercy*, greffés sur américain, fournissent un vin comparable aux anciens crus de Saintonge, et la *Folle-Blanche* produit un vin identique à celui qui, jadis, était la base des meilleures eaux-de-vie… »

Enfin, les Congrès viticoles de Mâcon (1887), et de Beaune (1891), ont été la glorification du greffage de la Vigne sur plant résistant.

De pareilles autorités viticoles nous suffisent. D'ailleurs, le Ministère de l'agriculture admet au programme des concours régionaux le vin des vignes greffées, par catégorie distincte, avec récompenses spéciales.

XI. — RÉTABLISSEMENT DU VIGNOBLE PAR LA GREFFE.

SYSTÈMES GÉNÉRAUX DU GREFFAGE DE LA VIGNE

Avant d'aborder les procédés de greffage de la Vigne, examinons les deux systèmes généraux de greffage *sur place* et de greffage *à l'abri*, basés sur la situation en terre ou hors terre du sujet.

Greffage sur place. — Le greffage *sur place*, c'est la greffe *à terre* ou *à demeure* du sujet planté en plein champ ou dans la pépinière.

Le sujet doit être sain et vigoureux ; malgré quelques cas exceptionnels, il a dû passer au moins, une année de végétation, sans être déplacé ; alors il se trouvera suffisamment lié au sol et sa force végétative se consacrera à la soudure de la greffe et à son développement.

Le greffage sur place est applicable dans les conditions suivantes :

1° Vigne plantée définitivement, c'est la greffe à demeure ;

2° Vigne en nourrice, c'est la greffe en pépinière.

Vigne plantée à demeure. — Dans le premier cas, on greffe la totalité du champ ou à peu près ; les plants faibles sont ajournés à l'année suivante avec les manquants. Le greffon, sur un sujet, fort, peut donner des pousses de 2 à 3 mètres.

Vigne plantée en pépinière. — Quant aux sujets élevés en pépinière, les plants, suffisamment espacés, devront être assez forts pour recevoir la greffe après une année de nourrice, ou même après deux ans, si besoin est. La jeune greffe se développe et pourra être mise en place l'année suivante.

Greffage à l'abri. — Le greffage *à l'abri*, à l'atelier ou sur table (*fig.* 164), c'est le greffage hors terre, le sujet étant un plant complet, et quelquefois un simple rameau-bouture. Admettons deux sections du greffage à l'abri : l'une sur plant racine, l'autre sur sarment nu.

Greffe sur plant raciné. — Les sujets racinés, arrachés en janvier, février ou mars, un mois avant le greffage, ont été mis en jauge, bien couverts de terre, dans un endroit sec, plutôt à l'ombre et à la portée du local destiné au greffage.

Charles Baltet

Fig. 164. — Atelier de greffage.

Au moment de greffer, on les extrait de la jauge et on les y remet après l'opération, en les inclinant obliquement pour que la terre les couvre jusqu'à la moitié du greffon.

Au réveil de la sève, et par un temps doux, ils seront retirés de la jauge et replantés en pépinière, distancés de $0^m,25$ à $0^m,50$. Après une année de végétation, ils pourront être mis en place.

Greffe sur rameau-bouture. — Cette fois, le sujet est un simple rameau-bouture, coupé sur sarment avant la montée de la sève et placé en jauge jusqu'au moment du greffage. Il est indispensable que le greffon soit bien constitué.

La bouture préparée, tenue en jauge complètement la tête en bas (A, *fig.* 32), est à préférer ; son enracinement sera plus prompt.

Aussitôt greffée, la bouture est stratifiée ou remise en jauge,

XI. — RÉTABLISSEMENT DU VIGNOBLE PAR LA GREFFE.

inclinée, dans une terre meuble ou sableuse, jusqu'à l'œil supérieur du greffon. L'œil de base et l'œil d'appel du sujet sont conservés ; les autres, éborgnés.

À la montée de la sève, il faudra planter en pépinière les boutures greffées. Nous recommandons une terre légère, bien scellée ou pressée au collet du plant, un paillis et des arrosages.

Le pralinage complet du plant greffé — avant sa mise en jauge, ou en pépinière, ou en place — dans une bouillie épaisse, et froide, empêche le dessèchement du cep et facilite l'émission du chevelu.

On pourrait encore pratiquer le greffage sur bouture, en opérant sous bâche chauffée à + 20°. Le jeune élève suivra la filière d'acclimatement déjà décrite au chapitre v.

Cépages résistants pour sujets de greffage. — Dans les circonstances actuelles, les premières qualités du sujet sont la résistance à l'ennemi, l'adaptation au greffage, le bouturage facile, une *robustesse* générale. Les espèces suivantes ont fait leurs preuves :

Riparia : le Riparia se plaît dans les terres à vigne et se prête au greffage sur place ou à l'abri ; il redoute l'excès de silice ou de craie. Le semis a produit des formes vigoureuses et résistantes.

York's Madeira : pour terrain sec de lande, caillouteux, argilo-calcaire. D'un développement plus lent, élevant assez bien ses rameaux, le York est propre au greffage-bouture ou sur place.

Solonis : spécial aux terrains frais, siliceux, salins, marneux, suffisamment fertiles et compacts ; capricieux dans la craie à sous-sol glaiseux.

Vialla : propre aux sols ordinaires profonds ; les terres granitiques chargées de potasse ou de silice et les alluvions lui conviennent.

Rupestris : espèce permettant la culture de divers cépages dans les terrains arides, caillouteux, dans les calcaires durs et les terres de roche.

Plus récemment, et dans certains milieux, on a utilisé *Jacquez, Noah, Berlandieri, Othello,* comme autrefois, *Clinton* et *Taylor.*

Charles Baltet

Le sujet doit être assez fort pour supporter le greffon et favoriser son développement.

Pour le greffage en place, nous répéterons qu'il faut au sujet 2 ou 3 ans de plantation (*fig.* 165) ; une année suffirait à un plant fort et vigoureux. Le greffage en pépinière a les mêmes exigences.

Fig. 165. — Cep de vigne pour le greffage *sur place*.

Pour le greffage à l'abri, le sujet racine (*fig.* 166) doit avoir une grosseur au moins égale, sinon supérieure à celle du greffon. Les plants faibles seront laissés en nourrice ou repiqués en pépinière et ajournés.

Le sujet par rameau-bouture (*fig.* 167) doit être absolument

XI. — RÉTABLISSEMENT DU VIGNOBLE PAR LA GREFFE.

robuste et sain, à tissus bien lignifiés et muni, autant que possible, de son talon coupé dans le vieux bois (*fig.* 21).

Étant préparé à l'automne, dès la chute des feuilles, mis en jauge de toute sa longueur la tête en bas, le rameau-bouture ne tarde pas à se couronner de mamelons radicellaires, ce qui facilite la soudure de la greffe.

Dans les cas de disette, on peut fabriquer des boutures avec des simples yeux munis de $0^m,02$ du sarment qui les supporte (*fig.* 18) ; placé sous verre, ce rudiment s'enracine et constitue un plant à l'automne suivant.

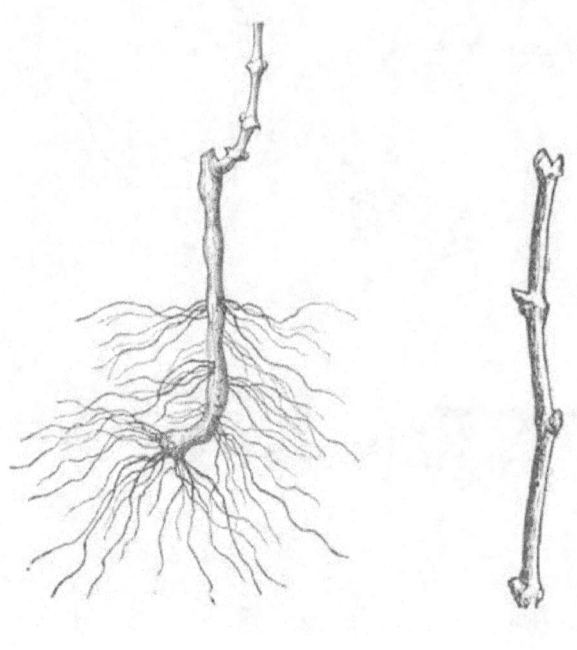

Fig. 166. — Plan raciné pour le greffage *à l'abri.*	Fig. 167. — Sujet bouture pour le greffage *à l'abri.*

Charles Baltet

Le choix du cépage à propager n'est pas une petite affaire ; il faut prendre tous ses renseignements avant de s'y arrêter. Chaque région a ses plants favoris.

Le rameau-greffon est un sarment robuste, de grosseur moyenne, à écorce saine, les yeux sont assez rapprochés, ainsi que les ceps greffés en fournissent ; ces qualités sont nécessaires, particulièrement au greffage sur bouture.

L'origine du greffon sera certaine, c'est-à-dire que l'on aura toute garantie de son espèce, de sa nature rustique et féconde, attendu que la greffe reproduira ses qualités ou ses défauts.

Les étalons ou ceps pourvoyeurs de greffons étant acceptés, on en détache les rameaux dans le cours de l'hiver, avant que la sève ait fait mouvement, par un temps sec et sain. On assemble les sarments par bottillons étiquetés et on les enterre, la base dans une couche de sable sec, à l'ombre ou au nord d'un bâtiment, ou dans un silo (voir *fig.* 32). Le sable siliceux « à pavage » est préférable au sable calcaire et au sable de mer.

Il convient de laisser sortir de jauge l'œil supérieur ; s'il bourgeonne, il se perd, mais les yeux en terre restent latents et sont utiles au greffage. Les extrémités hors jauge seront préservées du hâle par quelques poignées de paille.

Le fractionnement des rameaux en greffons de longueur définitive (*fig.* 172) se fait à l'époque même du greffage. Les sommités mal aoûtées en sont rejetées.

Époque du greffage. — Dans un pays chaud, où la gelée d'hiver est excessivement rare, on pourrait greffer à l'automne, avant la chute des fouilles, et la végétation en serait vigoureuse au printemps suivant ; mais sous une zone tempérée, le retrait du sol sous l'influence du gel et du dégel viendrait ébranler le greffon butté de terre et compromettrait sa soudure.

On opère à la montée de la sève, alors que les bourgeons gonflent, soit en avril et mai, suivant la saison hâtive ou tardive, le terrain chaud ou froid, et d'après l'état de végétation du sujet.

En tout état de choses, il vaut mieux éviter le suintement du

XI. — RÉTABLISSEMENT DU VIGNOBLE PAR LA GREFFE.

liquide séveux ; on y parvient en étêtant provisoirement le cep, quelques jours avant le greffage, sauf à recouper finalement à la dernière heure.

On choisira une température calme, plutôt chaude, ce que l'on appelle un temps à la sève.

Si l'on est pressé, que l'on ait hâte de finir, on augmentera le personnel au lieu de devancer la période du greffage trop tôt ou de la prolonger trop tard. Ici, mieux vaut tard que trop tôt.

Avec le greffage à l'abri — sujets et greffons étant en jauge — on peut retarder l'opération.

Outillage du greffage. — Parmi les outils décrits et figurés pages 11 et suivantes, nous emploierons :

Le *sécateur* (*fig.* 1) pour la préparation des sarments greffons :

La *scie* (*fig.* 2) pour tronçonner les gros sujets, sinon la grosse *serpette* (*fig.* 4) ;

La *serpette* fine (fig. 3) ou le *greffoir à vigne* (*fig.* 168), pour la taille du greffon ;

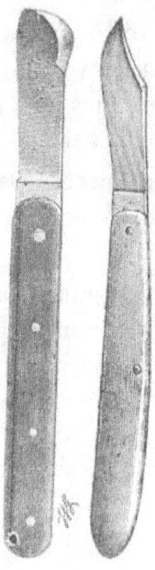

Fig. 168. — Greffoirs à Vigne.

Charles Baltet

Le *couteau à greffer* (*fig.* 7) pour la greffe en fente.

Actuellement, on fabrique des *machines à greffer* de divers systèmes. L'outil se visse généralement sur table et peut seconder le greffage à l'abri lorsqu'on opère sur de grandes quantités. Jusqu'alors, l'outil simple est préférable.

La *ligature* adoptée est la ficelle de marine, la ficelle simple ou défilochée.

Le raphia sec ou faiblement sulfaté et le fil de plomb sont employés avec la greffe anglaise.

L'*engluement* ou enduit qui couvre la greffe finie, avant son buttage, est un mastic de terre glaise délayée dans l'eau ; on le pelote, on le tamponne autour de la greffe et sur les coupes laissées à nu. Dans un sol frais, l'engluement n'est pas obligatoire.

PROCÉDÉS DE GREFFAGE DE LA VIGNE

Nous avons indiqué plusieurs modes de greffage de la Vigne, les uns ont pour but lamulti-plication du plant, les autres la transformation du cépage, et d'autres encore la construction du cep. Qu'il nous suffise de citer les greffes en approche (*fig.* 40, 41, 153, 154), la greffe en bifurcation (*fig.* 79), la greffe-provin (*fig.* 126), la greffe en incrustation (*fig.* 127), la greffe anglaise (*fig.* 83,87), et même l'écussonnage, sans compter les procédés plus ou moins fantaisistes ou pratiqués à l'état herbacé ou sous verre.

En même temps qu'elle adoptait les systèmes en fente et à l'anglaise, la grande culture étudiait la greffe en coin ou en fente pleine, qui est en quelque sorte la contre-partie de la greffe à cheval (*fig.* 87) ; mais elle a le tort d'obliger à fendre la moelle du sujet, et nous lui préférons la greffe en tête dans l'aubier (*fig.* 62).

Le désir d'éviter une blessure à l'étui médullaire a sans doute excité le Comice de Cadillac (Gironde) à propager une application de la greffe de côté dans l'aubier. En voici la démonstration (*fig.* 169). Le sujet (A) recevra, sur le côté, dans une incision oblique, le greffon (B) dont une face (*e*) du biseau tranche la moelle, tandis que l'autre (*d*) la ménage ; l'œil (*a*) est en tête du biseau. Ligature au fil de plomb ou au raphia.

XI. — RÉTABLISSEMENT DU VIGNOBLE PAR LA GREFFE.

Butter de terre après avoir entouré la greffe de balles (glumes) de céréales, si l'on craint les pluies d'hiver et la gelée.

Le sujet, étêté assez long au printemps suivant, sera pincé en été, puis coupé ras (en *c*) à la fin de la saison, dès que la végétation de la nouvelle plante se trouvera assurée.

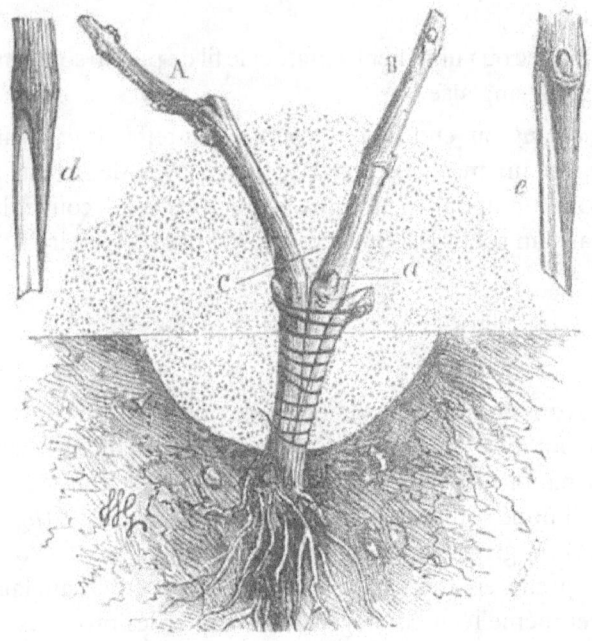

Fig. 169. — Greffe de côté dans l'aubier, pratiquée à Cadillac.

Examinons maintenant l'application des procédés les plus répandus : la greffe en fente, la greffe anglaise.

A. **Greffe en fente**. — La greffe en fente est spécialement applicable au greffage *sur place* et aux sujets déjà forts.

Le travail principal comprend la préparation du sujet, la taille du greffon, l'assemblage de la greffe, enfin quelques détails accessoires.

Préparation du sujet. — Quoique le sujet soit greffé à fleur du sol, on n'en dégage pas moins la terre autour du collet pour faciliter le travail manuel, par exemple en *h, h* (fig. 170).

Charles Baltet

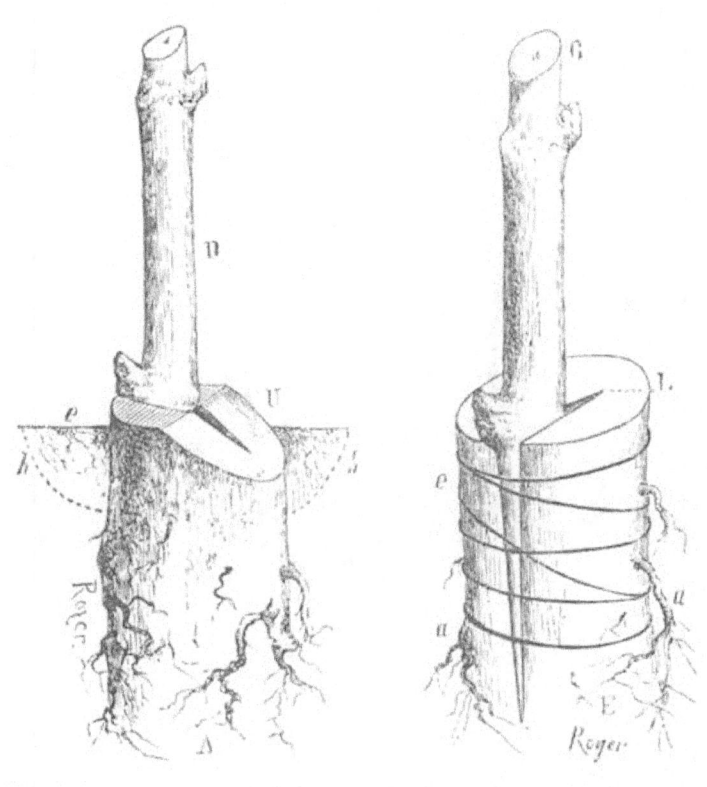

Fig. 170. — Greffe en fente sur coupe oblique.		Fig. 171. — Greffe en fente sur coupe plane.

Le sujet (A, *fig.* 170 ; E,*fig.* 171) est tronçonné au moment même du greffage.

La coupe se fait sur une partie saine, assez unie, à $0^m,04$ à peu près au-dessus d'un nœud, coude ou renflement quelconque (*a, a*) ; cette précaution évite une fente démesurée et consolide le greffon.

XI. — RÉTABLISSEMENT DU VIGNOBLE PAR LA GREFFE.

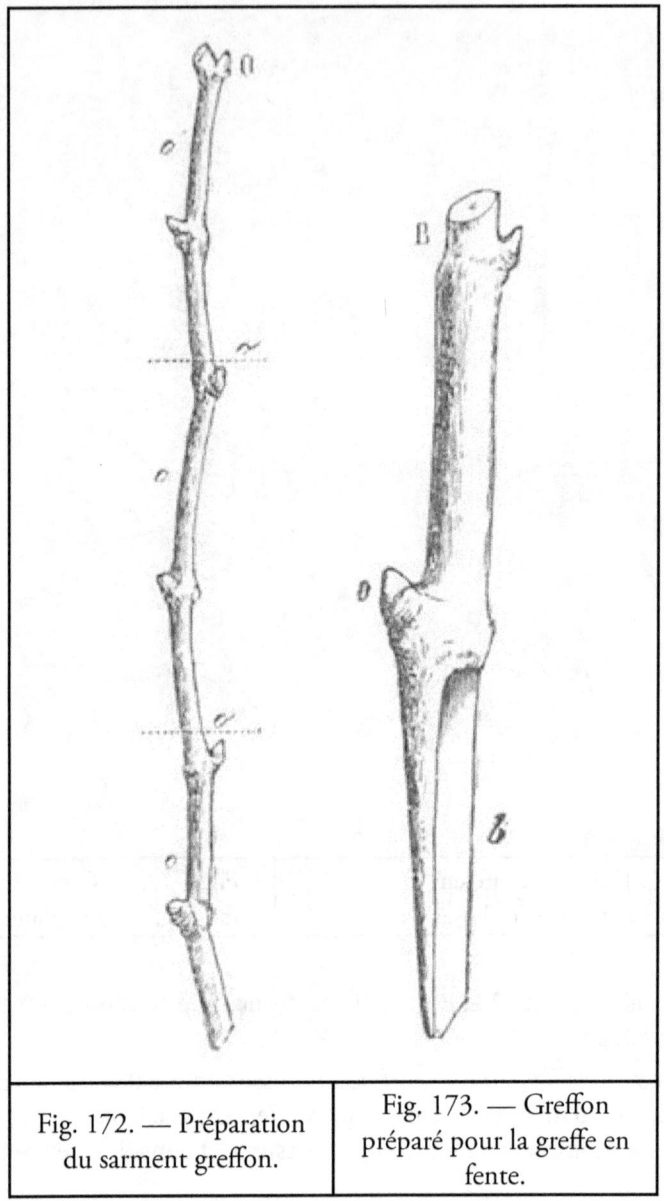

| Fig. 172. — Préparation du sarment greffon. | Fig. 173. — Greffon préparé pour la greffe en fente. |

Avec une scie (fig. 2) ou une serpette (fig. 4), on étêtera le cep rez terre. La coupe sera à surface plane (L, *fig.* 171) ou à surface oblique (U, *fig.* 170). Celle-ci convient mieux au greffage simple

Charles Baltet

avec un seul rameau, celle-là au greffage double avec deux rameaux-greffons.

Si la sève suinte, on l'essuie et l'on peut ainsi opérer à sec. Il faut alors préparer le greffon et assembler les deux parties sans retard.

Taille du greffon. — Le sarment-greffon est extrait de la jauge, au fur et à mesure des besoins, et préparé en même temps que le sujet pour qu'ils soient unis par la greffe sans que les agents atmosphériques les aient fatigués,

On a le soin, bien entendu, de leur enlever le sable ou la boue de la mise en jauge.

Le sarment-greffon (O, *fig.* 172) sera coupé (*o'*) par fragments de rameaux (*o, o, o,*) portant chacun deux yeux ; c'est une bonne moyenne.

Pour préparer le greffon (B, *fig.* 173), on taille la moitié inférieure en coin triangulaire (*b*) ; les deux faces taillées sont, comme le tiers-point, amincies en pointe plus ou moins émoussée ; cette partie nommée *biseau* commence immédiatement au coussinet de l'œil (*c*). Nous donnons de plus amples détails sur la préparation du greffon et son assemblage sur le sujet.

Dans les greffages importants comme nombre, un homme prépare les greffons tandis qu'un autre dispose les sujets. Si les greffons ne sont pas employés dans la journée ou si l'atmosphère est sèche, on les place dans un panier de mousse fraîche, et on les transporte ainsi, sans qu'ils aient à souffrir.

Assemblage de la greffe en fente. — Le sujet étant tronçonné, il suffira de pratiquer une fente longitudinale pour y introduire le greffon.

Une fente tranchant de part en part est applicable aux gros sujets ; mais ici, on opère plutôt sur des sujets de moyenne grosseur, alors la demi-fente est préférable. On peut éviter à l'outil de forcer la moelle, en s'écartant à droite ou à gauche, de manière que l'ouverture partage le tronc en deux parties inégales ; c'est la greffe dans l'aubier, le greffon étant alors taillé en biseau plat et régulier comme la figure 62 l'indique.

On fend le sujet avec le couteau (*fig.* 7) et, ainsi que nous l'indiquons (*fig.* 70), on introduit le greffon (D, *fig.* 170 ; G, *fig.* 171)

XI. — RÉTABLISSEMENT DU VIGNOBLE PAR LA GREFFE.

en même temps. Si la surface est oblique (U, *fig.* 170), on aplanit le sommet de la coupe dans un sens horizontal (*e*) pour permettre au greffon (D) de s'y asseoir.

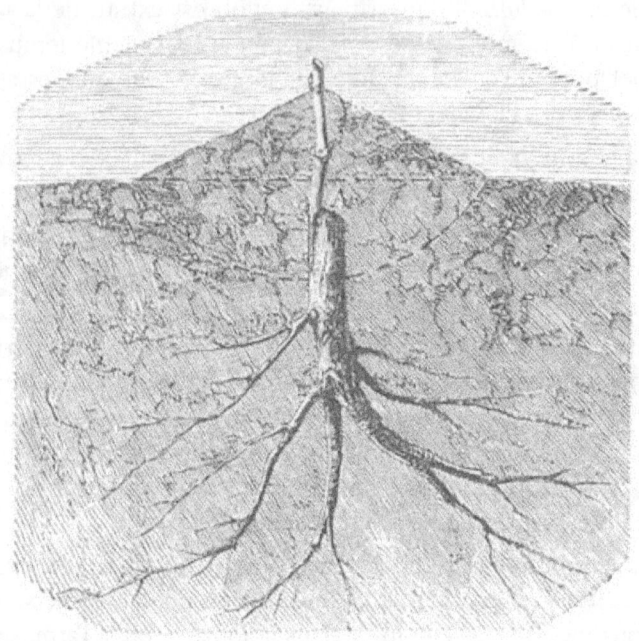

Fig. 174. — Greffe en fente buttée de terre.

Ligaturer (*e, fig.* 171) ; couvrir d'argile et butter de terre fine, douce, jusqu'à l'œil supérieur du greffon (*fig.* 174).

Ce procédé est le plus répandu.

B. **Greffe anglaise**. — La greffe anglaise est adoptée pour les greffages *à l'abri*, quelquefois pour les greffages *sur place*.

Le sujet et le greffon de la greffe anglaise sont en général d'un diamètre égal. Au cas de différence, il vaudrait mieux que le diamètre du greffon fût inférieur. Leur rapprochement s'opère au moyen de biseaux qui s'adaptent, de coches et de languettes qui s'agrafent réciproquement.

Préparation du sujet. — Le sujet (M, *fig.* 175) greffé *sur place*,

Charles Baltet

est, avons-nous dit, d'un calibre moyen ; on l'étêtera de telle sorte que la greffe terminée soit à fleur de terre, sauf à la butter une fois l'opération terminée.

Au greffage à l'abri, le sujet pourrait être un plant raciné, âgé d'un an (*fig.* 166 ; A, *fig.* 177), ou un sarment, non raciné (*fig.* 167 ; A, *fig.* 176), mais d'une nature disposée à l'émission des racines. La préparation du sujet reste la même.

D'un coup de serpette donné à fleur de terre, ou plus bas, si le sujet a été *dégagé* (*z, z, fig.* 175), on obtient le biseau allongé (*m*) ; un second coup d'outil, couteau ou greffoir, partant de la pointe du biseau, entre le sommet (*m'*) et la moelle, produit une fente (*m»*) longue de $0^m,03$ à $0^m,04$, parallèle à l'axe. Une simple fente suffit.

Il n'y a pas d'inconvénient à combiner cette préparation du sujet de façon qu'il soit conservé un œil (*o*) sur le dos du biseau, soit à la base, au milieu ou à la pointe ; son évolution attirera la sève sur la greffe, jusqu'à ce que l'ébourgeonnement en ait fait justice.

Taille du greffon. — Le greffon est une fraction (*o, fig.* 172) de sarment portant deux yeux ou trois yeux en moyenne.

La base sera taillée de telle sorte que la coupe et les entailles coïncident avec celles du sujet.

Étant donné le greffon (N, *fig.* 175), un coup de serpette produira le biseau (*n*) allongé également, commençant en face ou au-dessus de l'œil (*u*) et se terminant en *n'*.

L'opérateur tourne le greffon la pointe en l'air et, par un nouveau coup d'outil, produit la fente (*n»*) parallèle à l'axe longitudinal, commençant entre la pointe et la moelle, et longue de $0^m,03$ à $0^m,04$; on n'enlève aucune esquille.

Ici encore, le bourgeon (*u*) conservé sur le dos du biseau excitera les arrivages du fluide séveux favorables à agglutination de la greffe.

XI. — RÉTABLISSEMENT DU VIGNOBLE PAR LA GREFFE.

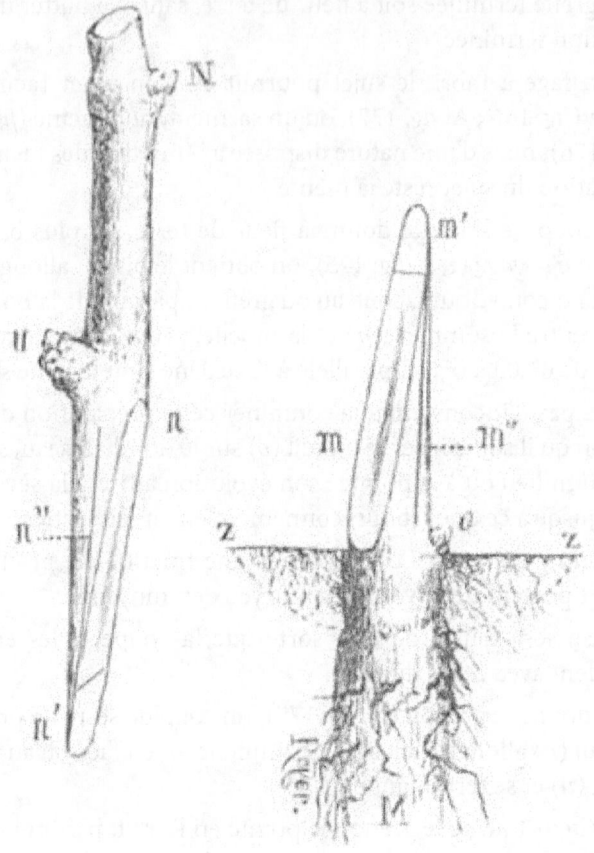

Fig. 175. — Détail de la greffe anglaise.

Charles Baltet

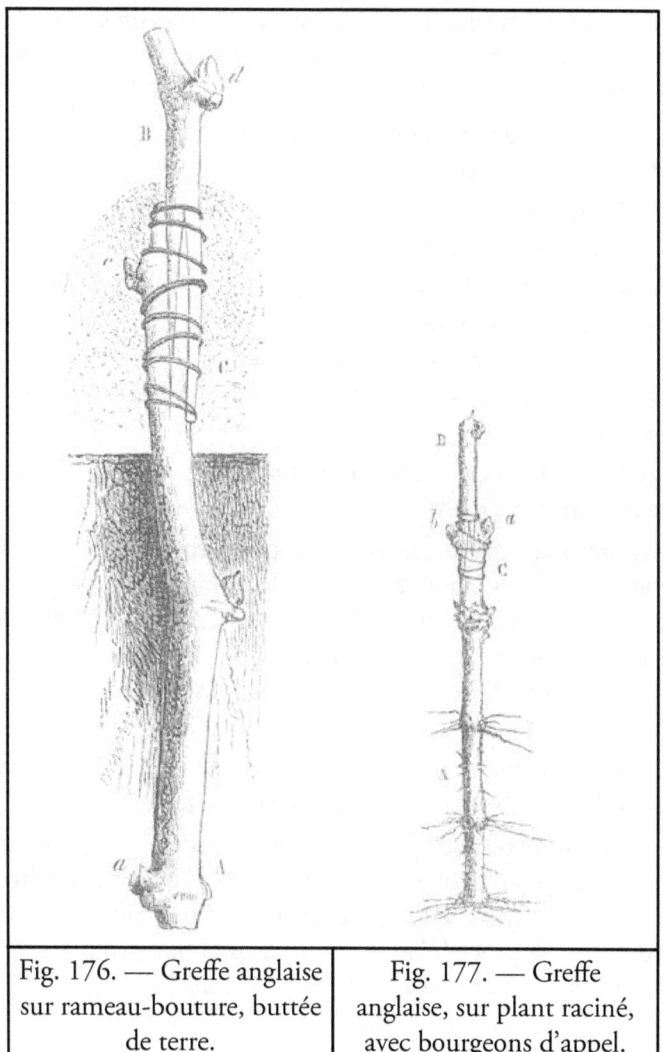

Fig. 176. — Greffe anglaise sur rameau-bouture, buttée de terre.	Fig. 177. — Greffe anglaise, sur plant raciné, avec bourgeons d'appel.

En général, les biseaux courts sont à préférer.

Assemblage de la greffe anglaise. — L'assem-blage est tout tracé. Le bec de flûte (*nn'*, *fig.* 175) du greffon étant amené sur le bec correspondant (*mm'*) du sujet, on fait glisser de haut en bas ; la languette du greffon s'engage dans la fente du sujet et les deux parties sont agrafées.

XI. — RÉTABLISSEMENT DU VIGNOBLE PAR LA GREFFE.

Si le greffon est plus étroit, on le ramène en rive de la tranche du sujet, pour que leurs épidermes puissent se confondre sur un côté au moins, dans la même périphérie.

Ligaturer avec du raphia ou de la ficelle. Étendre la ligature autour du greffon, pour contrarier son enracinement. Embouer la greffe.

Enfin butter de terre (C, *fig.* 176) jusqu'au sommet du greffon (B), sous l'œil de tête (*d*) ; le sujet (A) étant une bouture simple, le bourgeon (*a*) s'enracinera tandis que l'œil (*c*) appellera la sève.

La figure 177 représente un plant racine (A) greffé à l'abri en (C) ; un œil (*a*) lui est ménagé en tête ; le greffon (B) porte un œil (*b*) à sa base ; ces deux bourgeons d'appel hâteront la soudure de la greffe.

La greffe anglaise est d'une application facile lorsque le sujet est jeune et d'un faible diamètre.

Soins après les greffages en fente et à l'anglaise. — Nous ne voulons pas entrer dans les détails de culture, que la méthode en soit traditionnelle ou perfectionnée. Les soins particuliers sont d'abord le buttage de la greffe, puis le tuteurage, ensuite l'ébourgeonnement, le pa-lissage, la suppression des racines nées sur le greffon, enfin le débuttage.

Buttage de la greffe. — Nous avons indiqué plus haut l'utilité indispensable du buttage provisoire de la greffe de la Vigne.

Avec quelques coups de pioche autour du plant, et par un apport spécial de terre ameublie à la main, au panier, à la brouette, on butte le cep jusqu'à l'œil supérieur du greffon (*fig.* 174 et 176), quel que soit le procédé adopté, en place ou en pépinière. Cette opération est faite avec beaucoup de précaution.

Dans l'été, désherber à la main.

Tuteurage. — Avant de butter, c'est le moment d'enfoncer solidement un échalas au pied du cep et d'y attacher le sujet avec un lien d'osier ; un tuteur court offre plus de sécurité. Le tuteurage est trop négligé dans la grande culture. Le Bordelais, qui produit des vins d'un prix plus élevé que le Languedoc, semblerait s'y intéresser davantage.

Ébourgeonnement. — Le tronçonnement du sujet, qui précède l'opération du greffage, excitera plus tard la sortie de jets

Charles Baltet

souterrains qu'il convient de supprimer rigoureusement jusqu'à leur empâtement ; sans cela, ils affameraient la greffe.

Quant aux bourgeons ménagés en tête du sujet pour jouer le rôle d'*appelle-sève* (*o, fig.* 175 ; *c, fig.* 176 ; *a, fig.* 177), on ne leur laissera pas le temps de fatiguer la greffe, il suffira de les pincer à $0^m,10$. Lorsque la greffe aura acquis un développement suffisant, on élaguera ces bourgeons du sujet ; mais si elle était morte, on laisserait le cep pousser à son aise et on le grefferait à nouveau au printemps suivant.

Palissage. — On palisse, contre le tuteur, les bourgeons à mesure qu'ils se développent. Arrivés au sommet de leur support, les brins pourront être écimés, car leur poids serait capable d'entraîner l'échalas et de briser la greffe ; c'est pourquoi le tuteur doit être enfoncé solidement, sinon, il vaut mieux s'abstenir du tuteurage.

Suppression des racines du greffon. — Le buttage de terre excite la sortie du chevelu au greffon comme s'il s'agissait d'une bouture ; mais alors il va prendre, de ce fait, un accroissement rapide, et quand le phylloxéra attaquera les racines nouvelles, l'anéantissement du cep n'en sera que plus prompt.

Il faut donc au moins deux fois l'an, en juin et en août, ou même trois fois, en mai, en juillet, en septembre, dégager la terre qui entoure le greffon, couper les chevelus qui y auraient pris naissance et rétablir aussitôt le petit tertre.

En même temps, on surveille la ligature. Si, à la première visite, elle pénètre dans l'écorce, on soulage la greffe en dénouant le lien. À la seconde visite, on l'enlève complètement, en évitant d'en laisser subsister le moindre fragment dans le pli des boursouflures. S'il faut employer le couteau, on doit agir avec précaution, surtout à l'égard de la greffe anglaise.

Débuttage de la greffe. — À la dernière visite aux radicelles qui ont pu sortir du greffon, vers l'époque de la chute des feuilles, la soudure de la greffe étant assurée, on ne rétablit plus le petit monticule de terre élevé autour de la plante, sauf aux greffes faibles ou dans un sol humide ; la partie greffée *s'acclimate* et peut alors subir les rigueurs de l'hiver et la sécheresse de l'été.

XI. — RÉTABLISSEMENT DU VIGNOBLE PAR LA GREFFE.

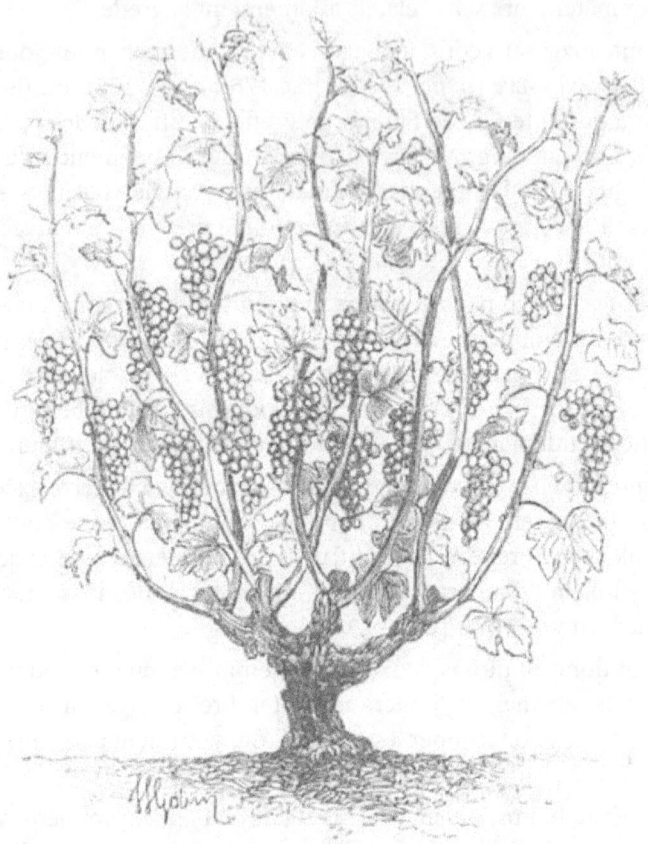

Fig. 178. — Cep de Vigne reconstitué par le greffage.

Les milieux dans lesquels on opère peuvent faire modifier légèrement le travail. Avec les sables qui excitent le racinement du greffon, on pratiquera le débuttage en septembre, tandis qu'on l'ajournera après l'hiver dans les situations exposées aux vents qui brisent une greffe mal assujettie, et dans un sol froid ou exposé aux crues d'eau, plus sensible à l'action de la gelée.

Désormais la vigne, ainsi rétablie, sera soumise aux méthodes rationnelles de culture.

Le dernier mot du greffage de la Vigne, direct ou par intermédiaire,

Charles Baltet

n'est certes, pas dit. Quoi qu'il en soit, nous reproduisons ici la physionomie d'un cep reconstitué par le greffage (*fig.* 178).

GREFFAGE SOUS VERRE ET GREFFAGE HERBACÉ DE LA VIGNE

Le greffage sous verre et la greffe des tissus herbacés de la Vigne ne comportant pas les soins indiqués aux greffages souterrains, nous les classons à part.

Greffe en placage à l'anglaise (*fig.* 179). — L'Anglais Archibald Barron, un maître de la viticulture sous verre, recommande cette méthode qui permet de transformer rapidement une vigne fatiguée ou de maigre rapport.

Le sujet (A, *fig.* 179) planté en pot ou en pleine terre dans la serre est pris au début de la végétation ; la sève a jeté son « premier feu » ; un léger suintement se manifeste à la coupe ; les « pleurs » sont calmés.

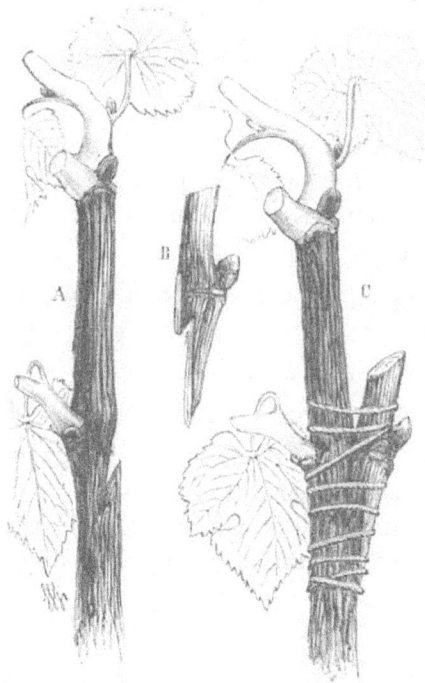

Fig. 179. — Greffage sous verre de la vigne — Placage à l'anglaise du bourgeon-greffon.

XI. — RÉTABLISSEMENT DU VIGNOBLE PAR LA GREFFE.

Le greffon (B) est un fragment lignifié portant un œil, cueilli au moment du greffage sur un sarment de la taille d'hiver, conservé et retardé (*fig*. 32). L'œil commence à « gonfler ».

La préparation et l'assemblage des deux parties sont indiqués *fig*. 56. Ici, les deux coupes à l'anglaise tranchent obliquement la cloison intercellulaire, et le rapprochement sera plus prompt en face ou sur le côté d'un bourgeon du sujet. Il importe de conserver, au-dessus, un jeune scion ; le pincement le maintiendra assez court, entouré de ses premières feuilles chargées d'attirer la sève vers la greffe ; il disparaîtra plus tard avec l'onglet devenu inutile.

L'opération étant à œil poussant, la végétation de première année a fourni à F.-A. Barron de nouveaux sarments de 7 à 10 mètres.

La ligature est du raphia et l'engluement un mastic froid, préférable à l'argile ou à la mousse qui excitent la sortie des racines. La « greffe en bouteille », employée au même but, lors de la montée de la sève.

Greffage herbacé de la vigne.

Les inconvénients du greffage *en sec* de parties ligneuses et du buttage de la greffe ont fait rechercher les systèmes de greffage *en vert*, agissant directement sur des parties herbacées, et non soumis au terrage d'hiver.

Jusqu'alors, deux procédés de greffage herbacé peuvent être recommandés :

1° Greffage par rameau, à l'anglaise simple ;

2° Greffage par œil ou écussonnage en vert.

Avec l'un ou l'autre, il s'agit d'unir de jeunes pousses âgées de quelques mois, ayant l'aspect de la figure 180 ; on excitera leur évolution au pied de la souche à greffer par le recepage préalable du tronc-sujet, et sur l'étalon porte-greffons par la taille assez courte des branches.

Charles Baltet

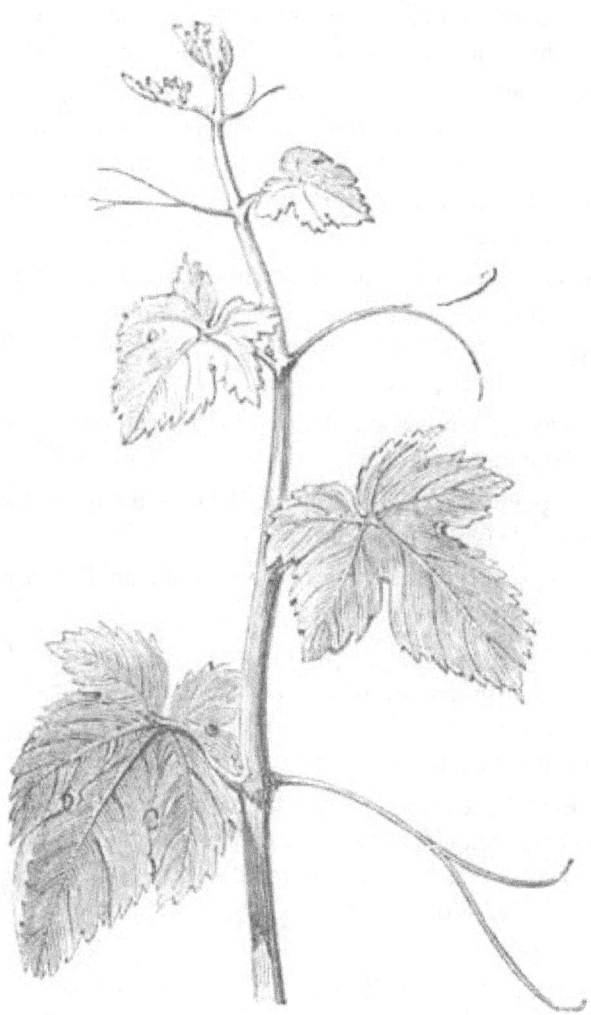

Fig. 180. — Sarment herbacé de la Vigne.

Dès que la végétation est en mouvement, un ébourgeonnage au début de la sève dégagera de tout brin inutile les jets conservés, et le jour même du greffage, ou dans les huit jours qui précèdent, un pincement long ou écimage de la *pointe* du sarment opéré ou à opérer provoquera une réaction favorable à la soudure de la greffe.

XI. — RÉTABLISSEMENT DU VIGNOBLE PAR LA GREFFE.

L'essentiel est que les tissus soient mi-herbacés, mi-ligneux, plutôt herbacés. La nuance de l'épiderme est déjà vert sombre, et l'élasticité du rameau, consultée avec les doigts, est suffisante pour résister à la main.

Le greffage en vert se fait *sur place*, à l'air libre, par un temps chaud (+ 18° au moins), et nécessite l'emploi d'un outil à lame fine, tenue propre et bien affilée, d'une ligature souple, qui sera surveillée, et souvent d'un écran.

Les souches plantées et espacées, étant ainsi opérées sur plusieurs branches, pourront supporter ensuite le provignage de ces branches ; enterré jusqu'au niveau de la greffe, le sarment greffé semblera constituer un cep distinct.

Ces procédés, étudiés en Autriche-Hongrie, ont réussi chez Étienne Salomon, à Thomery.

Greffage par rameau herbacé (*fig.* 181). — Il s'agit d'une greffe anglaise simple (voir *fig.* 80).

L'opération se fait dans le courant de juin, suivant l'état avancé ou retardé de la végétation.

Le sujet (A, *fig.* 181) est un rameau semi-herbacé, dans les conditions sus-indiquées, restant adhérent au cep. On le tranche en biais dans la cloison d'un œil peu éloigné du sol, et on ne lui retranche aucune feuille.

Le greffon (B) de même nature, même un peu plus herbacé, est coupé sur l'étalon, au moment du greffage, effeuillé sur pétiole et tranché de biais, sur la cloison d'un œil — en sens inverse du sujet. — On l'étête aussitôt à un œil au-dessus, ce qui lui donne deux yeux de pousse.

On voit en *a* et *b* la coupe longitudinale du sujet et du greffon, laissant à nu l'étui médullaire et la cloison du gemme, où la juxtaposition doit s'opérer.

Le rapprochement (*c*) se fait sans cran ni languette. Une bandelette de caoutchouc placée avec dextérité forme une ligature souple, élastique.

Embouer préalablement le greffon contre l'action de l'air, du soleil ou du hâle ; sinon attacher autour de la greffe, à titre d'écran, une feuille de vigne on un cornet de papier gris.

Charles Baltet

Fig. 181. — Greffe de rameau herbacé, à l'anglaise simple (Vigne).

Ni engluement, ni buttage de terre.

Soins après le greffage par rameau herbacé. — Enfoncer un tuteur dans le sol et y attacher la branche greffée ; la tête du tuteur dépasse la greffe d'au moins 0ᵐ,50, on y accolera les jeunes pousses du greffon.

Quinze jours après le greffage, on peut enlever l'écran — par un temps doux.

La greffe étant à œil poussant ne tarde pas à se développer ; alors, enlever les bourgeons de souche et pincer les autres.

Recommencer en juillet-août, à œil dormant les greffes manquantes, avec d'autres yeux ; éviter les ébourgeonnages et les pincements.

Le greffage d'hiver est encore une ressource pour refaire les ceps manqués *en vert*.

Écussonnage herbacé de la vigne (*fig*. 182, 183). — Nos éditions

XI. — RÉTABLISSEMENT DU VIGNOBLE PAR LA GREFFE.

précédentes ont parlé de l'écusson à œil dormant pratiqué à Beaune, chez Joseph Gagnerot. Cet intelligent viticulteur exposait, en 1867, à Paris, de superbes plants de vigne écussonnés, à différents âges.

Il opérait au commencement ou au milieu de l'été, à la base d'un sarment en aoûtement, et couvrait la grefe de terre pendant quinze jours.

Hortolès, Pulliat, Saurel l'ont imité.

Depuis, en 1887, un artisan du Lot, Salgues aîné, à Bétaille, a remis l'écusson de la Vigne en vigueur. E. Marre, professeur d'agriculture de l'Aveyron, est allé visiter le vignoble écussonné et nous écrit : « Tout le succès dépend du choix des parties à rapprocher par la greffe. Le sarment du sujet quitte l'état herbacé, et n'est pas encore aoûté ; le point greffable est généralement en deçà de $0^m,40$ à $0^m,60$ de la pointe ; *l'écorce peut encore se soulever.* »

Et plus loin : « Le greffon, plus tendre, est levé sur partie plus jeune d'un rameau principal, ou sur ramille anticipée, dite faux-bourgeon ; le point essentiel est que le petit renflement du sarment-étalon, en face de l'œil-greffon, soit déjà visible et pas trop accentué. Cet œil est à peu près le cinquième en deçà de la pointe. »

Le diamètre du greffon sera donc inférieur à celui du sujet ; et l'époque du greffage variera : en mai et juin pour l'écusson à œil poussant ; en juillet et août pour l'œil dormant.

Le bourgeon écusson, effeuillé sur pétiole, est levé comme nous l'avons dit, *fig.* 90, avec cette différence qu'il conserve sous le gemme une lamelle de tissu herbacé (B, *fig.* 182).

Sans plus tarder, on pratique une incision en long (D) ou en faucille au sommet (F), sur un côté méplat du sarment, en tête du mérithale. En repliant légèrement ce sarment en avant, les lèvres de l'incision s'écartent et l'on y introduit le greffon, aidé par la spatule d'ivoire (*d, f*).

Ligature de laine ou de caoutchouc ; on pourra la supprimer quinze jours après.

Entre des mains exercées, l'incision en T est admise ; le professeur Horvarth, de Hongrie, réussit avec l'incision combinée I (voir *fig.* 150). Son confrère Goethe va jusqu'à enlever un œil au sarment, sujet *écimé*, et à lui *plaquer* un écusson *boisé* du sarment greffon.

Charles Baltet

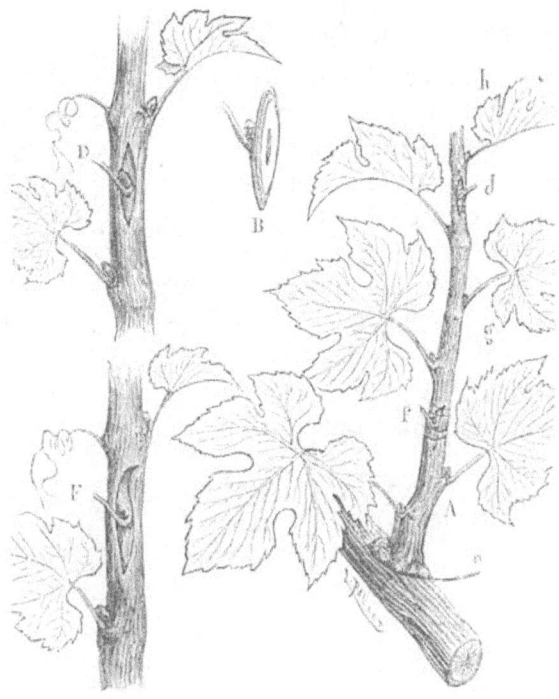

Fig. 182. — Écussonnage de la Vigne.

En Provence, Marius Faudrin incise en T, au mois d'août, sur sarment large de 0^m,01.

Soins après l'écussonnage en vert. — Notre opération étant faite à œil dormant, nous laisserons le sujet s'étendre tout à l'aise, mais en lui extirpant les rejets autour du collet, et en tuteurant les sarments écussonnés.

Au printemps suivant, on étêtera le sujet (A, *fig.* 183) à 0^m, 10 au-dessus de la greffe, tandis que les rameaux non greffés seront recepés.

Pendant l'été, ébourgeonner les jets superflus, palisser la jeune greffe (B, en e) sur l'onglet ; celui-ci sera retranché (en *f*) à la chute des feuilles ou au réveil de la sève, après l'hiver.

En ce qui concerne l'œil *poussant*, ces opérations sont décrites *fig.*

XI. — RÉTABLISSEMENT DU VIGNOBLE PAR LA GREFFE.

102.

Tuteurage obligatoire de la jeune greffe.

Greffage ou bouturage de rameaux écussonnés. — L'exemple (*fig.* 98), de rameaux écussonnés trouve ici son application. Le sarment (A, *fig.* 182) reçoit en été des bourgeons-écussons à deux ou trois mérithales d'intervalle. Au cours de l'hiver suivant, la sève étant au repos, on sectionne (*e, g, h*), le sarment ainsi écussonné, de manière que le bourgeon écusson ait, au-dessous de lui, deux yeux du sujet. Ces fragments, mis en jauge ou en stratification, deviendront au printemps suivant de bons rameaux boutures ou greffons. On comprend que, l'ébourgeonnage aidant, si le porte-greffe s'enracine et l'écusson s'agglutine, c'est le bourgeon inoculé de la sorte qui fournira le cep futur.

Fig. 183. — Résultat de l'écussonnage de la Vigne.

Charles Baltet

XII. — GREFFAGE DE VÉGÉTAUX HERBACÉS OU SOUS-LIGNEUX.

Si la greffe est une opération nécessaire à la multiplication des arbres et arbustes ligneux, elle n'est plus qu'un accessoire auprès des végétaux à tissus herbacés, sous-frutescents ou charnus.

Nos pères ont connu la période enthousiaste qui voulait transformer les chardons en artichauts, ou monter le brocoli sur le chou cavalier, ou marier la tomate à la pomme de terre pour « éviter la famine au peuple... »

N'a-t-on pas voulu rendre le blé vivace en le soudant aux racines du chiendent ?...

À la note sur la Morelle, nous pouvons ajouter qu'il est resté aux Antilles, le greffage de l'Aubergine et de la Tomate sur Mélongène « diable », d'après Hahn et notre correspondant Duchamp, de la Martinique.

Des praticiens émérites de notre siècle, s'appuyant sur les lois d'affinité et d'adaptation végétales exposées au début de cet ouvrage, sont cependant parvenus à modifier l'aspect ou le rendement de plantes plus ou moins éphémères, ou leur manière de vivre.

La presse horticole s'est empressée de publier le résultat de ces expériences faites à différents points de vue, soit au Muséum, au Luxembourg, à Fromont, à la Muette, à Versailles et autres établissements d'étude et d'enseignement, soit dans les maisons de commerce et de production, en France et hors frontière.

Nous signalerons ce qui est admis dans le domaine de la pratique. Si le physiologiste n'y trouve pas toujours une greffe dans toute l'acception du mot, l'amateur de jardins ne s'intéressera pas moins à cette opération similaire.

VÉGÉTAUX HERBACÉS OU SOUS-LIGNEUX SOUMIS AU GREFFAGE
Nous suivrons l'ordre alphabétique.

Fig. 184. — Greffage sous écorce, du Chrysanthème.

Chrysanthème, *Chrysanthemum* (Composées). — Le Chrysanthème frutescent, *Comtesse de Chambord*, vigoureux et à fleur blanche, peut recevoir la greffe du Chrysanthème *Étoile d'or*, variété plus délicate, à fleur jaune.

Le Chrysanthème de l'Inde, herbacé et vivace, riche par ses coloris variés, fournira des plantes multicolores par la greffe. L'opération se pratique de mars en mai, *sous verre* dans la serre, et en mai,

Charles Baltet

sous cloche à *l'air libre* ; le greffon est un jeune rameau herbacé, ses feuilles sont conservées ou coupées sur limbe ; ligature au raphia.

Un de nos greffeurs, Louis Asselin, a réussi ces deux manières qui, d'ailleurs, sont pratiquées au Japon, ainsi que nous l'a confirmé Hayato Foukouba, directeur des jardins du Mikado, lors de son voyage en France, en 1889 :

1° *En touffe* ; chaque rameau est coupé à 0ᵐ,10 et greffé en demi-fente (fig. 187) ou à l'anglaise (fig. 80 et 81) ;

2° *En pyramide* ; une tige unique (B, *fig.* 184 provenant du bouturage d'hiver recevra, sur le corps, plusieurs greffons (A) préparés et insérés par le procédé sous écorce (*fig.* 48). La tige à écorce lisse (*Elaine, Hanoi, Eva, Joseph Rozain, Maiden's Blush, Madame Féral*) a été pincée au sommet, huit jours avant le greffage.

Imitant les Japonais, les Anglais réunissent sur la même tige quelques variétés présentant une analogie de port et d'époque de floraison. Ils opèrent dans la serre à vigne et entourent la greffe de sphagnum pendant l'étouffage.

Les soins généraux sont d'abord l'étouffée sous verre, l'aération aussitôt la reprise assurée, puis le palissage de chaque greffe, l'ébourgeonnage du tronc et l'édrageonnage de la souche.

Coleus (Labiées). — Le greffage du Coleus permet de grouper des feuillages variés sur la même plante ; le sujet serait une variété à tige forte et vigoureuse, à feuillage plutôt unicolore.

Greffer en demi-fente (*fig.* 87) ou de côté (*fig.* 65), au printemps ; ligaturer au raphia ; étouffer aussitôt l'opération finie.

Croton, *Codiæum* (Euphorbiacées). — Ici encore, la greffe est un moyen de varier les feuillages sur la même plante.

Opérer en avril-mai, en demi-fente (*fig.* 187) ou en placage (*fig.* 118), et porter la plante sous cloche, dans une couche de tannée à + 20°.

On a essayé de même la greffe par approche au printemps.

Dahlia (Composées). — Depuis les essais de Thomas Barkes, en 1821, répétés en France par Lelieur et David, à Saint-Cloud, le Dahlia se multiplie par le séparage des touffes (*fig.* 185) mises en végétation sur couche, par le bouturage des jeunes pousses,

XII. — GREFFAGE DE VÉGÉTAUX HERBACÉS OU SOUS-LIGNEUX.

par le greffage. On peut greffer (*fig.* 186) sur tubercule (A) un bourgeon (B) provenant de la plante à reproduire, la souche ayant été *forcée* dès le mois de février.

Le tubercule choisi est de moyenne grosseur ; la tête étant coupée, on le fend pour y insérer le greffon, jeune pousse de $0^m,05$ à $0^m,15$ de longueur (B) portant une ou deux paires de feuilles ; il est avivé de chaque côté à la base. Un œil (C) ménagé au dos du biseau permettra d'assurer la propagation de la plante l'année suivante. Sans cette précaution, le Dahlia greffé ne saurait être conservé au delà d'une saison.

Une fente de biais au tubercule pour recevoir le greffon a toute chance de succès.

Aussitôt ligaturée au raphia, la greffe logée dans un pot sera placée sous cloche à chaud, sur la bâche vitrée de la serre à multiplication.

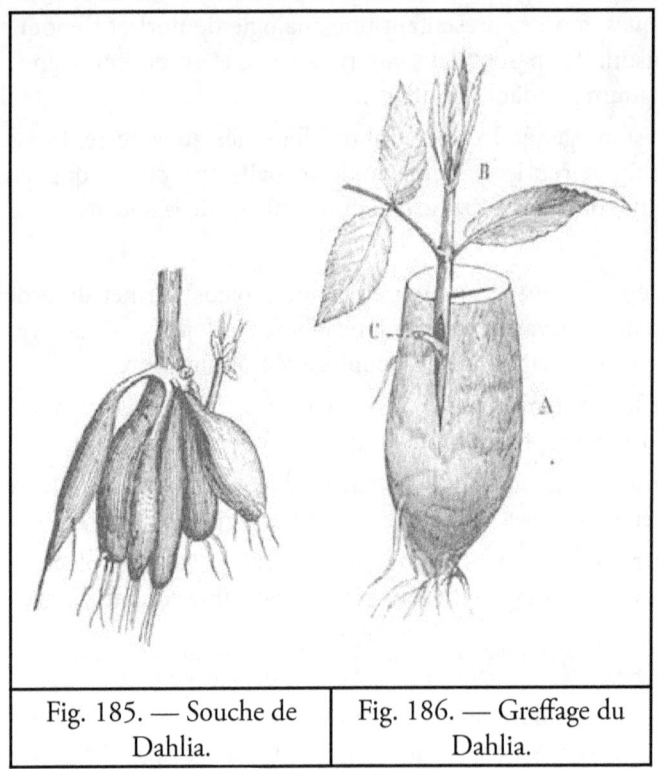

| Fig. 185. — Souche de Dahlia. | Fig. 186. — Greffage du Dahlia. |

Charles Baltet

Veiller aux ravages des insectes, des colimaçons ; bassiner le matin et éviter la pourriture. Trois semaines après, la reprise est assurée et la végétation commence. On aère progressivement. La plante est mise en pot de $0^m,09$ à $0^m,12$; on la place sur couche tiède ; plus tard, on la rempotera dans des pots de $0^m,14$.

Chauvière, Dufoy, Lequin, etc., procédaient ainsi pour envoyer au marché, dès le 15 mai, des Dahlias fleuris. Toute plante naine et à fleur blanche est, en cette saison, d'une vente assurée.

Il paraît que le Dahlia *imperialis*, greffé, peut fleurir sous le climat de Paris.

Érythrine (Papilionacées). — Sur l'Érythrine crête de coq, *Er. crista galli*, les variétés à rameaux étalés et à belle floraison comme *Madame Bellanger, Monsieur Barillet*, deviennent exubérantes en floraison et trapues en végétation. Greffer en demi-fente (*fig.* 114), sous verre.

Fuchsia (Onagrariées). — Le bouturage facile du Fuchsia n'ôte rien à l'intérêt qui s'attache à son greffage.

Grâce à cette opération, on obtient des Fuchsias à haute tige comme des Rosiers ou des Orangers. En 1869, M. Harms exhibait de ces plantes à Hambourg et nous expliquait sa méthode. La tige est une variété très vigoureuse, comme Der Wucherer, qui garde sa sève longtemps, sans être ni cassante ni fluette, et ses racines restent bien « mottées ». Bouturé de bonne heure et poussé à l'engrais liquide, il peut, à l'automne suivant, recevoir sur tige des greffons de variétés à végétation courte, buissonnante ou retombante. Ici, les floraisons précoces sont recherchées par l'amateur, et la série du *Fuchsia fulgens* dégage des grappes florales de son épais feuillage. La variété *fulgens Dark* fait valoir, au greffage, ses abondantes corolles longues et tubulées et se présente ainsi sous un aspect qui lui est plus favorable.

Moins élancées sont les tiges des Fuchsias *Général Lapasset* et *Marquis of Bristol*, également propres au rôle de sujet.

À Passy-Paris, le fleuriste Paintèche nous a montré des types porte-greffe qu'il a trouvés sur le marché et qu'il utilise ainsi, comme il utilise *Pauline, Lamennais*, etc. Avec le système en coulée (*fig.* 184), à l'herbacé, il groupe plusieurs sortes sur la même plante.

Par le greffage rez-terre, l'horticulteur nancéien Victor Lemoine a

XII. — GREFFAGE DE VÉGÉTAUX HERBACÉS OU SOUS-LIGNEUX.

sauvé des Fuchsias malades ou brisés ; il a pu également devancer la mise au commerce de nouveautés inédites et forcer la floraison du *Fuchsia spectabilis*, enté sur le *F. syringæflora*.

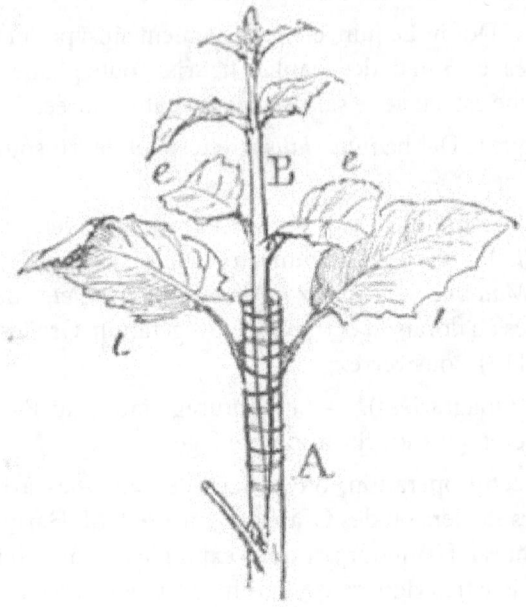

Fig. 187. — Greffage du Fuchsia.

Un amateur a réussi le greffage du *Fuchsia gracilis* et autres à calice rouge sur la tige du *Fuchsia corallina*.

La greffe habituelle est la demi-fente sur le sujet (A, *fig.* 187), entre deux feuilles (*i, i*), ou à l'aisselle, en fente de côté, sur un sujet bien racine. Opérer sur parties herbacées, le greffon (B) ayant les feuilles (*e, e*) de la base tronquées ; ligaturer et emmousser. Placer les plantes dans une serre plutôt humide et bien fermée ; donner des seringages fréquents et veiller aux ligatures.

Héliotrope, *Heliotropium* (Borraginées). — Les tiges d'Héliotropes se font avec les variétés vigoureuses : *Triomphe de Liège, Ornement des Jardins* ; en tête, on leur insérera d'autres sortes par la greffe en demi-fente. Opérer dans une serre un peu humide ; aérer quinze jours après.

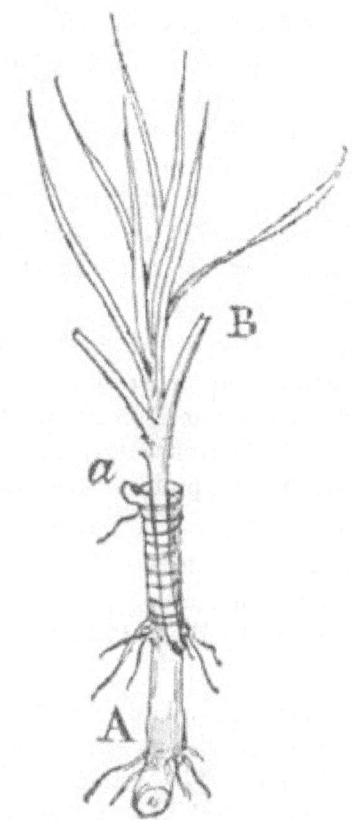

Fig. 188. — Greffage de l'Œillet.

Œillet, *Dianthus* (Caryophyllées). — En dehors du greffage
de variétés distinctes sur une touffe de l'œillet des fleuristes, on
multiplie cette jolie plante par le marcottage et le bouturage,
quelquefois par le greffage.

Le sujet est un jeune plant, bouture ou semis ; le greffon, jeune
pousse coupée au-dessus d'un nœud, est muni de ses feuilles, celles
de la base étant tronquées à moitié ; le biseau est double et laisse le
nœud intact. L'assemblage se fait par la greffe de côté (*fig.* 66), en

XII. — GREFFAGE DE VÉGÉTAUX HERBACÉS OU SOUS-LIGNEUX.

février-mars.

Le rhizome de Saponaire (*Saponaria officinalis*) constitue un sujet pour les variétés vigoureuses ; un tronçon (A, *fig.* 188) âgé de deux ou trois ans, long de $0^m,05$, suffit ; les petits chevelus y sont conservés et les yeux détruits. Le greffon plus ferme au printemps ou à l'automne est à peu près herbacé en été. Si le biseau peut conserver un œil, son affranchissement en sera la conséquence. L'insertion se fait en face d'un bourgeon d'appel (*a*) par la demi-fente, et l'on y introduit le greffon (B). Après ligature avec un gros fil, la plante est placée dans le sable fin, sous cloche, à froid. Éviter trop d'humidité.

Par cette méthode, préconisée par Lachaume, un spécialiste, Brot-Delahaye, a rendu l'œillet *Souvenir de la Malmaison* trapu et florifère. Le greffage dit d'automne, soit du 15 août au 15 septembre, est fait sous châssis, avec des tronçons de racine conservés dans le terreau ou la tannée, ainsi que procédait Loisel avant 1830.

Pelargonium (Géraniacées). — À Cherbourg, à Lyon, à Nancy, à Hambourg, et dans la banlieue de Paris ou de Versailles, nous avons vu quelques exemples, seulement, de greffage du Pélargonium, bien que Louis Thibaut, Uterhart, Méline l'eussent pratiqué de 1835 à 1840.

Le but est de multiplier certaines variétés délicates, de rapprocher plusieurs formes ou divers coloris sur la même plante, et d'y grouper des types différents.

Dès 1849, Victor Lemoine greffait les *Pelargonium Anaïs Chauvière* et *Queen Victoria* de la section dite « fantaisie » sur l'espèce « à grandes fleurs ». Le bouturage en était difficile par suite de la végétation « tuée » par la floribondité ; peu ou point de rameaux.

Avec le concours du Pélargonium zonale à fleur double, *Gloire de Nancy*, on peut élever sur tige, soit un P. zonale nain comme le *Souvenir de Carpeaux*, soit un P. à feuille de lierre *Madame Crousse* ou autre variété non moins élégante, soit un type à feuille panachée, comme Gyselinck en exhibait à Gand, en 1888.

L'époque du greffage est au printemps.

Les parties à juxtaposer seront à l'état herbacé, et cependant assez fermes pour faciliter la taille en coin du greffon et l'incision du sujet ; leur rapprochement est en placage à l'anglaise (*fig.* 56) ou en demi-fente (*fig.* 187).

Une serre demi-fermée vaut mieux qu'une serre humide ; les arrosages y seront modérés.

Pétunia (Solanées). — Le Pétunia réussit sur tige de Tabac glauque, *Nicotiana glauca.* Nous en avons vu un groupe curieux chez Aimé Champin, dans la Drôme.

L'opération, à demi-fente (*fig.* 187), se pratique sous verre, en mai. Éviter l'excès d'humidité.

Rose trémière, *Althœa rosea* (Malvacées). — Dans les pays froids, on greffe la Rose trémière, particulièrement les variétés à fleur pleine ou qui mûrissent mal leurs graines. La greffe reproduit les caractères floraux ; la plante devient plus ramifiée, plus hâtive et plus abondante en floraison.

L'opération se fait de juillet en septembre, sous cloche, dans une serre chauffée à + 15°. La jeune plante est d'abord mise en godet et enterrée à moitié du greffon.

Le sujet est un fragment de racine (*fig.* 20) d'espèce rustique, long de 0^m,05 ; le greffon, un jet de souche portant quelques feuilles. La taille du biseau et l'assemblage des deux parties ont quelque analogie avec ce que nous avons dit au Dahlia.

Les Anglais ont adopté la demi-fente (*fig.* 186) et le placage ; parfois, on greffe sur semis de la Rose trémière « noire » ou *des teinturiers.*

La greffe étant soudée et en végétation, on la place sous châssis pour l'hivernage ; la plantation au jardin se fait au printemps suivant.

Vers 1840, Bacot, à la Villette, greffait la Rose trémière sur racine de Guimauve (*Althœa officinalis*), à chaud et sous cloche, à l'étouffée.

Tacsonia (Passiflorées). — Nous pourrions citer encore plusieurs végétaux qui se prêtent au greffage en serre ; tels sont les Acokanthera (A. spectabilis sur A. Thunbergii), Allamanda. Bouvardia, Chrysophyllum, Combretum, Hibiscus, Ipomea, Ixora, Pavetta, Phytolacca, Strychnos, Verbena (sur Lantana) etc. ; nous dirons seulement un mot du Tacsonia, à propos d'unerience faite,

XII. — GREFFAGE DE VÉGÉTAUX HERBACÉS OU SOUS-LIGNEUX.

à Nancy, dans les serres de Victor Lemoine et fils.

Un Tacsonia *Buchanani* greffé en placage sur Passiflore quadrangulaire à feuille panachée, devint panaché lui-même ; ses rameaux greffés ensuite sur de nouveaux sujets de Passiflore accentuèrent encore leur panachure. La même opération fut recommencée à trois reprises, et la sous-variété panachée fut définitivement fixée.

XIII. — GREFFAGE DES VÉGÉTAUX CHARNUS

Les végétaux à tissus charnus ou succulents dits « plantes grasses » ne comprendront ici que la Famille des Cactées. De serre, sous le climat de Paris, ces plantes vivent en pleine terre et à l'air libre dans la région méridionale de la France, en Algérie et aux Colonies.

Le greffage des Cactées est en quelque sorte une juxtaposition cellulaire interne ; et si l'on admet un ternie de comparaison, nous dirons que la greffe des plantes grasses n'est pas un *mariage*, mais bien un *collage* ou un *soudage* de parties charnues, plus ou moins succulentes.

Cependant les Cactées greffées vivent assez longtemps, en modifiant leurs formes naturelles et leurs conditions d'existence ou de floraison, de quoi les rendre intéressantes.

Les horticulteurs spécialistes ont adopté le greffage pour étudier et propager les nouvelles espèces. La greffe est encore le facteur qui permet à de nombreuses variétés de paraître au marché ou de décorer les serres et les appartements, et en même temps d'approvisionner la bouquetière dans une saison où les fleurs fraîches sont rares.

SUJETS PORTE-GREFFES DES CACTÉES

Les espèces employées comme sujet dans le greffage des Cactées sont généralement à rameaux ou articles dressés, et font partie des genres *Cereus, Echinopsis, Opuntia, Pereskia, Phyllocactus*.

En voici les formes principales :

Charles Baltet

Cierge, *Cereus*. — Les variétés qui produisent de bons sujets porte-greffes sont de différents groupes classés d'après leur aspect :

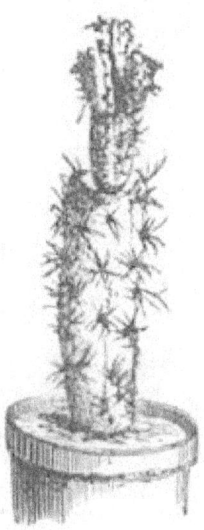

Fig. 189. — Greffage sur Cierge.

1° Cierges *à grosse côte, azuré, du Pérou*;

2° Cierges *à grande fleur, de Mac-Donald, à éperon*;

3° Cierges *de Baumann, de Bonpland, tortueux*.

Les uns et les autres reçoivent la greffe des diverses tribus de Cactées.

Le Cierge à éperon, *C. rostratus*, convient au greffage des espèces à développement restreint : le Cierge tubéreux, *C. tuberosus*, par exemple (*fig.* 189), et quelques autres types bizarres de forme ou d'aspect.

Les gros sujets dans les espèces à forte tige recevront la greffe des plantes plus charnues. D'après Éberlé, le Cierge à grosse côte, *C. macrogonus*, avec ses tiges allongées, est tout disposé à cet usage.

Enfin, on choisira des espèces dont la tige offre assez de consistance, ne serait-ce que dans l'axe, pour supporter le greffon.

Échinopside, *Echinopsis*. — Sur l'Échinopside réussissent quelques Echinocactes et des Mamillaires.

Les *Echinopsis multiplex, turbinatus, var. Eyriesi*, assez robustes, de multiplication facile, pourront être utilisés au greffage des Cactées de différents genres.

Fig. 190. — Greffage sur Opontia.

Opontia ou **Nopal**. — Les espèces qui se prêtent le mieux aux fonctions de porte-greffe sont les *Opuntia Stapeli, crassa, monacantha, curassavica, ficus indica* et le vulgaire Opontia dit Raquette.

Le cactophile Palmer a inséré, sur une touffe de l'*Opuntia monacantha*, toute une collection de Cactées, une espèce étant greffée sur chaque article.

L'Opontia à feuille épaisse, *Opuntia crassa* (fig. 190) est réservé aux sortes délicates.

Péreskia. — Les espèces admises comme porte-greffe sont :

1° Le Péreskia subulé, *P. subulata*, destiné au greffage des Opontias chétifs, des Échinopsides, Mamillaires, etc., des Épiphylles à large feuille.

2° Le Péreskia *calandriniæfolia*. — Les fleuristes de Dusseldorf, entre autres, emploient cette espèce à tige forte et ligneuse pour la greffe des Épiphylles.

Charles Baltet

3° Le Péreskia piquant, *P. aculeata*, (aux Antilles, Groseillier d'Amérique), le plus rustique du groupe, reçoit les Épiphylles, surtout les variétés à petite feuille, et quelques autres Cactées.

Le Péreskia porte-greffe prospère dans les milieux où vit l'Épiphylle ; il lui faut, en hiver, des arrosages et de la chaleur.

Phyllocacte, *Phyllocactus*. — Le Phyllocacte anguleux est parfois employé. Le Ph. à large fronde, *Phyllocactus latifrons*, a été le sujet favori de notre confrère troyen, M. Léger. Après reprise certaine (*fig.* 191) il retranchait les ailes du sujet et s'en servait comme éléments de multiplication, par le bouturage.

CACTÉES À REPRODUIRE PAR LE GREFFAGE

En général, toutes les Cactées peuvent se souder aux types ci-dessus.

Nous avons apprécié les aptitudes, au rôle de greffon, des espèces et des variétés suivantes :

Cierge. — Les diverses espèces de Cierges se soumettent au greffage. Celles qui ont un port particulier seront greffées sur une tige de Cierge dressé, dit colomnaire (1re section).

Les *Cereus tuberosus, Donkelaari, Limensis, spinibarbis*, se greffent sur le *C. tortuosus* et y fleurissent mieux qu'à l'état franc de pied.

Le Cierge tubéreux prend encore sur Péreskia.

Le *C. multangularis*, au tronc radicant, vient sur le Cierge du Pérou, plus élevé, et sur le Cierge tortueux, aux dispositions florifères.

Sur le Cierge de Bonpland, à tige carrée, on réussit les *Cereus albispinus, Donkelaari, giganteus, Huotti*, et quelques autres.

En 1830, au Jardin des Plantes, à Angers, on piquait le *Cactus speciosus* sur la tige des Cierges du. Pérou, hexagone et cylindrique.

Les **Pilocereus**, Cierges poilus, qui atteignent de grandes dimensions, trouvent un support, pour leurs formes trapues, dans les Cierges du Pérou et de Bonpland.

Le *P. senilis* coiffera de sa chevelure blanche les Cierges du Pérou, *C. peruvianus*, et à grosse côte, *C. macrogonus*, alors que le *P. pilatus* ornera de sa crinière, le Cierge lisse, *C. lætus.*

À l'Exposition de 1889, le Mexique exhibait un gigantesque *Pilocereus senilis* couronnant un Cierge magnifique, *Cactus speciosissimus.*

Échinocacte, *Echinocactus.* — À une exposition horticole de Lille, nous avons compté, devant le lot de Cactées soumises au greffage par M. Rogé, douze variétés d'Échinocactes entées sur le Cierge du Pérou, à tige colomnaire ; autant sur le Cierge tortueux, plus couché ; huit sur le Cierge de Bonpland ; six sur le Cierge azuré, aux tiges glauques, et quelques-unes sur le Cierge à grosse côte, vigoureux, ou sur le *Cactus speciosissimus*, de la tribu des « Hétéromorphes », et même sur le *C. lætus*, moins aiguillonné.

D'autres figuraient sur le Péreskia à tige grêle ou sur l'Echinopside, au port ramassé.

L'amateur Ramus greffe l'*Echinocactus Potsu* sur le *Cactus tortuosus.*

Échinocereus. — Lorsqu'il est greffé sur Péreskia subulé, l'Échinocereus tubéreux, *Ech. tuberosus*, gagne en vigueur et en floribondité.

Les autres espèces s'accommodent plutôt des Cierges du Pérou, tortueux, de Bonpland.

L'*Ech. Ehrenbergi* var. *cristata* s'adapte au Cierge à grosse côte, tandis que son type épanouit sa corolle rose sur le Cierge lisse, *C. lætus.*

Échinopside. — La forme sphéroïdale ou ovalaire de l'Échinopside contrastera avec la tige dressée et rigide des Cierges, lorsqu'on greffera les variétés principales sur ces derniers sujets, ou avec la tige grêle et tourmentée du Péreskia.

L'*Echinopsis multiplex cristata*, aux formes irrégulières, enté sur la tige d'un Cierge de Baumann ou à grosse côte, ou sur Opontia épais, *Op. crassa*, aux articles plats, ou sur Echinocereus cendré, *Ech. cinerescens*, rebondi et hérissé, constituera un assemblage bizarre et curieux.

Épiphylle, *Epiphyllum.* — L'espèce la plus cultivée est l'Épiphylle tronqué, *Ep. truncatum.* Greffée sur Phyllocacte (*fig.* 191), sur Cierge ou sur Péreskia, la plante devient florifère et approvisionne

Charles Baltet

les bouquets en hiver.

Fig. 191. — Greffage de l'Épiphylle sur Phyllocacte.

Par une série de greffes de côté pratiquées çà et là sur la même tige de Péreskia, on obtiendra des guirlandes décoratives d'Épiphylles en fleurs dans la serre ou dans la forcerie.

XIII. — GREFFAGE DES VÉGÉTAUX CHARNUS

Conservant sa sève en hiver, le Cierge à éperon est sympathique à l'Épiphylle.

Avec l'*Opuntia*, l'Épiphylle conserve un port plus buissonnant, mais sa longévité y perd.

Mamillaire, *Mamillaria*. — Les Mamillaires, dont le nom indique suffisamment la forme, seront greffés sur les Cierges tortueux, du Pérou, de Bonpland. Toutefois le *Mamillaria Schiedeana* développe ses petites baies rouge corail sur le *Cereus Lamprochlorus*, à tige cylindrique. Le Mamillaire bicolore se contente du Cierge à éperon, *C. rostratus* ; d'autres se soudent au Péreskia ou à l'Échinopside.

Mélocacte, *Melocactus*. — Le Mélocacte pyramidal et variétés similaires réussiront sur le classique Cierge du Pérou, érigé ou cannelé.

Opontia. — Les variétés à larges feuilles ou articles, de ce groupe, s'adaptent aux Opontias de Stapel et Figue d'Inde, et les variétés d'apparence chétive se développent avec l'Opontia à feuille épaisse. Sur ce dernier, ou sur le Péreskia subulé, la variété *Op. clavarioides* cristata étale ses formes originales.

Le Cierge tortueux reçoit l'*Op. nivea cristata*, et le Cierge triangulaire aux tiges radicantes, fait vivre le Nopal ou Opontia cylindrique et sa variété *monstruosus*.

Péreskia. — Le Péreskia à grande feuille, plante de serre chaude, peut cependant végéter en hiver dans une serre tempérée par l'effet de son greffage sur le Péreskia subulé.

Les autres variétés délicates réussissent sur les Péreskias *épineux* et *subulé*.

Rhipsalis. — Les espèces de ce genre polymorphe vivent pour la plupart en fausses parasites et se greffent sur Cierge ou sur Péreskia.

PROCÉDÉS DE GREFFAGE DES CACTÉES

Les procédés de greffage des Cactées se rapportent plus ou moins à ceux qui sont décrits dans cet ouvrage. Il suffira de mettre en contact les tissus cellulaires des deux parties — plutôt jeunes —

Charles Baltet

au moyen de tailles, d'incisions, et de l'écorçage ou du grattage de l'épiderme.

Époque. — Deux périodes sont adoptées : février-mars et juillet-août, quand la sève est encore active. Plus tard, la période de repos arrive et la soudure est moins certaine.

Sujet. — Le sujet, de bouture récente, sera jeune et ferme, bien mûri. Déjà ligneux, il se soudera mieux et conservera sa vitalité plus longtemps que les plantes à tissus mous et aqueux.

Bouturé en février-mars, un rameau sujet sera greffé au mois de juillet ou d'août ; s'il est trop faible, on l'ajournera. Une bouture de fin été est quelquefois propre au greffage en mars. Les têtes (*cephalium*) des Cierges et des Péreskias, coupées pour être greffées, peuvent constituer de nouvelles boutures qui seront à leur tour propres au greffage au bout de huit à douze mois. La plante tronquée produira des pousses qui, bouturées, deviendront par la suite des sujets.

Le bouturage est pratiqué à partir d'avril. Des articles, des gemmes, des petits mamelons, des fragments de rameaux sont détachés de la mère, au pied, sur tige ou sur aréole ; après un séchage de quelques jours, on les enterre très légèrement dans le sable d'une tablette de la serre, sans les étouffer ni les ombrer. Les racines se forment en peu de temps.

Les espèces aux dimensions réduites sont groupées par cinq ou six boutures dans le même pot ; elles seront isolées après reprise complète.

On greffera le sujet au moment de l'empoter.

Greffon. — La nature du greffon varie suivant l'espèce à reproduire ; il doit être relativement court, de moyenne grosseur et bien constitué.

Le greffon des Cierges et des Péreskias est un fragment de tige ou branche cylindrique, costé ou anguleux, d'une longueur moyenne de $0^m,10$.

Le greffon des Mélocactes, Échinocactes et Mamillaires est une jeune pousse globuleuse ou ovoïde qui s'est développée au collet ou sur une côte, ou à la surface de l'étalon.

Le greffon de l'Épiphylle se compose d'une série de 2, 3 ou 4

XIII. — GREFFAGE DES VÉGÉTAUX CHARNUS

segments adhérents les uns aux autres ; celui de la base doit être suffisamment ligneux pour se souder, et assez fort pour donner promptement une plante marchande.

Le greffon de l'Opontia est un article court ou allongé, selon son espèce, poussé nouvellement sur tige ou sur ancienne articulation.

Il n'y a pas d'inconvénient à détacher le greffon de la mère quelques jours avant son emploi.

Assemblage. — Le rapprochement définitif, ou assemblage, consiste à mettre en contact les tissus cellulaires des deux plantes opérées.

Pour le greffage sur tige de Cierge ou de Péreskia, on étête le sujet de manière que le greffon porte sur une partie déjà ligneuse. On incise de haut en bas l'axe du sujet et l'on y insère le greffon, dont on avive l'épiderme à la base, sur chaque face. La greffe anglaise simple (*fig.* 80, 117, 181), réussit également.

La figure 191 représente un Épiphylle, greffe de quatre ans, introduit de cette façon, sur une tige de Cierge ou plutôt de Phyllocacte.

La greffe de côté (*fig.* 65, 66, 67) est applicable au Péreskia, plante sujet. On pratique une fente oblique, de haut en bas, commençant à l'aisselle d'une feuille terminant à l'axe central, et l'on y introduit le greffon préparé.

La soudure des plantes grasses exige le contact des deux parties, facilité par des pointes transversales ou des liens extérieurs.

On enfonce des épingles galvanisées ou des aiguillons de Cactée, longs et forts comme ceux du Péreskia, traversant le sujet et le greffon ; on ajoute s'il le faut, une ou deux petites pinces en bois (pince à linge) au sommet du sujet incisé.

Quand une ligature est praticable, on se sert de fil, de laine, de coton ; les épines conservées en tête du sujet empêchent le glissement du lien.

La couture à l'aiguille avec un fil ordinaire, traversant la greffe, est encore admissible.

L'Opontia (*fig.* 190) sera greffé tel que nous venons de l'expliquer : incision au sommet légèrement tronqué ; introduction d'un greffon avivé à la base ; épinglage ou ligature.

Charles Baltet

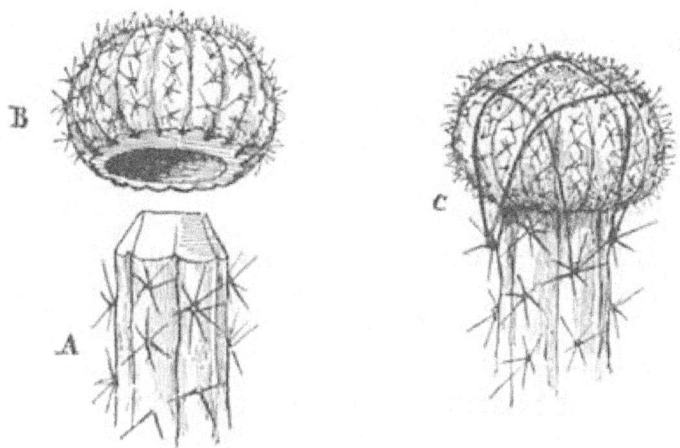

Fig. 192. — Greffage de l'Échinocacte sur Cierge.

Le Cierge sur Cierge (*fig.* 189) nécessite la perforation de l'axe de l'une des deux parties. Quant aux greffons sphériques, ramassés, ou à peu près, il suffirait de les adapter au sujet par une simple coupe horizontale répétée sur l'un et sur l'autre ; mais s'ils étaient plus gros que le sujet, on les creuserait en dessous (B, *fig.* 192), et on y introduirait ce dernier (A) avivé en tête comme s'il s'agissait d'emmancher un maillet. S'ils étaient plus petits ou de forme ovoïde, on pratiquerait l'opération contraire.

La ligature (C) se fait avec un fil, avec un brin de laine, de coton ou de raphia reliant les deux parties à la façon du ficelage du bouchon des bouteilles de liquide mousseux. Un tour préalable en tête du sujet et deux tours en croix sur le greffon — ménageant le sommet par un tampon de liège — suffisent. Si la plante est en pot, le bord couronné du vase à fleur peut aider à ce petit travail.

Soins après le greffage des Cactées. — Le sujet greffé sera placé immédiatement à l'ombre, sous châssis ou sous cloche dans la serre, et y séjournera de huit à quinze jours.

Une fois l'adhérence bien constatée par un commencement de végétation ou un simulacre de bourrelet, on enlève le double verre et on laisse la plante dans la serre où elle ne tarde pas à se développer.

Les ligatures seront supprimées assez tard, après la reprise, avant qu'elles puissent nuire au grossissement du sujet.

Cependant, les greffes de Cactées pourraient être groupées sous le simple verre de la serre à multiplication, à mi-ombre et mi-soleil, en leur évitant surtout les courants d'air occasionnés par le va-et-vient du personnel.

Le double verre est indispensable aux greffages d'été ; la greffe est ainsi soustraite aux risques de la pourriture qui peut être amenée par les arrosages obligatoires de la serre, en cette Raison.

Le maniement d'une greffe de Cactée demande une certaine attention, tant que le soudage n'en est point complet.

ISBN : 978-1542571319

Charles Baltet

www.ingramcontent.com/pod-product-compliance
Lightning Source LLC
Chambersburg PA
CBHW061434180526
45170CB00004B/1405